Teubner Studienbücher der Geographie

H. Dongus
Die geomorphologischen
Grundstrukturen der Erde

# Teubner Studienbücher der Geographie

Herausgegeben von

Prof. Dr. Ch. Borcherdt, Stuttgart

Prof. Dr. C. Rathjens, Saarbrücken

Prof. Dr. E. Wirth, Erlangen

Die Studienbücher der Geographie wollen wichtige Teilgebiete, Probleme und Methoden des Faches, insbesondere der Allgemeinen Geographie, zur Darstellung bringen. Dabei wird die herkömmliche Systematik der Geographischen Wissenschaft allenfalls als ordnendes Prinzip verstanden. Über Teildisziplinen hinweggreifende Fragestellungen sollen die vielseitigen Verknüpfungen der Problemkreise wenigstens andeutungsweise sichtbar machen. Je nach der Thematik oder dem Forschungsstand werden einige Sachgebiete in theoretischer Analyse oder in weltweiten Übersichten, andere hingegen in räumlicher Einschränkung behandelt. Der Umfang der Studienbücher schließt ein Streben nach Vollständigkeit bei der Behandlung der einzelnen Themen aus. Den Herausgebern liegt besonders daran, Problemstellungen und Denkansätze deutlich werden zu lassen. Großer Wert wird deshalb auf didaktische Verarbeitung sowie klare und verständliche Darstellung gelegt. Die Reihe dient den Studierenden der Geographie zum ergänzenden Eigenstudium, den Lehrern des Faches zur Fortbildung und den an Einzelthemen interessierten Angehörigen anderer Fächer zur Einführung in Teilgebiete der Geographie.

# Die geomorphologischen Grundstrukturen der Erde

Von Dr. phil. Hansjörg Dongus
o. Professor an der Universität Marburg

Mit 42 Abbildungen und 1 Faltkarte

B. G. Teubner Stuttgart 1980

Prof. Dr. phil. Hansjörg Dongus

Geboren 1929 in Öhringen. 1946–1949 Studium an der PH Reutlingen, Lehrer an Volksschulen 1949–1953. Studium der Geographie, Geologie, Philosophie und Pädagogik an der Universität Tübingen 1953–1957. Promotion 1957 mit einer geomorphologischen Arbeit. 1957–1964 Wissenschaftlicher Assistent am Geographischen Institut der Universität Tübingen. 1964 Habilitation mit einer kulturgeographischen Arbeit. 1965 Privatdozent in Tübingen. Herbst 1965–1968 Wissenschaftlicher Rat, 1966–1968 außerplanmäßiger Professor am Geographischen Institut der Universität des Saarlandes. 1968 Berufung auf den Lehrstuhl für Physische Geographie und Ernennung zum ordentlichen Professor am Geographischen Institut der Philipps-Universität Marburg. Allgemeines Arbeitsgebiet Geomorphologie, Regionalgebiete Mitteleuropa, insbesondere Südwestdeutschland; Alpen; Mediterraneis.

CIP-Kurztitelaufnahme der Deutschen Bibliothek

**Dongus, Hansjörg:**
Die geomorphologischen Grundstrukturen der Erde / von Hansjörg Dongus. – Stuttgart : Teubner, 1980.
(Teubner-Studienbücher der Geographie)
ISBN 3-519-03418-2



Printed in Germany
Gesamtherstellung: Passavia Druckerei GmbH Passau
Umschlaggestaltung: W. Koch, Sindelfingen

Despite traditional roots and training in geology, many geomorphological inquiries postulate homogeneity of lithology and idealise other geological features. In contrast, the present approaches, with their emphasis on the actualities of the environment, inevitably repeatedly reveal the importance of geological heterogeneity at all scales.

ALISTAIR PITTY 1979

# Vorwort

Von meinen geographischen und geologischen Hochschullehrern HÖLDER, HUTTENLOCHER, SEIBOLD und G. WAGNER wurde ich in Tübingen in den frühen 50er Jahren darüber informiert, geomorphologische Arbeit hänge ohne geologische Grundlagen in der Luft. Das vor mehr als 25 Jahren Gelernte grundsätzlich aufzugeben, fand ich bislang keinen Grund, zumal nur wenige deutsche Geomorphologen einem Satz wie z.B. demjenigen HÖVERMANNS (1965) widersprechen dürften, die Rohform des Reliefs der Erde sei tektonisch bestimmt, die Großform strukturell klassifiziert und der Stil klimatisch gebunden. Daher übernahm ich die Aufgabe, als Grundlage für in dieser Reihe schon erschienene oder noch geplante Bände über tropische, subtropische und außertropische Reliefformung sowie über Eiszeitformen und über anthropogene Formenbildung dasjenige aus der geologischen Struktur der Kruste darzustellen, was ich zum Verständnis von Relief für notwendig halte, und was gemeinhin in geomorphologischen Handbüchern etwas kurz abgehandelt wird, in geologischen aber nicht auf Relief zugeschnitten ist.

Das Buch ist für Anfänger in Geomorphologie gemeint und in didaktischer Absicht geschrieben. Daher ist vieles stark vereinfacht. GOETHES Wort (Faust, I, 550–551), es trage Verstand und rechter Sinn mit wenig Kunst sich selber vor, halte ich nämlich für ebenso anfechtbar wie die Ansicht, wissenschaftliche Problematik lasse sich grundsätzlich auf Elementaria reduzieren. Dazu ist Wissenschaft heute zu kompliziert. Das Unterfangen, einerseits für Studienneulinge schreiben zu wollen, andererseits aber wissenschaftlicher Erkenntnis auch wiederum nicht allzuviel Vereinfachungszwang anzutun, hatte daher für mich den Charakter einer Gratwanderung.

Bei dieser war in erster Linie Herr Prof. Dr. R. FISCHER (Geologisches Institut Marburg) behilflich. Er stützte die Formulierung des Gesteinskapitels, sorgte aber auch anderweitig mit dafür, daß die Wissenschaft wenigstens nach unserer Meinung nicht allzusehr auf der Strecke blieb. Für die Zeit und die Mühe, die Herr FISCHER aufwandte, danke ich ihm ganz besonders.
Die Herren Prof. Dres. GRAUL/Gutenzell, MENSCHING/Hamburg und RATHJENS/Saarbrücken erklärten sich zu kritischer Durchsicht des Manuskripts bereit und gaben mir fördernde Ratschläge. Auch ihnen gilt mein Dank.

Es sei ausdrücklich betont, dieses Bändchen sei *keine* Allgemeine Geomorphologie, sondern nur eine leitfadenartige Darstellung von – allerdings m. E. unerläßlichen – Voraussetzungen für geomorphologisches Verständnis. Daher wird im folgenden auch nirgends gesagt werden, mit der geotektonischen Bildung der Erdkruste sei auch ihr heutiges Relief geschaffen worden, und deshalb sei Geomorphologie nichts anderes als reliefbezogene Geologie. Vielmehr wird lediglich zu zeigen versucht, das Verständnis des Krustenbaus erleichtere das Verständnis des Krustenreliefs, und Krustenstruktur sei *eine* von mehreren Komponenten, die *zusammen* Relief schüfen. Dies allerdings, aber nur dies, wird so deutlich gesagt, wie mir dies nötig erscheint. Die Wirkgefüge des Exogenkomplexes darzustellen bleibt ganz den geplanten anderen Bänden dieser Reihe vorbehalten.

Typisierung war unvermeidbar. Sie kann notfalls auch didaktische Vereinfachung genannt werden. Wissenschaft versucht nicht nur, analytisch Einzelheiten zu erarbeiten. Sie hat auch die Aufgabe, aus den Einzelheiten überschaubare Synthesen zu abstrahieren. Typenbildung ist stets eine Angelegenheit des menschlichen Verstands. Der Begriff des Typus meint nicht, daß jedes darunter untergeordnete Individuum dem anderen in allen Einzelzügen gleiche. Typus ist also immer eine Abstraktion, die wesentlich Erscheinendes aus der Fülle der Einzelheiten herauszuarbeiten versucht, um Ordnung in der Mannigfaltigkeit zu gewinnen. Es dürfte wenig Sinn haben, bei eventuellen Meinungsverschiedenheiten Zuordnungen als falsch zu kritisieren. Die Natur kennt Übergänge. Irgendwo aber muß der um Typisierung Bemühte Grenzen ziehen.

Literaturangaben wurden so knapp wie möglich gehalten. Einführungen sind m. E. keine Bibliographien. Abbildungen wurden ebenfalls nur spärlich verwandt. Wo gute Abbildungen in anderen Darstellungen vorhanden sind, wurden Textnachweise gegeben.

Den Verlagen Borntraeger, Enke und Springer bin ich für die Genehmigung zum Abdruck von Abbildungen aus Büchern ihrer Häuser dankbar. Die Quellen sind bei jeder Abbildung vermerkt.

Dem Verlag B. G. Teubner danke ich sehr für sein Entgegenkommen bei der Ausstattung des Bandes mit Abbildungen und für die reibungslose Zusammenarbeit beim Druck.

Marburg, Jahreswende 1979/80 Hansjörg Dongus

# Inhalt

## A Methodische Grundüberlegungen zur Geomorphologie



## B Die geomorphologischen Grundstrukturen der Erde

# Verzeichnis der Abbildungen

Faltkarte

# A Methodische Grundüberlegungen zur Geomorphologie

## 1 Fragestellungen der Geomorphologie

### 1.1 Zum Begriff der Geomorphologie

Das moderne Kunstwort Geomorphologie wurde aus drei altgriechischen Wörtern gebildet. Gé heißt die Erde, Morphé die Form, und Logos so viel wie Geist, Wort, Wissenschaft. Geomorphologie ist also als Wissenschaft vom Formenschatz oder vom Relief der Erde, unter Berücksichtigung der „aktiven" Ozeanböden heute am besten als Wissenschaft vom Relief der Erdkruste zu übersetzen.

Sache und Wort entstammen letztlich der Geologie. In NAUMANNS Lehrbuch der Geognosie (1850/54) heißt ein Kapitel Morphologie der Erdoberfläche. Als sich mit der Differenzierung der älteren Geognosie in Mineralogie, Historische Geologie, Tektonik, Petrographie, Paläontologie usw. auch die Morphologie verselbständigte, ordnete sie sich im deutschen Sprachgebiet m. o. w. zufällig zur Geographie, beginnend bei RITTER (Allgemeine Erdkunde, postum 1862), fortgesetzt von PESCHEL (1870) und endgültig bei RICHTHOFEN (1886) u. a.

Relief der Erdkruste ist ein klar definierter Wissenschaftsgegenstand. Dennoch treiben nicht nur Geomorphologen Geomorphologie. Auch die Geologie beschäftigt sich mit der Erdkruste. Zwar trachtet sie eher Krustenstruktur zu erkennen, während die Geomorphologie eher Krustenrelief erklären möchte. Weil aber einerseits Krustenstruktur oft ein Hilfsmittel ist, um Relief zu verstehen, andererseits Relief oft dazu dienen kann, Probleme der Krustenstruktur zu lösen, besteht zwischen beiden Geowissenschaften ein breites Überlappungsfeld. Auf dem Gebiet der Glazialformen arbeiten Glazialmorphologen und -geologen weithin identisch. Leiter Geologischer Landesämter suchen heute zur Ergänzung und Absicherung der geologischen Kartierungsergebnisse geomorphologische Karten großen Maßstabs. Geomorphologen benötigen geologische Karten. An geowissenschaftlichen Forschungsprojekten werden heute Geophysiker, Geologen und Geomorphologen gleichermaßen beteiligt. Wer dies bejammern möchte, der soll es tun. Sinnvoll wäre der Jammer nicht, so wenig wie die Diskussion von Abgrenzungsfragen an Stelle wissenschaftlichen Arbeitens. Im allgemeinen genügt es, zu wissen, in den Kernfragestellungen sei Geophysik die Wissenschaft von der Physik des Erdinnern und als Meteorologie Physik der Atmosphäre, Geologie die Wissenschaft von Bau und Geschichte der Erdkruste, und Geomorphologie die Wissenschaft von Bild und Geschichte ihres Reliefs. Grenzüberschreitender Wissenschaftsverkehr ist indes nicht verboten, sofern dabei für alle Seiten etwas herauskommt.

### 1.2 Allgemeine und Regionale Geomorphologie

Die Geomorphologie entstand um 1830–1870 aus Forschungsneugier, wie früher oder später jede andere Wissenschaft auch. Sie wurde damals und wird auch heute noch rein um der Erkenntnis willen betrieben, wenn auch nicht nur und nicht ausschließlich so. Sie zielt also zumindest nicht absichtlich auf unmittelbare praktisch-technische Anwendung, sondern ist Grundlagenforschung im weitesten Sinne des Wortes.

Die Grundlagenforschung kann als Reine Geomorphologie bezeichnet werden. Das Wort rein stammt aus der Philosophie der Aufklärung. Bei KANT (Kritik der reinen Vernunft 1781 und 1787) bezeichnet es apriorische, allgemeine und generelle, mit dem Menschen gesetzte, der Erfahrung vorausgehende Vernunftprinzipien. Heute wird unter dem Wort weniger Anspruchsvolles verstanden. Es ist einfach zum Gegenteil des Begriffs angewandt geworden.

Die Reine Geomorphologie gliedert sich in zwei Teilfragestellungen. Die Allgemeine Geomorphologie sucht weltweit gültige Formungsregeln des Reliefs zu erfassen. Auf Regeln oder Gesetze gerichtete Fragestellungen werden in der Philosophie seit dem Heidelberger Neukantianer W. WINDELBAND (1848–1903) nomothetisch, d.h. gesetzesfindend genannt. Sofern die heutige Geomorphologie, wenn auch in räumlicher und methodischer Beschränkung, die Formungsprozesse verschiedener Klimazonen zu erfassen und daraus die jeweils anzutreffenden Formen zu erklären versucht, arbeitet sie „prozessual" und nomothetisch. Fast alle Lehr- und Handbücher der Allgemeinen Geomorphologie seit A. PENCK (1894) bis zu LOUIS (1979⁴) und BÜDEL (1977, Teil 1 „Klimageomorphologie") gehören hierher.

Die Regionale Geomorphologie erfaßt das Relief eines bestimmten Landschaftsraums allseitig und versucht es zu erklären. Sie ist in der Terminologie WINDELBANDS idiographisch ausgerichtet, bildbeschreibend, und deutet die jeweils vorgefundenen Landformen mit Hilfe von Regelhaftigkeiten, die aus der Allgemeinen Geomorphologie stammen. Diese Regelhaftigkeiten wurden aber natürlich aus den reliefschaffenden Prozessen und Landformen bestimmter Regionen abgeleitet. Idiographische Darstellungen der Oberflächenformen der Erde sind MACHATSCHEKS Relief der Erde (1938/40[1], 1955[2]) und BÜDELS „Klimagenetische Geomorphologie" (in: 1977, Teil 3).

Weil jedes Forschungsobjekt der Geographie zwangsläufig räumlich gebunden ist, stehen Allgemeine und Regionale Geomorphologie in steter Wechselbeziehung und sind nur begrifflich, nicht aber in praxi zu trennen. Die eine ist nicht ausschließlich prozessual, die andere nicht einseitig formorientiert. Die Trennung ist m.o.w. akademisch.

## 1.3 Geomorphologie, Länderkunde, Landschaftsökologie

Geomorphologie war in ihren Anfängen und ist noch heute zunächst und zumeist reine Geomorphologie, sozusagen Geomorphologie an und für sich.

Indes war und ist sie nicht nur dies. Schon um 1900 wurde sie auch zu einer der Basiswissenschaften der Länderkunde. Prinzipiell begann die wissenschaftliche Fundierung der Kulturlandschaftsforschung auf die physische Raumausstattung und damit implizit auch auf das Relief mit der Steppenheidetheorie GRADMANNS.

Dieser zeigte, daß die Kulturlandschaftsentwicklung Süddeutschlands auf der Basis der postglazialen Vegetationsentwicklung verstanden werden könne. Die Vegetationsentwicklung wiederum erwies sich als nach Klima, Relief, Wasserhaushalt und Böden einzelner Teilräume differenziert. Durch menschliche Tätigkeit vermittelt werden diese Faktoren in der heutigen Kulturraumausstattung wirksam. Dadurch wurde Geomorphologie zum Bestandteil der Länderkunde.

Im Rahmen der Länderkunde wird allerdings Geomorphologie nicht mit jeder Detailfrage wirksam. Ob die Hohlformen der Rumpfebenen in den wechselfeuchten Tropen Täler oder Spülmulden sind, ist für den sie erfüllenden Galeriewald gleichgültig. Wichtig ist, daß sie als Hohlformen existieren und länger durchfeuchtet sind als die höheren Flächen. Dadurch ermöglichen sie die Existenz der Galeriewälder als Biotop mit. Der Einbezug von Relief in eine integral gemeinte Länderkunde ist deshalb nicht nur nötig, „weil Relief das Bild der Landschaft mitbestimmt". Ohne Verständnis von Relief ist vielmehr Kulturlandschaft überhaupt nicht au fond zu begreifen, genau so wenig wie ohne Verständnis von Geschichte und Wirtschaft. Eine spezielle Kenntnis der Reliefentwicklung, die in älteren Länderkunden häufig abgehandelt wird, erscheint vom heutigen Stand der Überlegung her in der Länderkunde allerdings nicht mehr unabdingbar, immerhin auch nicht verboten. Forderungen einer geomorphologischen Beschränkung innerhalb der Länderkunde auf eine „Reliefgeographie" (z. B. UHLIG, 1970) erscheinen so gesehen verständlich.

Daß Kulturlandschaft ohne Relief nicht zu begreifen ist, hängt damit zusammen, daß jede Kulturlandschaft mehr oder weniger versteckt oder offen auch (nicht: ausschließlich) im Ökologischen wurzelt, das in ihr über den Menschen vermittelt wirksam wird. Die Fragestellung der (Physischen) Landschaftsökologie (auch Geo-Ökologie; geo-ecology; zur Abgrenzung von der angelsächsischen human ecology) entwickelte sich, von TROLL um 1935 ausgehend, besonders in den letzten beiden Jahrzehnten zu beachtlicher Bedeutung. Auch die Ökologie ist keine ausschließliche Domäne der Geomorphologie, nicht einmal generell der Physischen Geographie. Andere Geowissenschaften arbeiten auch geo-ökologisch. Der gut ausgebildete Physische Geograph wird gleichwohl Wesentliches zur Geo-Ökologie beitragen können. Landschaftsökologie untersucht, vereinfacht ausgedrückt, die Zusammenhänge und Wechselwirkungen zwischen Relief, Gestein, Klima, Wasserhaushalt, Böden, Vegetation und Fauna. Sie versucht, aufgrund geistiger Integration ein (genetisches) Bild des Naturraums zu entwerfen, in dem der Mensch lebt und den er umgestaltet. Ein heute wichtiges Teilkapitel der Geomorphologie, die Frage nach der Landformung durch Eingriffe des Menschen in den Naturhaushalt, entstand aus der Erkenntnis über das wirkliche Ausmaß menschlicher Eingriffe, das vor rund 30 Jahren noch weitgehend unbekannt war (s. RATHJENS, 1979).

## 1.4 Angewandte Geomorphologie

Länderkunde ist heute (1979) aus der deutschen Geographie weithin verschwunden. Warum dies einmal anders war, ob der heutige Zustand zu bedauern oder zu begrüßen sei, und endlich ob die Geomorphologie während der länderkundlichen Blütezeit vor etwa 70 bis 30 Jahren zu Recht oder zu Unrecht als Basis der Länderkunde angesehen worden sei, ja ob sie überhaupt jemals von sich aus als Columna et Fundamentum Imperii Geographiae habe gelten wollen, braucht hier nicht diskutiert zu werden. Das haben HARD (1973), BOETTCHER (1979) und andere ausführlich und mit Denkfehlern getan.

Geo-Ökologie indes wird von verschiedenartigen, auch geomorphologisch-bodenkundlichen methodischen Ansätzen aus mit wachsendem Erfolg betrieben. Die aus der reinen Geomorphologie und aus dem integralen Einbezug der Geomorphologie in die Landschaftsökologie gewonnenen wissenschaftlichen Erkenntnisse werden gegenwärtig auch außerhalb der Wissenschaft brauchbar und damit praktisch anwendbar. Geomorphologen sind heute geo-ökologisch in Entwicklungsländern, in der Landes- und Raumplanung der Industriestaaten, im Umweltschutz und anderswo tätig und lösen Probleme mannigfaltigster praktischer Art, die bei Bodenerosion, Umlegung von Ackerfluren und Rebhängen, Wasserversorgung, Anlage von Entsorgungseinrichtungen, Umweltsicherung i. w. S. usw. auftreten. Diese Fragestellung, Angewandte Geomorphologie (vgl. SEMMEL , 1979), wird in Zukunft besonders Diplomgeographen physischer Ausrichtung interessieren müssen. Gute Grundlagenkenntnisse der Allgemeinen und der Regionalen Geomorphologie dürften sich dabei als ziemlich nützlich erweisen. Die Aufnahme geomorphologischer Spezialkarten großen Maßstabs (1:25 000 und größer) als Planungsgrundlage läuft derzeit. Übersichtsmaßstäbe (1:100 000 und kleiner) werden ebenfalls ausprobiert. All dies widerlegt die meist von Nichtgeomorphologen aufgestellte Behauptung, Geomorphologie sei zu nichts anderem brauchbar als eben zu Geomorphologie; sie sei nichts weiter als ein Glasperlenspiel mit Flußgeröllen. Aber selbst wenn sie dies wäre, so wäre sie gleichwohl nicht grundgesetzwidrig (GG 5,3; Bonner Kommentar etc.).

Die wichtigsten geomorphologischen Zeitschriften sind die zwischen 1926 und 1943 deutsche, seit Aufnahme der Neuen Folge 1957 jedoch internationale und gemischtsprachige Zeitschrift für Geomorphologie mit ihren Supplementbänden sowie die ebenfalls internationale CATENA. Das us-amerikanische Journal of Geomorphology erlebte nur fünf Jahresbände (1938–1942). Seit 1950 erscheint in Frankreich die Revue de Géomorphologie dynamique. Sie und die Revue de Géographie physique et de Géologie dynamique (1928–1940, N. S. 1957 f.) sind die wichtigsten geomorphologischen Zeitschriften romanischer Sprache.

Literatur:

BOETTCHER (1979); BÜDEL (1977); HARD (1973); LOUIS (1968[3]; 1979[4], zus. m. K. FISCHER); MACHATSCHEK (1938/40[1]; 1955[2]); NAUMANN (1850/54); A. PENCK (1894); PESCHEL (1870); RATHJENS (1979); RICHTHOFEN (1886); RITTER (1862); SEMMEL (1979).

# 2 Die Formungsfaktoren im Relief der Erdkruste

## 2.1 Vorüberlegung

Relief der Erdkruste ist die Grenze der Erdkruste gegen die Luft- und gegen die Wasserhülle. Kruste ist aus den verschiedensten Gesteinen aufgebaut und besitzt die verschiedensten tektonischen Strukturen. Diese entstanden im Verlauf der Erdgeschichte durch Vorgänge, die vom Erdinneren ausgingen oder ausgehen, deshalb als innenbürtig (= endogen) bezeichnet werden. Die heutige Verteilung der Kontinente und der Ozeane, der weiten Rumpf- und Schichtstufenlandschaften der Alten Schilde und der paläozoischen Bruchschollengebiete, die Anlage und die Großformen der alpidischen Gebirgsgürtel, die Bildung der Aufschüttungsländer und der Ozeanböden, aber auch ihre innere Differenzierung ist ohne Kenntnis der tektonischen und der petrographischen Gliederung und der Entstehung der Kruste nicht zu verstehen.

Kruste ist gleichzeitig mit ihrer Entstehung (syngenetisch) aber auch immer den Kräften der Abtragung und Aufschüttung ausgesetzt, die von der Atmosphäre mitgesteuert werden und deshalb als außenbürtig (= exogen) bezeichnet werden. Reine Krustenstrukturformen gibt es praktisch nicht. Wo sie vorhanden sind, z.B. in den Verwerfungen der San Andreas Fault in Kalifornien, sind sie im geologischen Sinne kurzlebig. Auch Aufbauformen der Vulkane werden vom Augenblick ihrer Entstehung an durch die von außen auf die Kruste wirkenden Kräfte umgeformt. Die exogenen Faktoren wirken über die Atmosphäre und deshalb von Klima zu Klima verschieden. In den polaren Zonen mit ihrer vorwiegend mechanischen Verwitterung ohne Vegetation herrscht ein anderer Formungsmechanismus als in den kühlen bis kalten gemäßigten Klimaten. Im Mediterranklima mit seiner weitgehenden Entwaldung und seinen Winterregen während der Vegationsruhe bewirken Klima und ökosystemgesteuerte Abtragung wiederum andere Landformen als in den wechselfeuchten Tropen, wo bei vorwiegend chemischer Verwitterung die Flüsse kaum in die Tiefe erodieren. Die Trockenklimate, bei vorherrschend mechanischer Verwitterung und ruckweiser Wasserführung der Gerinne, formen Relief wieder anders. Da auch der Mensch direkt oder indirekt in die exogenen Abläufe eingreift, ist er als Formungsfaktor zu berücksichtigen.

Klimate sind weltweit zonar gegliedert. Wären die Exogenfaktoren allein für Formung des Erdreliefs maßgebend, so trüge das Relief der Erde ein annähernd klimaparalleles, weitgehend zonales, den Breitenkreisen angenähertes Gepräge. Krustentypen sind zwar weltweit einheitlich, im Gradnetz der Erde jedoch azonal angeordnet. In allen Klimazonen der Erde tragen aber Kettengebirge, Blockschollengebirge, Schichttafel- und Schichtstufenländer, Hoch- und Tiefkratone ein relativ einheitliches Größtformenrelief. Nur das Mesorelief ist klimavariiert. Demnach gibt es, von Ausnahmen wie dem Dünenrelief abgesehen, auch keine rein exogen geprägten Landformen. Relief entsteht vielmehr immer aus dem Zusammenwirken exogener und endogener Faktoren. „In der Erdkruste (sind) Kräfte aller Art und Herkunft untrennbar ineinander verwoben ..." (CLOOS, 1940, S. 321–327). Endogen gebildete

Kruste tritt immer nur exogen verändert als Relief auf. Im exogen gebildeten Relief, auch in den Größtformen, steckt immer zugleich auch endogen gebildete Krustenstruktur. BÜDEL (1977, S. 13–16 und früher) kennzeichnet das exogen-endogene Wirkgefüge durch das Gegensatzpaar von (irrealer) endogener Rohform und exogener Realform. Aber auch seine exogenen Realformen implizieren endogene Rohformen. Ohne diese wären jene nicht vorhanden.

Es ist nicht nur in der Feldarbeit, sondern auch in einer lehrbuchartigen Einführungsdarstellung schwierig, die Formungsfaktoren als Faktorenkomplexe voneinander zu trennen.

BÜDEL (1961, S. 314–316; 1963, S. 269–271), macht für Reliefbildung fünf aklimatische Faktoren (Petrovarianz, Epirovarianz, Basisdistanz, Hochrelief-Influenz, Human-Influenz) und den Faktor Klimavarianz verantwortlich, dem er Formungsdominanz zuschreibt. WILHELMY (1974, IV, S. 9) fügte den Faktor Phytovarianz dazu, weil die Vegetationsdecke ebenfalls formend steuert, jedoch nicht ausschließlich vom Klima abhängt.

Schon der Anfänger sollte zu verstehen versuchen, was mit diesen Faktoren gemeint ist, und daher spätestens jetzt eine physische, eine tektonische, eine petrographisch-geologische und eine Klimakarte der Erde aus einem beliebigen Schulatlas zur Hand nehmen.

## 2.2 Der Faktor Tektonik

Unter dem Begriff der Tektonik werden in der Geologie drei Sachverhalte verstanden: der Bau der Erdkruste in seinen großen Typen, die Bewegungsvorgänge der Kruste, die den Bau mitbedingen, und schließlich die Mittel- und Kleinformen, die durch Krustenbewegungen mit entstehen. Zu vergleichen ist Kapitel B 8.

Auf der physischen Erdkarte heben sich im Überblick vier große Formkomplexe heraus. Zunächst fallen die großen Kettengebirge am Westrand der Neuen und im Zentralteil der Alten Welt auf. Es folgen die großen Ebenheiten in Mittelhöhenlagen Nord- und Südamerikas, Nordeuropas, Mittelsibiriens, die großen Hoch-Becken Zentralasiens, die afrikanische Großscholle, Vorderindien und Australien. Zwischen den Kettengebirgen und den großen Flachländern vermitteln Mittelgebirgsschollen vom Typus der nordamerikanischen Appalachen, der europäischen Mittelgebirgsschwelle, des Urals. In Zentralasien steigen am Nordrand der Bekken einige dieser Mittelgebirge auf Kettengebirgshöhenlagen bis zu 7000 m über NN an. Schließlich ist als vierter Formkomplex eine Gruppe von Tieflandszonen am Mississippi, Amazonas, Paraná, Euphrat-Tigris, Indus, Ganges und in den meridionalen Stromfurchen Hinterindiens sowie in China, in Westsibirien und um den Kaspisee auszumachen.

Der Vergleich der physischen Erdkarte mit der Karte der Tektonik zeigt, daß die Größtformengliederung eine tektonische Krustengliederung widerspiegelt. Die Kettengebirge gehören fast alle zu dem sich noch hebenden, geologisch jungen alpidischen Faltungsgürtel, mit Ausnahme der nördlichen Ketten Zentralasiens. Die großen Schichttafel- und Rumpfflachländer sind dagegen die vertikal fast unbeweglichen ältesten Krustenteile, mit und ohne Sedimentauflage. Die mittelhohen Mittelgebirge der Erde, aber auch die Hochgebirge der Skanden und der Nordumrahmung des Tarimbeckens und der Gobi gehören zu paläo- und mesozoischen (kaledonischen, variskischen, präalpidisch-mesozoischen) Faltungsräumen. Die Tiefländer sind junge Senkungsfelder über verschieden altem Untergrund. Tektonische Schollentypen, im

Sinne der Historischen Geologie verschieden alte Bestandteile der Kruste, prägen sich also im heutigen Größtrelief der Erde klar aus.

Sie besitzen nicht nur verschiedenes Alter, sondern auch verschiedene vertikale Schollenbewegungstendenzen. Tiefländer sind geologische Senkungsfelder. Mittelgebirge sind stärker, in ihnen eingelagerte Sedimenttafeln weniger stark, Kettengebirge jung und ganz stark gehobene Schollen. Die weiten Rumpfebenen der Kontinentalkerne heben oder senken sich derzeit praktisch nicht. Der von BÜDEL als Basisdistanz gekennzeichnete Formungsfaktor wird hierdurch wirksam. Gemeint ist grundsätzlich die horizontale Entfernung und die vertikale Aufragung über die sogenannte Erosionsbasis. Als Erosionsbasis wird diejenige Fläche bezeichnet, bis zu der Festland durch Erosion und Denudation (theoretisch) abgetragen werden kann. Letztliche Erosionsbasis ist (theoretisch) der jeweilige Meeresspiegel. Sollte je eine Scholle den Endabtragungszustand erreichen und dabei noch entwässert werden, so müßte sie sich als ganz flache Ebenheit in einem Winkel gegen den Meeresspiegel abdachen, bei dem das Wasser gerade noch rinnen könnte. Die horizontale und die vertikale Entfernung zur Erosionsbasis bestimmen das Gefälle der Flüsse. Es ist um so kleiner, je größer die horizontale und je kleiner die vertikale Distanz ist, und vice versa. Das Flußgefälle bestimmt seinerseits die Globalabtragung. Je größer es ist, um so intensiver wird in Raum und Zeit abgetragen. Dabei geht in die Gleichung als Variable dann auch noch die Gesteinswiderständigkeit ein. Kettengebirge in Meeresnähe oder in der Nähe von Festländern in tiefer Lage werden darum zerschnitten, Schilde in tiefer Lage praktisch nicht. Senken werden wegen der nachlassenden Transportkraft der Gerinne aufgeschüttet.

Als Detailbeispiel eignet sich ein Vergleich zwischen Himalaya und Hochtibet. Der von Ganges und Tsangpo/Brahmaputra bzw. Indus eingerahmte Himalaya ist wegen seiner Basisnähe stark zerschnitten. Nach N nimmt in Richtung auf den Kun-lun-Shan die Zerschneidung um so mehr ab, je weiter die Erosionsbasis des Brahmaputra und der meridionalen Stromfurchen entfernt liegt. Jedoch manifestiert sich hier zugleich der Faktor Klima. Takla-makan und Gobi/Schamo sind auch deswegen wenig zerschnitten, weil sie ein wüstenhaftes Klima besitzen. Der Faktor Lage zur Erosionsbasis wird also auch noch vom Formungsklima beeinflußt.

Aktive Tektonik kann am Beispiel der Ostafrikanischen Gräben in ihrem Einfluß auf die Landform beobachtet werden. Durch Ostafrika zieht, vom Taurus und von Palästina (Jordangraben) kommend, an der Senke des Roten Meeres und der Ostafrikanischen Seen klar erkennbar, ein Grabenbruchsystem. Es ist in seinem Formenschatz tektonisch grundgelegt.

## 2.3 Der Faktor Gestein

Die Alten Schilde der Nord- wie der Südkontinente sehen auf der kleinmaßstäbigen physischen Weltkarte verhältnismäßig einheitlich aus. Auf der Karte der Tektonik zeigen dunklere Farbtönungen, wo Kristallin ansteht. Die geologische Karte weist dort rote Farbtöne auf, die weltweit festgelegte Farbe für kristalline Gesteine. Am Rande wie in den Zentralteilen der Schilde ist auf der Karte der Tektonik mit hellerer Tönung angegeben, wo Sedimentite auf dem Kristallin liegen. Auf der geologischen Karte finden sich dort die violetten, braunen, blauen, grünen und gelben Farben, die die Altersstellung der jeweiligen Gesteine (paläo-, meso-, känozoisch) angeben.

Auf großmaßstäblicheren Karten und natürlich erst recht im Gelände läßt sich die jeweilige Grenze Kristallin/Sediment in einem Wechsel der Landform erkennen. An der Grenze stehen, gegen das Kristallin gewandt, 100–500 m hohe Landstufen, genauer gesagt, Schichtstufen. Das Sediment ist in vielen Fällen wechselnd widerständig. Widerständige Schichten bilden Stufenkanten und -flächen, wenig widerständige Stufensockel. Mehrfacher Schichtwechsel führt zur Stufentreppung.

In Nordamerika bildet der Glintstufenbereich zwischen den Kanadischen Seen im NW, den Großen Seen des NO der USA, und dem Lorenzstrom die Grenze Kristallin/Sediment. Im estnischen Glint Fennosarmatiens steigt am Südrand der Ostsee die Sedimenttafel Osteuropas auf, die auf dem fennosarmatischen Festlandkern liegt.
Jedes in ein Bruchschollengebirge eingelagerte Sedimentbecken, in Mitteleuropa z. B. das Thüringer Becken, das Weserbergland, Süddeutschland bis zur Donau, zeigt im Kleinen denselben Reliefwechsel, der mit dem Gesteinswechsel gekoppelt ist. Die an die Landstufen anschließenden Landoberflächen sind keine völlig gesteinsunabhängigen Schnittflächen oder Rumpfflächen wie im Kristallin, sondern m. o. w. deutlich an die Oberflächen widerständiger Schichtausstriche angelehnt.

## 2.4 Die Faktoren Vorzeit- und/oder Ausgangsrelief

Weder die endogenen noch die exogenen Faktoren sind in geologischen Zeiträumen konstant. Damit wandelt sich auch das von ihnen abhängende Relief seit Jahrmilliarden. Wenn Erdreliefbildung mit der Entstehung der Kruste und der Atmosphäre im Präkambrium begann, dann ist das heutige Relief nur ein Einzelbild aus einer theoretisch zwar endlichen, für menschliche Zeitdimensionsbegriffe jedoch unendlichen Bildreihe.
Relief geht also Relief voraus und folgt ihm, so lange eine Erdatmosphäre besteht. Spuren älterer Reliefgenerationen (Büdel, letztmals 1977; Begriff wohl von Passarge) können im Folgerelief längere Zeit erhalten bleiben und dieses dann mitprägen. Außerdem können Hochgebirge die Formung im Vorland beeinflussen (Gletscher, Fußflächen u. a.).
Hierfür seien vier Beispiele genannt.

Wenn Flächenbildung im Kristallin nur unter tropisch-wechselfeuchten oder ihnen doch im Gesamtcharakter ähnelnden Klimaten vor sich gehen kann (Büdel, 1957 u. ö.), können die heutigen Hochflächen des Rheinischen Schiefergebirges und ähnlicher Mittelgebirge Europas und Außereuropas nur im Alttertiär entstanden sein, für das fossile Böden, Braunkohlensedimente und Fossilien ein annähernd savannenähnliches Klima ausweisen. Unter den eher subtropischen Klimaten des Mittel- und Jungtertiärs, erst recht unter den kalthumiden Klimaten des Pleistozäns wurden diese Flächen nur gering umgebildet. Es sind wenig veränderte Altformenreste oder Vorzeitreliefteile. Sie wurden zwar infolge der langen Zeiträume seit ihrer Bildung durch Verwitterung und Bodenbildung sowie Abschwemmung noch geringfügig tiefer gelegt, behielten dabei aber den Flächencharakter und wurden nicht grundsätzlich verändert, nur zerschnitten. Die tertiäre Oberfläche muß demnach meist über den heutigen Flächenresten gesucht werden. Aber diese sind ihre vererbten oder traditional weitergebildeten (Büdel) Nachfolger, falls sie nicht anders entstanden.

Wo im Fichtelgebirge oder im Kannenbäckerland des Westerwalds Kaolinite direkt auf Altflächen aufliegen, können diese mit den tertiärzeitlichen Flächen identisch sein. Das tertiäre Vorzeitrelief hat so das heutige Relief des Rheinischen Schiefergebirges entscheidend beeinflußt.

Ein einfacheres Beispiel bietet die Karbildung der Alpen. Insbesondere die Ostalpen besitzen sowohl in den zentralen kristallinen als auch in den peripheren kalkalpinen Zonen in der Höhe Flachformenreste, Firnfeldniveau und Raxlandschaft. In ihnen werden derzeit meist noch erhaltene, d.h. fossilierte Reste einer hügelland- bis mittelgebirgsähnlichen tertiären Altlandoberfläche der Alpen gesehen, die erst im Jungtertiär zerschnitten und tektonisch zerstückelt worden sei. Diese Altflächen der Höhe waren im Pleistozän und sind auch noch in der Gegenwart geeignete Schnee- und Firnsammelflächen, aus denen sich die Talgletscher entwikkelten oder in denen Kargletscher lagen und liegen. Natürlich wurden sie durch Glazialerosion tiefer geschliffen. Aber das heutige Kar- und Firnfeldrelief ist ohne die Voraussetzung der Altflächen nicht zu erklären. Die Verhältnisse im Himalaya, wo möglicherweise infolge extremer und zugleich sehr junger Hebung ehemals vielleicht vorhandene Altflächenreste zerstört wurden, legen diese Annahme nahe. Auch in den Alpen knüpft demnach offenbar ein subrezentes an ein vorzeitliches Relief an.

Ein drittes, zweigeteiltes Beispiel bietet das glaziale Aufschüttungsrelief. A. Penck (1902f.) bezeichnete die Schotter seiner beiden ältesten glazialen Serien (Günz und Mindel) im Alpenvorland als Deckenschotter, wohl weil er annahm, sie hätten sich flächenhaft in der Art einer Schotterdecke über ein präglaziales, im wesentlichen pliozänes Flachrelief in der Alpenvorlandsmolasse ausgebreitet. Dabei berücksichtigte er jedoch nicht, daß die Basis seiner Älteren Deckenschotter, die heute den Donaukaltzeiten zugerechnet werden, in den Holzstöcken S Ulm nur etwa 500–520 m hoch liegt, während 15 km W der aus Molasse aufgebaute Bussen heute noch 767 m Höhe erreicht. Darüber hinaus liegen auch weite Teile des Ingerkinger Tertiärhügellands über 600 m NN und sind nicht fluvioglazial überschottert. Endlich läßt sich nachweisen, daß die Donau endpliozän schon 150 m eingetieft war. Demnach müssen auch ihre alpinen Zuflüsse Täler in der Molasse und im Jurakalk besessen haben. Ähnliches gilt für das gesamte Niederbayrische Tertiärhügelland. Die heutigen Deckenschotterplatten sind demnach keine Reste ehemals sehr viel weiter verbreiteter Schotterdecken, sondern Rinnenschotter, in präglazialen Tälern sedimentiert und deshalb ohne Vorzeitrelief unverständlich. Auch Moränenloben können sich an tertiäre oder zumindest altpleistozäne Vorformen anlehnen. Jede Eiszeitkarte des Norddeutschen Tieflands zeigt dies. Die weichselzeitlichen Jungmoränen im östlichen Hügelland Schleswig-Holsteins scharen sich eng, weil dort offenbar ein präglazialer Höhenrücken die Gletscherausdehnung nach W hemmte, die heutige jütische Halbinsel, zu der auch Sylt mit dem oberflächlich anstehenden Pliozän der Kliffe gehört. Andererseits dringen in der Oder- und der Weichselmündung die Gletscherloben des Pommerschen Stadiums weit über die allgemeine Pommersche Eisrandlinie nach S vor, bedingt nicht allein durch Gletschererosion, sondern durch präexistente Tiefenlinien, in die das Eis hineinglitt. Ähnlich wie in Schleswig-Holstein wurde dann in Ostpreußen die Gletscherausdehnung wieder durch die präglazialen Höhenerhebungen des Stablacks und des Samlandblocks gehemmt, während sie durch die Tiefenlinie der Memel erneut begünstigt wurde. Heutiges Glazialrelief ist also demnach auch dort ohne Vorzeitrelief nicht erklärbar. Dies gilt auch für den würmzeitlichen Rheingletscher, der sich an den Hindernissen der Hegauvulkane und an den Molassehöhen des Höchstens, Gehrenbergs, Pfänders und an der Adelegg staute und teilte.

## 2.5 Der Faktor Hochrelief

Mit Büdels Begriff der Hochrelief-Influenz ist eine durch Hochgebirge bedingte, von der normalen Klimaformung abweichende Reliefbildung gemeint. Ein vorgegebenes Hochgebirgsrelief kann z.B. infolge seiner in einem Klima A entstandenen

Hangneigungswinkel noch lange nach dem Eintritt eines neuen Klimas B die Abtragung so steuern, daß die Prägekräfte des Klimas B nicht oder nur in geringem Maße wirksam werden. Überdies kann es sein Vorland beeinflussen.

BÜDEL nennt hierfür das Beispiel des aus Äthiopiens Hochland kommenden Nils, der wegen der hohen Gebirgsniederschläge die trockene Ostsahara völlig quert, ohne zu versiegen, sowie die Beispiele der Schotterführung aus Hochrelief kommender Flüsse. So bringen beispielsweise in Mitteleuropa heute trotz gleichartigen Klimas die aus den Alpen einziehenden Gerinne Loisach, Isar, Inn, Salzach ganz andere Sedimentmassen zur Donau als die ihnen entgegenstrebenden, aus Flachrelief bis Mittelgebirgen einziehenden Altmühl, Naab und Regen. Rhein, Rhône, Aare/Reuß und die insubrischen Flüsse des Alpensüdrands unterscheiden sich nur deshalb vom Inn u. a., weil sie Seen queren, in denen sich die im Oberlauf transportierten Sedimente fangen.

Ein anschauliches Beispiel für den Einfluß eines Hochreliefs auf die Vorlandsformung ist die Bildung von Fußflächen vor Hochgebirgen in Trockenklimaten. Nach bisheriger Kenntnis setzt der Bildungsvorgang von Fußflächen unter anderem ein hohes Rückland voraus.

## 2.6 Der Faktor Zeit

Abgesehen von Naturkatastrophen wie alpinen Murbrüchen oder Überschwemmungskatastrophen mit kurzfristig starken Erosions- und Akkumulationsbeträgen u. ä. vollzieht sich Reliefbildung in geologisch langen Zeiträumen. Die beobachteten Formungsvorgänge müssen nach wie vor auf den Spuren LYELLS aktualistisch hochgerechnet werden, damit sich ein Bild von Landformung in den verschiedenen Klima- und Reliefzonen der Erde ergibt.

Der Zeitfaktor ist bei der Beurteilung der Reliefs nicht zu unterschätzen. Klima kann sich schneller ändern als Landform. Bei gleichbleibenden endogenen und exogenen Voraussetzungen würde sich wohl über Jahrmillionen hinweg eine Art von Endrelief einstellen, das dem jeweiligen endogen-exogenen Gleichgewicht entspräche. Dieses könnte, entsprechend dem vegetationsgeographischen Begriff der Klimax-Vegetation, als Klimax-Relief bezeichnet werden. Möglicherweise haben die Rumpfflächen der wechselfeuchten Tropen Afrikas derzeit eine Art Klimaxzustand erreicht. In den meisten anderen Fällen ist jedoch der endogene Komplex zu mobil, insbesondere die Hebung (Hochgebirge), als daß das Endrelief schon erreicht sein könnte. Vielfach dauerte auch die entsprechende Klimaphase nicht lange genug, um formprägend wirksam werden zu können. Hier ergeben sich Überschneidungen zum Faktor Altrelief. Der Faktor ist noch wenig untersucht.

## 2.7 Der Faktor Mensch

Mit dem Erscheinen des Menschen trat in die bis dahin bilanzierten Ökosysteme der Erde ein kulturbedingter Störfaktor, dessen Auswirkungen als quasinatürliche Oberflächenformung erst vor etwa 40 Jahren allmählich in den Gesichtskreis der Geomorphologie traten (vgl. RATHJENS, 1979). Der Mensch vermag durch seine Eingriffe Ökosysteme ähnlich zu wandeln wie der Faktor Klima. Großklima mag davon wenig berührt werden. Die Ursachen der Desertifikation (Großklimawandlungen oder menschliche Eingriffe) sind bis heute nicht ganz schlüssig geklärt. Aber die Pflanzendecke kann vom Menschen so gründlich beeinflußt werden, daß Meso- und Mikroklima, Boden- und Reliefbildungsvorgänge sich wandeln.

Noch in den späten Dreißigerjahren dieses Jahrhunderts begnügte sich die Geomorphologie damit, „Kulturterrassen" von „echten Terrassen" zu unterscheiden, und verwünschte sie eigentlich eher, weil sie den Einblick in die natürlichen Verhältnisse erschwerten, als daß sie von ihnen als Forschungsproblem Notiz nahm.

Erst mit der Entdeckung der Auelehmbildung in Mitteleuropa – im wesentlichen zwischen 1930 und 1950 – und der Erkenntnis, daß sie wahrscheinlich durch mittelalterliche Rodungsvorgänge und dadurch verstärkte Bodenabspülung bedingt sei, rückten reliefformende Eingriffe des Menschen allmählich in den Blick der Geomorphologie. Die großen Bodenzerstörungsvorgänge der Dreißigerjahre auf den gerodeten oder aus Gras- in Ackerland umgewandelten Ebenheiten Oklahomas und der Ukraine führten zu Erhebungen über Bodenerosion in Mitteleuropa (Richter, 1965; u.a.). Früher oder später mußte die geomorphologische Feldforschung dann auch im Ausland auf man made relief stoßen. Die riesigen Calanchefelder (Racheln, Badlands u.ä.) in den Schuppentonen (Scagliaschichten) des Nordapennins z.B. entstanden wahrscheinlich durch die Beseitigung der dortigen natürlichen Vegetation mediterraner Hartlaubwälder. Die Bodenkrume wurde durch die Vernichtung der Vegetations-Schutzdecke abgespült. Da die Scagliaschichten wegen ihrer geringen Resistenz und ihres hohen Tonmineralanteils (hier wird auch der Faktor Gestein wirksam) leicht abgetragen werden, schnitt die Linienerosion die engverzweigten Calanchefelder in sie ein. Außerdem entstanden Bergrutschformen (Frane). Ähnliches passierte in den vergleichbar aufgebauten Erdpyramidengebieten am Ritten bei Bozen, die sich nachweislich erst seit der Römerzeit bildeten (Dörrenhaus 1966; Becker 1966). Die Crête Senese, heute eine öde, zerschnittene mediterrane Kultur-Halbwüste in tertiärzeitlichen Gipsen des Toskanischen Hügellands zwischen Siena und Arezzo, erscheinen auf den spätmittelalterlichen Fresken des Sieneser Stadtpalasts noch als blühende, teilbewaldete und wildreiche Agrarlandschaft.

Der Humaninfluenz auf das Relief liegt stets das Prinzip zugrunde, daß durch menschliche Eingriffe in die Vegetation das natürliche Ökosystem gestört wird, von dem Qualität und Quantität der Abtragungsvorgänge abhängen. Dadurch wird dann eine neue Qualität gesetzt. Neue Formungsvorgänge beginnen, neue Formen entstehen.

Neben dem Faktor Mensch existiert wohl auch ein Faktor Tier, insbesondere Wild-Großtier. Die Wiederkäuerherden der afrikanischen Grassavannen N des Äquators (Serengeti u.a.) und der Llanos und Pampas in Südamerika leben zwar anscheinend derzeit in einem einigermaßen bilanzierten Biotop. Ob dieser aber durch sie selbst aus lockeren Trockenwäldern durch Jungwuchsvernichtung geschaffen wurde, oder ob von Natur aus Grasland herrschte, ist noch offen. Ähnliches gilt für die ehemaligen Büffelherden der nordamerikanischen Prärien. Für die Grasvegetation dort (Prärieproblem) gibt es prinzipiell ebenfalls mehrere Erklärungsmöglichkeiten.

## 2.8 Der Faktorenkomplex Makro-, Meso-, Mikroklima/Ökosystem

Genauere Karten zeigen im kristallinen Laurentia N der Glintlinie Bärensee-Mackenziefluß-Sklavenfluß-Athabascafluß-Winnipegsee-Große Seen-Lorenzstrom eine Fülle kleiner und großer Seen. Das Kristallin dazwischen ist rundgebuckelt. Die Flüsse besitzen mehr oder weniger tiefe Kastentäler und durchhängende Gefällskurven mit steilen Talanfängen und flachen Mittel- bis Unterläufen. Neufundland hat Fjorde. Ähnliches gilt für den verwandten fennoskandischen Schild. Beide weisen nach spezielleren geologischen Karten über dem Kristallin eine dünne Sedimentdecke auf, pleistozäne Moränen. Diese Schilde liegen unter Kaltklimaten. Im Pleistozän waren sie vergletschert.

Das von tropisch-wechselfeuchten Klimaten geprägte Zentralafrika der Savannenzonen ist ein Teil Gondwanas, tektonisch-petrographisch mit Laurentia praktisch identisch. Es besitzt wie dieses ausgedehnte, flachwellige Landoberflächen, die den Kristallinbau schneiden (Rumpfflächen). Über sie steigen Inselberge, teils als reine Skulpturformen aus demselben, teils als strukturgestützte Formen (Härtlinge) aus anderem Gestein als im Flächenbereich aufgebaut. Pleistozäne Moränen und Formen der glazialen Serien wie Seen ähnlich der laurentischen oder der fennoskandischen Platten fehlen jedoch. Die Flußgefällskurven hängen nicht durch, sondern sind invers. Im Oberlaufgebiet existieren flachmuldige Talformen. Nur Rumpfstufen werden kerbtalartig zerschnitten. Das Unterlaufgefäll ist dagegen häufig steil. Erst dort gibt es dann generell Kastentalformen. Stromschnellen und Wasserfälle sind verbreitet. Der Kongo beispielsweise liegt unterhalb der Stanleyfälle 428 m über NN. Auf den rund 1500 km seines Laufs bis Brazzaville senkt sich sein Talboden nur um 90 m auf 340 m über NN. Dagegen fällt er auf den etwa 400 Flußkilometern unterhalb von Brazzaville mit insgesamt 7 Wasserfällen um 340 m bis zum Meeresspiegel. Ähnliches gilt für den Sambesi. Etwa die Hälfte seiner gefällsarmen Oberlaufstrecken liegt über 700–1500 m Meereshöhe. Erst die Victoriafälle bringen dann eine Talvertiefung. Aber noch bei Tete 300 km oberhalb seiner Mündung liegt der Fluß in Höhen von 200 m über NN. Auch der Iguaçu im wechselfeucht-tropischen Südbrasilien zeigt ein ähnliches Bild. Seine Wasserfälle über Vulkandecken sind allerdings selektiv gestützt.

Für außertropische Flüsse gelten solche Verhältnisse im allgemeinen nicht. Zwar sind auch dort die Gefällskurven kompliziert. Die Regel ist jedoch steiles Oberlauf- und flaches Unterlaufgefälle. Bei sonst gleichen tektonisch-petrographischen Voraussetzungen können derartige Relief-Unterschiede wie zwischen Laurentia/Fennoskandia einerseits, Gondwana andererseits nur auf das heutige Klima und die Klima-Entwicklung in der geologischen Vergangenheit zurückgeführt werden. Hier wird also im Überblick der Faktor Großklima (Makroklima) deutlich.

Hochgebirge sollen als zweites Beispiel dienen. Der Atlas, die Betische Kordillere in Iberien, die Alpen, die Karpaten, der Balkan, der Pontus und der Kaukasus sowie der Taurus und die Zagrosketten sind tektonisch-petrographisch verwandt und auch in der Höhenlage zur Erosionsbasis vergleichbar. Dennoch sind im einzelnen erhebliche Formunterschiede festzustellen, die nicht allein auf Gesteinsdivergenzen beruhen. Die Gebirge S des 40. Breitengrads liegen im altweltlichen Trockengürtel. Sie waren eiszeitlich nur unbedeutend vergletschert. Die Kettengebirge N des 40. Breitengrads dagegen besaßen z. T. eine auf das Gebirge beschränkte, z. T. aber auch in das Vorland ausgreifende Vergletscherung. Die Kettengebirge der Trockengebiete besitzen darüber hinaus im Übergangsbereich von Gebirge und Vorland ausgedehnte Fußflächen (Pedimente und Glacis), in Kristallin und Sediment. Solche Fußflächen fehlen (heute) den Hochgebirgen der kühlgemäßigten Zone der Alten Welt. In der Neuen Welt treten die Felsfußflächen ebenfalls in den Hochgebirgen der Trockengebiete auf (Westliche und Östliche Sierra Madre in Mexiko, Coloradoplateau, Großes Becken). Sie wurden dort von Gilbert (1877) schon vor 100 Jahren beschrieben. Die polwärts der 45. Breitenkreise anschließenden Kordillerenbereiche besitzen dagegen wieder alpinotypen Formcharakter ohne Fußflächen, aber mit eiszeitlich entstandenen Trogtälern und Fjorden (Coast Range und Rocky Mountains USA/Kanada; Südanden Chile/Patagonien). Nach Berichten älterer Forschungsreisender und nach der russischen Literatur ist es wahrscheinlich, daß auch aus den Hochgebirgen des hochliegenden trockenen Zentralasien um 40° Nordbreite weite Fußflächen zu den Becken der Takla Makan, der Dsungarei, der Gobi, der Alashan- und der Tshaidamwüste streben.

Differentes Großklima kann bei sonst gleichartiger tektonisch-petrographischer Ausstattung in großmaßstäblicher Sicht zu recht differenten Landformen führen. Indes ist nicht jeder Form- und Formungsunterschied großklimabedingt. Innerhalb einheitlicher Großklimazonen herrschen oft Qualitäts- und Quantitätsunterschiede, die sich weder auf den Endogenkomplex noch auf andere aklimatische Faktoren reduzieren lassen. Sie müssen also ebenfalls auf Klima zurückgeführt werden, aber nicht auf Makro-, sondern eher auf Meso- und Mikroklima, auf edaphische (Sonder-)Bedingungen.

Die in 1000–800 m über NN liegende Schichtstufe der Schwäbischen Alb besteht auf über 200 km Länge vom Randen bis zum Ries aus einer horizontalen Wechselfolge wenig abtragungsresistenter Tone und Mergel einerseits, resistenter Bank- und Massenkalke andererseits. Makroklimatisch gesehen ist die Ausstattung ebenfalls relativ gleichförmig. Zu messen sind am Trauf durchschnittlich über 1000 mm Stauniederschlag/Jahr, dazu thermische Jahresmittel von 6–8°, Januarmittel von −1 bis −2° und Julimittel von 15–17°. Nach BÜDEL gehört Mitteleuropa derzeit zur „ektropischen Zone retardierter Talbildung". Damit ist im wesentlichen gemeint, daß hier vom Klima her gesehen im großen und ganzen Formungsruhe herrsche. Vieles, was an sich gegen rezente Formungsruhe zu sprechen scheint, ist denn auch anthropogene Formung.

Am Albtrauf indes herrscht wie an vielen anderen Schichtstufen Europas und Außereuropas Kerbtalzerschneidung durch Tagwasser. Dazu tritt Bergrutsch- und -sturztätigkeit. Die Schwerkraftgleitformen können nur zu einem kleinen Teil als Nachrutsche in pleistozänen Vorformen aufgefaßt werden. Anthropogene Einflüsse sind meist ebenfalls auszuschalten. Die Rutschungen werden vielmehr in vielen Fällen durch eine petrographische Prädisposition ausgelöst. Quellende und unter dem Gebirgsdruck des Hangendsediments nachgebende Ornatentone liegen unter Weißjuramergeln und -kalken. Die Prädisposition wird nun zwar im allgemeinen durch die pleistozäne bis holozäne Hangschuttdecke, die oft mehrere Meter bis Zehnermeter Mächtigkeit erreichen kann (Lochen), in ihrer potentiellen Auswirkung hintangehalten, ebenso wie durch den Traufwald. Dieser puffert den Niederschlagsabfluß. Auf den Ornatentonen liegt gleichwohl ein bandartiger Quellenaustritt mit Versumpfungszonen. So gelangt immer Grundwasser auf die Grenze Bankkalke/Mergel und Weißjuramergel/Doggertone. Wo durch rezente seitliche Erosion in Taleinschnitten und Subsequenzen des Traufs die Hangschuttdecke und die Liegendmergel der Ornatentone so unterschnitten werden, daß der gegenwärtige natürliche Hangwinkel der Ornatentone, sozusagen eine Kompromißlösung der Natur zwischen heutigem Klima, Vegetation, natürlicher Auflast und Sedimenteigenschaften, übersteilt wird, können auch bei Waldbedeckung Bergrutsche und -stürze ausgelöst werden. Der Schollengleitmechanismus entblößt dann die über den Liegendmergeln anstehenden Hangendkalke. Damit setzt in diesen mit meterscharfen Grenzen zum angrenzenden, waldbedeckten, im wesentlichen ruhenden Trauf ein gravitativer, frost- und insolationsbedingter Abtragungsmechanismus ein, eine rezente Formung. Diese ist nicht petrographisch bedingt. Sie beruht nicht auf einer rutschbedingten Übersteilung, an der ein Hangwinkelausgleich erfolgt. Bankkalkwände können jahrzehntelang 90° Hangwinkel behalten. Viele Steinbrüche zeigen dies. Sturzschuttbildung ist so z.B. vor allem in waldumgebenen und damit witterungsgeschützten Steinbrüchen der Unteren Malmkalke im Albtrauffuß nicht übermäßig häufig. In den freiliegenden Kalkwänden der Traufkanten dagegen, die klimatisch exponiert sind, entsteht durch die Entblößung ein neues Ökosystem. Die fehlende Bodenkrume, die syngenetisch abgespült wird, verhindert über lange Zeiträume die Ansiedlung rudimentärer Geophyten- und Grasvegetation. Nur Bankkalkabsätze mit Protorendzinen tragen sie. Dennoch werden die Kalke darunter und darüber in 800–1000 m Höhe dadurch nicht generell vor Verwitterung geschützt. Der Trauf wird daher oberhalb der Rutsche und vom Bergsturz unabhängig bis zur Kante hinauf schnell zurückverlegt. In etwa 40 Jahren vorwissenschaftlicher und wissenschaftlicher Beobachtung am Urselbergsüdhang S Reutlingen, wo morphologisch aktive Bankkalkwände stehen, ergaben sich Rückwanderungsbeträge der Traufkante im Zehnermeterbereich. Der Albvereinsrandweg mußte dort mehrmals verlegt werden, ebenso wie an vielen anderen Stellen des Albtraufs vom Hochrhein bis zur Wörnitz.

Wird das bedingende Faktorenbündel in seine Bestandteile zerlegt, so ergeben sich Reliefänderung, Änderung der Boden- und Kleinklimaverhältnisse sowie der Vegetation als die steuernden Faktoren. Deren Synthese wird in der Physischen Geographie allgemein als „Ökosystem" bezeichnet. Wandlungen des gesamten Ökosystems haben am Albtrauf zu Formungs- und damit Formwandlungen geführt. Ökosysteme werden weit weniger vom Makroklima her beeinflußt als vielmehr vom Meso- und vom Mikroklima, auch wenn sie natürlich großräumlich gesehen m.o.w. einheitliche Züge tragen, so daß tropische gegen subtropische und diese wieder gegen ektropische Ökosysteme generell abgrenzbar sein dürften.

Geomorphologische, vom Makroklima unabhängige, gleichfalls ökosystemgesteuerte Aktivität im Bereich nackter Felswände oder Trockenrasenhänge, relative Stabilität unter dichterer Vegetation mit untereinander meterscharfen Grenzen gibt es auch in anderen Klimaten. Blume (Kolloquium, Marburg 1976) zeigte hierfür zahlreiche Beispiele von aktiv geformten und unmittelbar daneben passiv liegenden Schichtstufen aus den verschiedensten Klimazonen der USA und der Alten Welt; vor allem auch aus Trockengebieten.

Damit wird auch die Frage, ob in den Trockengebieten derzeit Formungsaktivität oder Formungsruhe herrsche, eher entscheidbar. Es gibt offenbar unter dem derzeitigen Großklima edaphisch bedingt beides. Die gute Erhaltung der immerhin 6000–7000 Jahre alten Saharafelsbilder ebenso wie diejenige der 4000–3000 Jahre alten ägyptischen Hieroglyphen an Tempel- und Stelenwänden und vergleichbare Beobachtungen zeigen, daß an den betreffenden Stellen derzeit die Formung ruht. Beobachtungen subrezenter bis rezenter gravitativer Hangdenudation an anderen Stellen, z.B. die nicht anthropogene, rezente Hangüberschüttung in den Nummulitenkalken um Kairo-Fayum oder im Tal der Könige (Luxor) an den Schichtstufen über den Königsgräbern unterhalb El Quorn sowie an anderen Schichtstufen Arabiens (Dongus, 1970) unmittelbar neben sandverwehten, demnach derzeit formungsinaktiven Wadis zeigen, daß auch in den Trockengebieten aus einzelnen Beobachtungen nicht weltweit extrapoliert werden darf. Auch dort können in unmittelbar benachbarten Ökosystemen verschiedene Prozesse ablaufen und verschiedene Landformen entstehen.

Bremer (1971 u. 1973) sprach dasselbe Problem neuerdings auch in den wechselfeuchten Tropen als differenzierte bzw. divergierende Verwitterung und Abtragung an. Die wechselfeuchte Tropenzone kann demnach auch nicht mehr grundsätzlich als Zone der exzessiven Flächenbildung gelten. Im warmen, wechselfeuchten Tropenflachland der kristallinen Rumpfzonen wird wegen der ständigen Feuchte des flächendeckenden Verwitterungsmaterials und des dadurch bedingten ständig neuen Anfalls von Spülmaterial möglicherweise auf Flächen schneller und tiefgreifender abgetragen als an Hängen. Dort wird anfallendes Verwitterungsmaterial offenbar syngenetisch abgespült. Auf den dadurch entblößten Gesteinsoberflächen rinnt oder trocknet das Niederschlagswasser deshalb schnell ab. Sie sind edaphisch arid. Damit setzt dort mechanische Verwitterung ein. Diese arbeitet langsamer als die chemische Tiefenverwitterung.

Auf den Flächen der tropisch-wechselfeuchten Klimazonen herrscht also ein anderes, nach Bremers Beispiel reliefgesteuertes Ökosystem als auf den Hängen der Rumpfstufen und Inselberge, und auf dem tropischen Rückenrelief wohl wiederum ein anderes als in den tropischen Gebirgen.

Von einer grundsätzlichen und einheitlichen Großklimasteuerung der Abtragungsvorgänge sollte deswegen wohl nicht mehr geredet werden. Der Faktor Klima ist vielmehr wohl erheblich zu differenzieren. Für kleinmaßstäbliche Übersichtsbetrachtungen mag die Berücksichtigung von Makroklima genügen. BÜDEL meint im wesentlichen nur dieses (vgl. 1964, S. 27 und 1977, S. III). Für die differenziertere Betrachtung auch der außerhalb der humiden Mittelbreiten liegenden Reliefzonen der Erde muß dennoch Makroklima wohl eher aufgegliedert werden. Es hat den Anschein, als würde allmählich an die Stelle der „Klimamorphologie" eine „Ökomorphologie" treten.

Es ist ein unbestrittenes Verdienst BÜDELS, wenn heute vor allem in der deutschen Geomorphologie dem Klimafaktor besondere Aufmerksamkeit gewidmet wird. Dies dürfte anerkannt sein, auch wenn der Grundsatz BÜDELS (Klima als dominanter Formungsparameter) sowie viele seiner Einzelergebnisse nichts weniger als unumstritten sind. Es gilt auch dann, wenn berücksichtigt wird, daß Klima als Formungsfaktor schon lange vor BÜDEL erkannt war (s. u.). Ein ernsthaftes Studium der Geomorphologie erfordert daher eine Auseinandersetzung mit den hier zitierten grundlegenden Arbeiten BÜDELS, gleichgültig, ob zustimmend oder ablehnend, vor allem mit seiner „Karte der klimamorphologischen Zonen der Gegenwart (ohne Hochgebirge)". Diese Karte (1957f.; bislang letztmals 1977) ist eine Karte der Formungszonen, eine Prozeßkarte, keine Formenkarte. Sie wurde, wissenschaftlich korrekt, seit ihrer ersten Publikation bis heute stets neuen Erkenntnissen anzupassen versucht.

Die Auseinandersetzung erfordert nun allerdings ein gewisses Vorverständnis. Dieses kann aber nur derjenige haben,der die überaus umfangreiche, seit dem Geographentag 1957 in Würzburg geführte Diskussion wenigstens in ihren Grundzügen überblickt, weil er sie miterlebte und daher mitverfolgen konnte. Sich die Grundzüge dieser Diskussion im nachhinein anzueignen, setzt prinzipiell mehrjährige Beschäftigung voraus. Daher scheinen hier einige Bemerkungen angebracht, die vielleicht den Einstieg in die Gedanken der modernen „Klimamorphologie" erleichtern können.

Es wurde schon betont, BÜDEL sei der Auffassung, daß Klima der dominante Formungsparameter sei, dem sich alle anderen (Gestein, Tektonik usw.) unterordneten. Daraus darf grundsätzlich nicht geschlossen werden, er erkenne diese Formungsfaktoren überhaupt nicht als solche an. Es ist weit eher so, daß er sie in seinen Arbeiten implizit voraussetzt; als Beweis für diesen Satz mag BÜDEL (1963) gelten, wo alle bedeutsam erscheinenden Formungsfaktoren wenigstens einmal aufgelistet wurden. Es ist vermutlich nicht gänzlich danebengegriffen, wenn BÜDELS Arbeiten vor einem gedanklichen Hintergrund gelesen werden, der sich etwa folgendermaßen formulieren läßt: In BÜDELS Ansatz besitzt Klima Dominanz. Außerdem ist dieser Ansatz im wesentlichen ein allgemein-geomorphologischer, wenn auch der Regionalgesichtspunkt (insbesondere 1977) nicht gänzlich fehlt. Um nun Gesetzmäßigkeiten besonders klar herausarbeiten zu können, werden nach BÜDEL nicht dominante Formungsfaktoren in seinen Darstellungen weitgehend übergangen. Hier scheint sich ähnlich wie bei W.M.DAVIS wissenschaftliches Anliegen mit didaktischem Bemühen zu berühren, wenn nicht zu vermischen. Jedenfalls führt der Ansatz zwangsläufig dazu, daß versucht werden muß, die Reichweite der in den einzelnen Klimaten als maßgeblich angesehenen Formungsparameter kartographisch festzulegen; anders ausgedrückt: dem Ansatz gemäß muß versucht werden, eine Karte der Formungszonen der Erde zu zeichnen, und zwar eben unter Absehung von ebenfalls wirksamen, allerdings nicht als dominant angesehenen Faktoren.

Genau hier aber beginnt eine im Ansatz begründete und nach Meinung des Verfassers nicht überwindliche Schwierigkeit methodischer Natur. BÜDELS Karte heißt „Karte der klimamorphologischen Zonen der Gegenwart (ohne Hochgebirge)". Es ist zunächst gleichgültig, wie der Titelzusatz „(ohne Hochgebirge)" aufgefaßt wird. Die Größtformen der Erde lassen sich nämlich auch in einer klimamorphologischen Prozeßkarte der Gegenwart nicht vernachlässigen, weil sie Klima mitbestimmen.

Die Größtformen sind azonal, folgen dem Gradnetz der Erde weder meridional noch zonal. Großklima hingegen w ä r e, existierten die Größformen des Reliefs nicht, rein zonal. Es wäre nämlich dann nur von den Erdbahnelementen und der Sonneneinstrahlung gesteuert. Wegen der Größtformen ist Klima heute nicht rein zonal gestaltet, sondern zonal-größtformenmodifiziert. Gegensätze von Kontinentalität und Ozeanität sind von der Land-Meer-Verteilung abhängig.

Am bedeutsamsten für Klimadifferenzierung sind die Hochgebirge. Das breite Mäanderband der Planetarischen Frontalzone auf der Nordhalbkugel ist ohne sie nicht erklärbar. Ihm steht auf der Südhalbkugel, wo keine Hochgebirge in vergleichbaren Breiten liegen, ein ausgeglichenes, gestrecktes, schmales Sturmband gegenüber. Der Höhenformenwandel des Klimas endlich von Tieflandklimaten bis zur nivalen Stufe setzt Relief voraus, um formenbildend wirksam zu werden. Er wird durch den Massenerhebungseffekt über Hochgebirgen gegenüber der normalen Höhenstufung über Tiefländern z. T. so erheblich modifiziert, daß gleiche Temperaturgrenzflächen über Hochgebirgen 800–1000 m höher liegen als über Tieflandzonen.

Auf dieser Basis sind zwei Kritikrichtungen vorgegeben. Sofern die Titelklammer „(ohne Hochgebirge)“ bei Büdel (1977) so viel bedeuten soll wie „als ob die Hochgebirge nicht vorhanden wären“, enthält die Karte im Ansatz einen Sachfehler und dazu in ihrer neuesten Form von 1977 mindestens fünf immanente Sachwidersprüche.

Der Ansatzfehler wäre, daß sie dann nicht auf der Basis der heutigen Klimagliederung der Erde gezeichnet werden dürfte, was sie aber tatsächlich ist. Wie eine Klimagliederung der heutigen Erde ohne die Hochgebirge aussähe, müßte erst noch ausgerechnet werden. Als Sachfehler wären in diesem Falle anzusehen, daß in drei Teilzonen der Karte 1977 die Hochgebirge impliziert berücksichtigt sind, obwohl sie laut Kartentitel nicht hätten berücksichtigt werden dürfen. Das 2500–3600 m hoch liegende nordamerikanische Kordillerenbecken zwischen 30° und 40° und Zentralasien mit 1000 bis über 8000 m Höhe zwischen 25° und 50° Nordbreite erscheinen als „Winterkalte Trockenzonen mit Flächenüberprägung, vorwiegend durch Glacis und Pedimente“. Ohne die Hochgebirgsnatur dieser Räume wären diese Formungszonen nicht nur nicht winterkalt. Sie wären vielmehr in dieser Trockenform überhaupt nicht vorhanden. Auch die S anschließende indische Flächenbildungszone zwischen 10° und 30° N wäre nicht da. Die NITC würde nämlich ohne die im Nordsommer über der zentralasiatischen Hochgebirgsmasse ausgebildete Tiefdrucksituation nicht so weit nach N gezogen, daß es zu einer (monsunalen) tropisch-wechselfeuchten Klimaprägung Indiens auf der Breite der normalen Passatwüsten käme. Im Nordwinter könnte das extreme Kältehoch Zentralasiens nicht existieren. Damit würden die Niederschlagsminima der betreffenden Gebirge gemildert. Die Südhalbkugel enthält mit der Ausgliederung der peruanisch-chilenischen Küstenwüste als „Warme Trockenzone der Flächenerhaltung .... etc.“ denselben Sachfehler. Diese Wüste ist eine Passatleewüste und nur wegen des über ihr bis auf 6000 m Höhe ansteigenden andinen Hinterlands, also des Hochgebirges vorhanden, auf das sie übergreift.

Wenn nun aber in der Karte an drei Stellen trotz des Klammersatzes „(ohne Hochgebirge)“ die Hochgebirge immanent und faktisch doch berücksichtigt wurden, dann hätte konsequenterweise die weitaus größere patagonische Leewüstenzone am Ostrand der Anden S 40° Südbreite wie die Sahara als Zone der Flächenerhaltung ausgegliedert werden müssen. Sie besitzt unter 250 mm Niederschlag. Nach bisheriger Kenntnis laufen derzeit dort aridmorphodynamische Prozesse ab und nicht retardierte Talbildungsprozesse wie in den europäisch-asiatischen Mittelbreiten, denen die Zone zugeordnet ist.

Dasselbe gilt für den trockenen nordamerikanischen Kordillerenostfuß zwischen der Golfküste und dem Missouri-Oberlauf. Auch dort liegen im Hochgebirgslee Trockenräume, z. B. der Llano Estacado, ebenfalls mit Niederschlägen unter 250 mm, also kein Feuchtgebiet retardierter Talbildung bzw. monsunaler Reliefbildung, sondern ein Trockengebiet. Dort fand Mortensen sein Prinzip der Alternierenden Abtragung und seine Achterstufen.

Wenn der Klammersatz „(ohne Hochgebirge)“ lediglich bedeuten soll: „die Hochgebirgsabwandlungen der Tieflandformungsprozesse wurden ihres kleinen Raums wegen nicht ausgeschieden", dann könnte die Karte zwar nach der heutigen Klimagliederung der Erde gezeichnet werden. Dennoch wäre sie auch dann noch inkonsequent. Sie enthält nämlich de facto drei hochreliefgesteuerte Formungszonen, die schon genannten Kordillerenbecken und Zentralasien sowie die Insulinde. Wesentliche, ebenfalls hochreliefbedingte Formungszonen wie diejenige des japanischen Inselbogens, Ostsibiriens, des alpidischen Systems Eurasiens und der amerikanischen Kordillere wurden dagegen ohne zureichenden Grund den jeweiligen benachbarten Tieflandformungszonen zugeschlagen, meist der „Ektropischen Zone retardierter Talbildung", aber auch der „Randtropischen Zone exzessiver Flächenbildung" und der „Etesienzone". Da sie flächenmäßig breiter sind als beispielsweise die von Büdel ausgeschiedene Tieflandsatacama und so groß wie die Insulinde, hätten sie ohne weiteres sachlich und zeichnerisch berücksichtigt werden können und auch müssen, weil in ihnen reliefgesteuert andere Formungsbedingungen herrschen als in den angrenzenden Gebieten. Was nämlich den Kordillerenbecken und Zentralasien recht ist, muß dem übrigen Hochreliefsystem nur billig zugestanden werden.

Methodisch müßte bei der Zeichnung geomorphologischer Prozeßkarten kleinen Maßstabs sinnvollerweise so verfahren werden, wie dies Troll und Paffen beim Entwurf ihrer Welt-Klimakarte taten. Sie betteten die Hochreliefklimate als Modifikationen der Tieflandklimate in deren Grundfarbe ein. Schwarze Signaturen geben die Verbreitung an. Der Ansatz Menschings eignete sich dabei gut, um die Formungszonen zu kennzeichnen. Mensching (1968 u.ö.) vermeidet grundsätzlich, da er die strukturbedingte Mitsteuerung der exogenen Formungsvorgänge nicht eliminieren möchte, Formbegriffe (Talbildungszone etc.) zur Kennzeichnung von Prozessen. Er bezeichnet die Trockengebiete als Zonen der arid-morphodynamischen Prozesse und setzt dabei voraus bzw. zeigt im Kontext, daß diese im Tafelland anders verlaufen als im Hochgebirgsvorland, und dort wieder anders als im Hochgebirge selbst, so daß jeweils andere Formengruppen entstehen. Eine Prozeßkarte kann nicht auf Exogenfaktoren allein gestützt werden. Dies haben die Karten von Poser und Hagedorn gezeigt.

Wilhelmy (1974) entwarf eine Karte der Formengruppen, hat also einen anderen Ansatz als Büdel. Eine solche Karte läßt sich auf der Basis von Kombinationen Physischer und Klimakarten zeichnen, sind nur erst die Formengruppen genügend klar bestimmten Klimazonen zugeordnet. Sie kann ungefähr an den heutigen Klimazonen der Erde ansetzen und braucht die Tektovarianz nicht zu eliminieren, gerät daher auch nicht in innere Widersprüche.

Literatur:

Becker (1966); Bremer (1971; 1973); Büdel (1957; 1961; 1963; 1971; 1977); Cloos (1940); Dörrenhaus (1966); Dongus (1970); Gilbert (1877); Rathjens (1979); Richter (1965); Wilhelmy (1974).

# 3 Methodische Ansätze der Geomorphologie

## 3.1 Die Faktorenbedingung oder der Faktorenbezug

Die an einem beliebigen Ort der Erde Relief formenden Faktoren stehen in einem integrativen Bezug. So entstehen beispielsweise in den tropischen Hochgebirgen trotz eines der Flächenbildung möglicherweise günstigen Klimas vor allem wegen des Faktors Tektonik, der jungen kräftigen Heraushebung eines Falten-, Decken- oder Blockschollenkörpers, zusammen mit dem dadurch mitbedingten Faktor der Entfernung zur Erosionsbasis keine Flach-, sondern steile Zerschneidungsformen. Aktive Rumpfflächenbildung scheint innerhalb der Tropen an die kristallinen Teile Gondwanas geknüpft. Wo diese von Sediment mit wechselnd widerständigen Schichten überlagert werden, treten trotz gleicher Großklimaausstattung Schichtstufen und Schichtflächen auf.

Ähnliches gilt für die Zone der trockenen Tropen und Subtropen. Die im allgemeinen für diese Zone als typisch angesehenen Fußflächen, Pedimente im Kristallin, Glacis im Sediment, werden offenbar nur unter Klimaten mit starkem Schuttanfall, spärlichen, aber schichtflutartigen Niederschlägen und spärlicher Vegetation gebildet. Die Form hängt aber zugleich davon ab, daß ein primärer, möglicherweise tektonisch bedingter Unterschied zwischen Hoch und Tief vorhanden ist. Fußflächen liegen stets zwischen Hochgebirgen und Vorlandsenken bzw. zwischen hohen Schichtstufen und davor ausgedehnten tiefen Subsequenzzonen. Dies hängt wohl damit zusammen, daß der starke, höhenklimatisch bedingte Schuttanfall im Gebirge, der dort zur Zerschneidung führt, von einem bestimmten Auslastungspunkt an im Vorland Flächenbildung bewirkt. Dort, wo zwar das Großklima trocken ist, aber die endogenen Voraussetzungen fehlen, wo also wie in der Sahara oder im Coloradobecken riesige Sedimenttafeln flach lagern, fehlen die Fußflächen wegen des primär ebenen Ausgangsreliefs. Der klimatisch gesteuerte Abtragungsvorgang (Arid-morphodynamischer Prozeß, MENSCHING, 1968 u.ö.) ist zwar theoretisch derselbe wie beim Gegensatz Hoch/Tief. Da in den Prozeß jedoch auch die von BÜDEL sogenannte endogene Rohform zwangsläufig eingeht, treten beim Fehlen eines hohen Hinterlands an die Stelle der Fußflächen ausgedehnte Hamadatafeln und Serire, örtlich auch Sandwüsten (Erg, Reg, Edeïen). Reliefbildung ist also ein komplexer Vorgang, bei dem viele Faktoren gleichzeitig und in gegenseitiger Bedingung wirksam werden.

Eine übersichtliche Betrachtung des Reliefs der Alpen, naturgemäß vereinfacht, möge diesen Satz belegen.

Die tektonischen Grundlagen der Reliefentwicklung der Alpen bildete eine in mehrere Teiltröge gegliederte, im Perm angelegte und bis zur Kreide eingemuldete Senkungszone zwischen Gondwana und Fennosarmatia. In ihr wurden auf kristallinem, meist variskischem Sockel jungpaläozoische, meso- und neozoische Sedimentite abgelagert. Diese besitzen um so mehr Tiefseecharakter, je weiter sie vom heutigen Mitteleuropa entfernt in der Senke (mesozoische Tethys) abgelagert wurden. Die Form der Senke läßt sich daraus paläogeographisch rekonstruieren.

Durch seitliche Raumeinengung, wohl infolge kontinentaler Plattenkonvergenz Gondwanas und Fennosarmatias, wurde der Sedimentkörper im wesentlichen zweiphasig (Kreide, Tertiär) gefaltet. Der Außensaum zwischen dem heutigen Nizza und dem Bodensee wurde in mehr oder wenige offene Falten gelegt und z.T. wenig abgeschert. Im Zentralbereich entstanden dagegen Faltendecken (Westalpen) bzw. Schubdecken (Ostalpen). Dabei wurden Sedimente metamorphosiert, z.B. die Bündner Schiefer des Engadiner und des Tauernfensters. Gleichzeitig drang entlang einer inneralpinen Nahtzone, die vom Veltlin über das Pustertal ins Klagenfurter Becken streicht (Periadriatische Naht), intrusiver Granit auf (Tonalit). Die Basiszone der Dolomiten, eine mehrere 1000 m mächtige paläozoische Quarzporphyr-(Rhyolith-)Tafel, konnte nicht mehr gefaltet werden. Während der Faltung, die größtenteils untermeerisch und im wesentlichen durch Nordschub geschah, bildeten sich vor den Alpen und allmählich mit diesen aufsteigend und in den Deckenbau einbezogen, weitere Sedimenttröge, zunächst der weithin überfahrene Flyschtrog, dann der wenigstens an seinem Südrand in die Faltung noch miteinbezogene Molassetrog von Annecy bis Wien. Dort liegt der Übergang zum gleichartigen, karpatischen Gebirgsvorland.

Die petrographischen Grundlagen entstanden mit der Sedimentation. Der nördlichste, unmittelbar an das heutige Mitteleuropa anschließende Trog (Helvetischer Trog) enthält vor allem jurassisch-kretazische Sedimente, die stark wechselgeschichtet sind. Ihre Fazies ähnelt derjenigen des mitteleuropäischen (germanischen) Schelfs. Der S davon liegende Penninische Trog ist mit einer mächtigen jurassischen Tonserie (Bündner Schiefer) über einer Basis von Konglomeraten (Verrucano) gefüllt. Die klastischen Sedimentite treten im südlichsten Teiltrog (Ostalpiner Trog) zurück. Dort herrschen Kalke und Dolomite, Ost- und Südalpin, von der Basis der Trias bis in die Kreide, in vollem Umfang vor allem in den Südalpen erhalten. Die während der Einengung inner- wie außeralpin gebildeten Flyschtröge (Ultrahelvetischer Trog u.a.) enthalten ein sogenanntes orogenes Sediment, den im wesentlichen kreidezeitlichen Flysch. Dieser ist in ehemaliger Deckenstirnrandnähe als Abtragungsschutt der nach N wandernden Kristallin- und Kalkdecken in der Form des Wildflysches, alpenferner als m.o.w. mergeliger Normalflysch entwickelt. Der vom Mitteltertiär an eingemuldete Molassetrog enthält, weil während seiner Bildung die Alpen schon Relief besaßen, ebenfalls klastische Ablagerungen. In Alpenrandnähe liegen, mitgefaltet in der Spätphase des Schubs, jungtertiäre fluviatile Konglomerate (Alpine Nagelfluh). Bis zur Donau wurden mit Ausnahme des Hauptschotters im allgemeinen nur feinsandige Sedimente geliefert. Auch von N kam eine fluviale Grobschüttung, die eine tertiäre Hebung in Südwestdeutschland anzeigende Juranagelfluh. Weil in den Westalpen präexistente prävariskisch-variskische Massive, die den Sockel der Tröge bildeten, in die Raumeinengung einbezogen und freigelegt wurden, existieren dort oberflächlich zwei Kristallinzonen. In den Ostalpen ist prävariskischer und variskischer Sockel mit abgeschert. Er bildet, allerdings weitgehend vom Kalkalpin verhüllt, die Trägerdecke der nördlichen Kalkalpen, oberflächlich anstehend und nahezu (mit Ausnahme des Engadiner, des Brenner- und des Stangalmmesozoikums) von den nachvariskischen Sedimentserien befreit, die Zentralalpen sowie den Südalpensockel. Der geringe Vulkanismus entspricht Kontinentalkonvergenz.

Die tektonisch-petrographische Prädisposition, die mit der Faltung einsetzende isostatische Hebung und die während der Hebung sich wandelnden Klimaverhältnisse erzeugten wechselnde exogene Formung und den heutigen Formenschatz. Er ist in den offenen Falten des Außensaums, wo gleichzeitig intensive Sedimentwechsellagerung herrscht, sowie im Helvetikum der Schweiz und in der Molasse strukturgestützt. Dort existieren Schichtrippen. In den kristallinen Teilen ist das Relief, von Kleinformen abgesehen, gesteins- und faltungsunabhängig. Die Kar- und Firnfeldniveautreppen sind ein kristallines Faltenrumpfrelief, das in den Westalpen allerdings stärker zugefirstet wurde als in den zentralen Ostalpen. In den nördlichen Kalkalpen besitzt der Westteil im Hauptdolomit ein zugefirstetes Kettengebirgsrelief mit

Karen. Der Ostteil jenseits der Saalach trägt ein als Raxlandschaft bezeichnetes, gesteinsangelehntes Tafelrumpfrelief in Dachsteinkalken. Die Sedimentdeckenstirnen besitzen ebenfalls häufig den Charakter von Schichtstufen. In den Südalpen, besonders in den Dolomiten, ist ein wieder eher gesteinsgestütztes Relief entwickelt. Gleichzeitig mit den Sedimentiten vom Riffkalktypus (Schlerndolomit, Dachsteinkalk und -dolomit) entstanden in den Rifflücken Tuffite (Wengener, Cassianer, Buchensteiner Schichten). Diese sind weniger widerständig als die Riffklötze und wurden deshalb exogen ausgeräumt. Das heutige Abtragungsrelief wird von den stehengebliebenen schichtstufenartigen Riffklötzen als Felstockwerk mit schroffen, oft (Sella) schichtgestuften Formen und den weiten, tiefer liegenden, weichen Almflächen in den Tuffiten (Seiser Alm), darunter wieder von der Vulkandeckenplatte und -stufe des Bozner Quarzporphyrs (Kastelruther-Haflinger Mittelgebirge) geprägt.

Über die mit der Faltung beginnende Urreliefbildung läßt sich nichts Sicheres aussagen. Örtlich existiert Reliefüberschiebung. Der heutige Formenschatz mit Rumpfflachformen der Höhe, Schichtstufen- und Schichtrippenformen sowie übersteilten Tälern entstand grob gesagt zweiphasig und klima- sowie hebungsgesteuert (Klimavarianz, Epirovarianz).

Die Altlandoberflächen der Zentral- und östlichen Kalkalpen sind Falten- bis Tafelrumpfflächen aus dem Mittel- bis Jungtertiär, Reste möglicherweise bei geringer Heraushebung der Alpen gebildeter Rümpfe, die unter warmen, wechselfeuchten bis trockenen Klimaten gebildet sein könnten. Das Formungsklima kann allerdings in der Anfangsphase der Alpenreliefbildung (Alttertiär) nicht mehr tageszeitlich gegliedert gewesen sein wie in den heutigen Tropen. Es dürfte nach Fossilien und Sedimenten zwar zunächst warm-humid und im Jungtertiär mit der Grobsedimentführung der Molasse dann gemäßigt warm-trocken gewesen sein, war also thermisch und in den Niederschlägen anders als das rezente Klima. Indes muß es schon jahreszeitlich gegliedert gewesen sein, da auch damals schon die Erdachse schräg stand und die Alpen im wesentlichen schon ihre heutige Lage im Gradnetz besaßen. Es gibt heute auf der Erde solche Klimate wie im Tertiär der Alpen wohl nicht mehr. Deshalb wird von tropen- bzw. subtropenähnlichen (tropoiden, subtropoiden) Klimaten des Tertiärs gesprochen.

Während der Ausbildung des zentralalpinen Rumpftreppenreliefs, das wohl wegen der unterschiedlichen Hebungsintensität der Westalpen dort weiträumiger gestuft ist als in den weniger rasch aufgestiegenen Ostalpen, entstand auch allmählich das Schichtrippenrelief der Außensäume. Dabei dürfte das Relief des parautochthonen Helvetikums (Dévoluy, Vercors, Chartreuse, Bauges, Chablais, Säntis, Hochifengebiet) zeitlich nach den Rumpftreppen (tertiäre Nagelfluh im Hangenden!), aber vor dem Molasserippenrelief der Allgäuketten gebildet worden sein. Die Nagelfluh ist fluviales, gut gerundetes Material der ostalpinen Kalkalpenstirnen und der helvetischen Decken. Fluviale Sedimentnatur bedeutet über dem Meer liegendes, zertaltes Relief. Für Zertalung im Hinterland spricht auch, daß einzelne Nagelfluhfächer (Rigi, Napf, Hörnli, Speer, Pfänder, Adelegg, Illerfächer, Taubenberg, Hausruck usw.) vorliegen, keine geschlossene Serie. Flächentransport der Nagelfluhgerölle im Sinne von Fußflächenbildung scheidet also schon vom Mitteltertiär an aus. Die Faltenmolassebasis ist oberoligozän. Demnach muß damals ein erstes Talrelief in den Alpen bestanden haben.

Wie dieses Talrelief aussah, wäre zwar wichtig zu wissen. Es entzieht sich jedoch der heutigen Beobachtung, denn es wurde in der zweiten Großphase der Alpinreliefbildung umgewandelt. Diese Phase stand unter ganz anderen, nämlich kalthumiden Klimabedingungen. Darum wurde das Tertiärrelief glazial überprägt. Die glazialen Trogschultern der großen west- und ostalpinen Täler mögen aus tertiärzeitlichen Vorformen, aus mehreren präexistenten Felsterrassen, entstanden sein. Die unter ihnen anschließenden steilwandigen Tröge wurden wohl aus der glazialen Überarbeitung prä- bis interglazialer, terrassierter Kerbtäler geformt. Diese hatten in den hebungsälteren Ostalpen, wo die Höttinger Breccie bei Innsbruck unter die Aufschüttungssohle reicht, offenbar schon präglazial annähernd die heutigen Taltiefen. In den wohl jünger gehobenen Westalpen war dagegen eine präglaziale Eintiefung wohl erst etwa bis zur Unterkante der heutigen Trogschultern vorgeschritten. Dies läßt sich daraus erschließen, daß die fluvioglazialen Terrassen vor den Westalpentoren etwa im Niveau der Trogschultern ansetzen (Rhône/Wallis, Aare, Rhein). In den Ostalpentoren liegen sie dagegen noch unter den Mittelgebirgsböden, knapp 70 m über den heutigen Talsohlen.

Die Altflächen der Höhe wurden pleistozän zu Karböden zugeschliffen oder trugen Plateaugletscher. Daß sie nicht glazial gebildet sein können, sondern an präglaziales (Falten- und Tafel-) Rumpfrestrelief anknüpfen, ergibt sich daraus, daß Flächen der Höhe schon vorhanden sein mußten, damit sich auf ihnen Firn sammeln konnte. Dies zeigt ein Vergleich von Alpen und zentralasiatischen Hochgebirgen (alpiner/turkestanischer Gletschertyp). Die präglaziale Zertalung der Alpen ist daraus zu erschließen, daß ein Eisstromnetz ausgebildet war, das den heutigen Tälern folgte und über die Pässe in Verbindung stand. Wäre keine Zertalung dagewesen, hätte sich ein Inlandeisschild vom Typus des Baltischen-Skandinavischen Schilds des Pleistozäns gebildet. Dieser war präglazial nur in der kaledonischen Faltungszone stärker zertalt, was dann in Norwegen nach W zur Fjord-, nach O zur Talseenbildung entlang der schwedischen Reichsgrenze führte.

Vorzeitrelief, Klimawandel, tektonische Bewegungen während der Reliefbildung, Gesteinstypus u.a.m. wirkten also bei der Reliefbildung der Alpen bis zum Spätglazial untrennbar verwoben zusammen.

Dies gilt auch für die heutige Reliefformung. Mit der Herausbildung des heutigen Klimas im Spät- und Postglazial entstand eine klare klimatische Höhenstufung mit im Prinzip von der Tiefe zur Höhe zunehmenden Niederschlägen und gleichgerichtet abnehmenden Temperaturen. Von ihr werden im Zusammenhang mit den Vorzeitformfaktoren und der petrographisch-tektonischen Gliederung die heutigen Formungsprozesse bestimmt, und damit der Formenschatz der dritten, aktiv geformten Reliefgeneration. Auf die nivale Stufe über der Schneegrenze folgt prinzipiell eine Felsschuttzone mit aktiver Solifluktion, Schutthalden und Sturzkegelbildung aus Wänden und Steinschlagrinnen. Darunter liegt eine fossile, mehrfach gegliederte ältere Solifluktions- und Schuttbildungszone aus dem Spätglazial, einer Zeit, in der die Temperaturgrenzflächen noch tiefer lagen als in der Gegenwart. Sie trägt Vegetation. Die montane Stufe zeigt von Natur aus Ruheformen, ebenso die colline Stufe. Das generelle Prinzip wird jedoch durch mehrere Faktoren häufig und gründlich durchbrochen. Klimaunabhängige Bergrutsche als Hangausgleich übersteilter Trogformen (Vorzeitrelief), aktive Schuttfächerbildung im Einzugsgebiet hochliegender Seitentäler (Klimaeinfluß), aber auch tiefliegende Schuttfächerbildung aufgrund im Einzugsgebiet anstehenden wenig resistenten Gesteins (Faktor Gestein), Murbrüche, in den Kalkalpen auch unter die Solifluktions- und Frostgrenze reichende Wandverwitterung (Faktoren tektonische Situation, Gestein, Vorzeitrelief mit glazialer Wandübersteilung) treten nicht nur punktuell, sondern flächig verbreitet auf, auch wenn Altformen der Höhe als Ruheformen mit lediglich traditionaler Weiterbildung unmittelbar an Aktivitätsareale angrenzen können. Die Talsohlen sind im allgemeinen wegen des generell hohen Schuttanfalls aus den Höhenzonen noch in Bildung begriffen (Klima- bzw. Ökosystemeinfluß, Gesteinseinfluß, Hochreliefeinfluß). Ihre Formung wird nicht in ihrer Klimazone selbst gesteuert, sondern von den Höhenlagen, die Schutt und Wasser liefern.

Der Faktor Mensch ist für die heutigen reliefformenden Vorgänge ebenfalls nicht unwesentlich. Waldrodung, Almnutzung u.ä. führen zur Erneuerung von Abspülungs- und Erosionsvorgängen (Walsertäler), besonders wenn im mergelig-tonigen Flysch hierfür eine Gesteinsprädisposition besteht. Lawinengassen durchbrechen an besonders exponierten Stellen, z.T. natürlichen Runsen, z.T. Rodungseinschlägen, die Hangwälder bis zur submontanen Stufe. Mit Wildbach- und Lawinenhangverbauung wird versucht, das ökologisch-morphologische Gleichgewicht allmählich wieder herzustellen.

Natürlich vergröbert diese Skizze die tatsächlichen Verhältnisse holzschnittartig. Es ist ja auch nur ihre Aufgabe, das Prinzip der gegenseitigen Faktorenverknüpfung bei der Reliefbildung grundsätzlich verständlich zu machen.

## 3.2 Geomorphologische Denkmethoden und geomorphologische Arbeitsweisen

Geomorphologische Forschung steht immer vor zwei Grundproblemen. Formungsprozesse des Reliefs sind bekannt, aber kaum beobachtbar. Ein eiszeitliches Kar muß als Kar aufgrund von Formen und Ablagerungen eines Gletschers angesprochen werden, der heute nicht mehr im Kar liegt, weil durch die Klimawandlung des Holozäns die Schneegrenzfläche gegenüber dem Pleistozän angestiegen ist. Wie die Formungsfaktoren an Ort und Stelle zusammenwirken, ist ebenfalls nicht von vorneherein zu sagen, sondern muß an Ort und Stelle entschieden werden.

In der deutschen Geomorphologie existieren gegenwärtig zwei Denkansätze zur Synthese der Einzelfaktoren, ein offener und ein geschlossener.

Der erste ist bemüht, alle am Objekt faßbaren geomorphologischen Faktoren in ihrem Wirkgefüge empirisch zu erfassen und damit die untersuchte Landform zu deuten, ohne dabei einem Faktor von vorneherein eine Dominanz zuzuschreiben. Dieser Ansatz ist prinzipiell mit der Ansicht verwandt, die bei CLOOS (1940; s.o.) zum Ausdruck kommt. Er läßt sich am besten mit einem Zitat aus LOUIS (1968[3], S. 4) kennzeichnen: „(Wir legen) Gewicht auf den Hinweis, daß eine wirklich befriedigende Analyse der Formen umfassend alle denkbaren Einflußmöglichkeiten zu berücksichtigen hat: nämlich den Einfluß der Gesteinsbeschaffenheit, der gegenwärtigen wie der vergangenen Krustenbewegungen auf die formenbildenden Vorgänge, ebenso wie den Einfluß der gegenwärtigen und der vergangenen Klimaeinwirkungen auf dies Geschehen und seine Ergebnisse".

Der zweite Ansatz ist durch BÜDEL (1957 bis 1977) repräsentierbar. Er schreibt (z.B. 1963, S. 271): „(Den aklimatischen Formungsfaktoren) sind die durch die Unterschiede der Klimazonen bewirkten Einflüsse, die wir als ‚Klima-Varianz' bezeichnen, nicht neben-, sondern eindeutig übergeordnet" (Sperrungen bei BÜDEL). Andere Ausdrucksweisen meinen dasselbe (z.B. 1977, S. III): „Es wird gezeigt, daß die an das Klima gebundenen Prozesse die übergeordneten und damit entscheidend für das Bild der Reliefsphäre sind. Daher der Titel: Klima-Geomorphologie".

Beide Ansätze stehen vor demselben innerwissenschaftlichen Problem, nämlich demjenigen, wie im Gelände vorzugehen sei, um „alle am Objekt faßbaren geomorphologischen Faktoren sorgfältig in ihrem gesamten Wirkgefüge zu erfassen und damit die untersuchte Landform zu deuten ...". Die stark vereinfachte Antwort lautet zunächst, dies erfolge durch den sogenannten Formvergleich. Damit sind mehrere untergeordnete Sachverhalte gemeint.

Ein Begriff wie Schichtstufenland z.B. entstand aus dem Vergleich mehrerer Landschaftsräume, in denen schräg lagernde und wechselnd widerständige Sedimente in individueller Ausprägung Relief bilden. In den weniger widerständigen Schichten liegen Stufensockel, in den widerständigen dagegen Stufenkanten und -flächen. Ein Absehen von allzu individuellen Zügen jedes Einzelraums ergibt abstrahiert den Begriff Schichtstufenland. Die empirisch abgeleitete Abstraktion unterstellt, die Korrelation Gesteinslagerung und -eigenschaften/Landform mit guten Korrelationskoeffizienten dürfe als Kausalität angesehen werden. Für den Begriff Rumpffläche gilt ähnliches, nur daß dort eben Krustenbau und Landoberfläche divergieren. Die großen Relieftypen der Erde lassen sich also zunächst einmal geomorphologisch vergleichend in ihrem So-Sein erkennen. Klimabedingte Differenzierungen ergeben sich dadurch, daß etwa Schichtstufenländer in verschiedenen Klimazonen untersucht werden. Dabei zeigt sich, bei gleichen Endogenbedingungen sei das Schichtstufenbild von Klimazone zu Klimazone etwas differenziert. Daraus läßt sich, ebenfalls vergleichend, die Aussage ableiten, in einem Klima A seien Schichtstufenlandschaften bei grundsätzlich gleichem Bau wie in einem Klima B äußerlich so und so geformt, im Klima B jedoch so und so. Bei gleichem Bau gehe der Unterschied offenbar auf den Formungsfaktor Klima A≠ B zurück. Gesteinsbedingte Differenzierungen ergeben sich, wenn z. B. innerhalb einer in sich einheitlichen Klimazone an einer Schichtstufentreppe eine Stufe örtlich aussetzt. Durch den Gesteinsvergleich muß nachgeprüft werden, ob die Gesteinsfazies sich geändert habe. Wird z. B. die Schilfsandsteinstufe des süddeutschen Keupers untersucht, so wird zu prüfen sein, ob die widerständige Flutfazies vorliege, wenn die Schilfsandsteinstufe auftritt, und ob das Aussetzen der Stufe mit dem Übergang in die wenig resistente, mergelige Normalfazies zusammenfalle. Dann sind Schlüsse zu ziehen, etwa auf die Zusammenhänge Landform/Gesteinsfazies. Dasselbe gilt umgekehrt, wenn eine Stufe sich plötzlich verdoppelt oder verdreifacht. Auf diese Weise kann auch der Faktor Tektonik angesprochen werden. Stufendoppelungen könnten auch auf Verwürfe oder Überschiebungen zurückgehen.

Dieselbe Grundmethode wird bei der Analyse der Formungsprozesse angewandt. Dabei ist im allgemeinen von rezenten Formungsvorgängen in verschiedenen Klimazonen auszugehen. Es wird also zunächst klimadifferenziert aktualistisch gedacht. Rezente Formungsvorgänge sind zu beobachten oder zumindest erschließbar. Ihr Ergebnis in Form und in der Form korrelatem Sediment läßt sich mit einiger Sicherheit qualitativ fassen. Wo rezente Formungsvorgänge nicht beobachtet werden können, z. B. an einem schon niedergegangenen Bergrutsch vor einer Schichtstufenstirn, läßt sich meist durch Reihenbildung (beginnender Rutsch – abgegangener Rutsch) aus dem Endergebnis auf den Vorgang zurückschließen. Aus Vergleichen über die Verbreitung von Bergrutschen sind dann auch die Steuerfaktoren abzuleiten, z. B. rutschauslösende Liegendtone, bestimmte Lagerungsverhältnisse usw.

Aus rezenten korrelaten, der Formung entstammenden Sedimenten sind mit gewissen Vorbehalten (s. u.) Rückschlüsse auf fossile Sedimente und damit auf fossile Formung möglich. Soll z. B. erfaßt werden, wie an einer Schichtstufe periglaziale Formung abläuft, so muß zunächst in einem Stufenland unter periglazialen Klimaten beobachtet werden. Ähnliches gilt für heutige Formung in Trockengebieten. Dabei lassen sich nicht nur abweichende Formen, sondern auch differente Formungsvorgänge aus den betreffenden Klimagebieten in den korrelaten Sedimenten erschließen.

Dies ist für die Aufhellung von Reliefentwicklung nicht unerheblich. Da fast alle Formungsfaktoren Variable darstellen, sind nämlich fast alle Landformen in außertropischen Gebieten mit wechselnden Klimaten des Tertiärs, des Pleistozäns und des Holozäns Mehrzeitformen. Diese können dann aufgrund der aktuellen Formung in den jeweiligen Klimazonen differenziert angesprochen und gedeutet werden.

Natürlich kann dabei nicht allein die Form als Grundlage der Reliefdeutung gelten. Es muß versucht werden, auch Mehrzeitformen mit korrelaten Sedimenten, Paläoböden usw. zu erklären. Stufendachflächen eines Stufenlands X in humiden Außertropenklimaten sind z. B. wellig gegliedert und zerschnitten. Bei genauerer Analyse ergibt sich vielleicht, daß die Muldentäler der Stufenflächen rezent mit Bodensediment gefüllt werden, das von den angrenzenden Hängen abgespült wird. Darüber hinaus ist etwa festzustellen, daß in Talsohlen häufig unter einer Auelehmdecke Geröllkörper liegen. Die Muldentäler (Dellen) werden also offensichtlich derzeit kolluvial plombiert. Dies läßt sich dann auch mit dem Bohrstock beweisen. An den Dellenhängen wird in der Regel ein gekapptes Bodenprofil zu finden sein, dessen obere Teile abgetragen sind. Diese Teile werden sich in den Dellen als Kolluvialmaterial der Oberflächen vorfinden. Gegenwärtig wandert also im Stufenland X Kolluvium in Dellen der Stufenflächen.

Treten nun umgekehrt in einem Schichtstufenland Y unter warmem Trockenklima keine zerschnittenen Stufenflächen, sondern weite Geröllltafeln vom Serirtyp auf, und fehlen die Dellen, dann wird folgender Schluß gezogen: Als das heute humid-außertropische Stufenland X unter teriärzeitlichen Trockenklimaten geformt wurde, besaß es vermutlich keine Täler und Dellen, das beweist das Untersuchungsergebnis am Stufenland Y in heutigem Trockenklima. Heute besitzt das Stufenland X aber Dellen und Täler. Diese werden offensichtlich gegenwärtig nicht wesentlich weitergebildet, sondern mit Kolluvium verfüllt. Für ihre Bildung und Einschotterung kommt also nur ein Zeitraum zwischen Endtertiär und Gegenwart, also praktisch nur das Pleistozän in Betracht. Vorsichtshalber und sinnvollerweise wird diese Erkenntnis abzusichern versucht, etwa durch Untersuchungen in einem Stufenland Z der Polarzone. Auch hier ließen sich Beispiele häufen. Ausgehend von rezenten Sanderbildungen im Gletschervorfeld beispielsweise auf Island können nach der konvergenten Form und nach der im Aufschluß zu beobachtenden Schichtung und Korngröße auch fossile Sander etwa der Lüneburger Heide mit Sicherheit als pleistozäne Sander angesprochen werden. Allerdings ist bei solchem Vorgehen stets Vorsicht am Platze, weil Formkonvergenzen auftreten können und Gesteinsunterschiede zu beachten sind.

An die vergleichenden Methoden knüpft sich ein Streit. CHORLEY (1969 u. ö.) u. a. sagen, diese qualitative Arbeitsweise sei unwissenschaftlich, weil der physikalische Prozeß, auf den sich jeder Landformungsprozeß zurückführen lassen müsse, nicht exakt quantifiziert sei. Es ist aber nicht notwendig, die physikalischen Formeln zu kennen, nach denen Formung abläuft, um ein Sediment als Moräne, Sander, Terrassenschotter, Periglazialschutt usw. anzusprechen und daraus dann die entsprechenden Rückschlüsse auf die Formenentwicklung zu ziehen. Durch den Vergleich fossiler mit rezenten Sedimenten, deren Entstehungsprozeß im einzelnen auch nicht auf eine physikalische Formel reduziert ist, läßt sich eine genügend abgesicherte Aussage auch innerhalb eines Systems erreichen, das CHORLEY black-boxes-system-model nennt. Die Labormethoden (vgl. LESER, 1977; u.a.), die natürlich auch qualitativer Natur sind und in den letzten 20 Jahren entwickelt wurden, sichern die Aussagen gut ab.

In der gegenwärtigen Geomorphologie (vgl. z.B. BÜDEL, 1971, S. 4–8) wird also versucht, von der Form aus rückschließend auf den Formungsprozeß zu gelangen. Da die reliefformenden Vorgänge ein komplexes, integriertes Wirkgefüge darstellen, ist es wenig wahrscheinlich, daß sie sich durch ein mathematisches Denkmodell deckend erfassen lassen. Selbst wenn dies möglich wäre, könnte es nur für eine Aktuomorphologie gelingen. Abgelaufene Prozesse, die Altformen erzeugten, dürften mathematisch-physikalisch kaum mehr in den Griff zu bekommen sein. Man wäre bei ausschließlicher Bindung an sie wohl gezwungen, synthetische Reliefanalyse aufzugeben.

Es sollte aus dem bislangGesagten deutlich geworden sein, daß der Geomorphologie prinzipiell zwei Aufgaben gestellt sind. Sie hat als Allgemeine Geomorphologie weltweit gültige Formungsprozesse aufzuklären. Als Regionale Geomorphologie dagegen soll sie das Relief eines bestimmten Landschaftsraums allseitig erklärend beschreiben. Beide Geomorphologien, sowohl die Allgemeine als auch die Regionale, müssen dabei vom theoretischen Ansatz her versuchen, alle in Frage kommenden Formungsfaktoren wertend bei der Reliefanalyse zu berücksichtigen. Daher dürfte es wissenschaftslogisch eigentlich auch keine weiteren Geomorphologien geben, außer der Angewandten, denn über die nomothetische, die idiographische und die anwendungsbezogene Fragestellung hinaus existiert keine weitere.
Schon der mit dem Studium der Geomorphologie Beginnende wird indes bald darauf gestoßen werden, daß zumindest im Sprachgebrauch der Geomorphologen noch weitere Geomorphologien existieren, und zwar auf zwei verschiedenen Ebenen. Die eine Ebene wird durch Begriffe wie Glazialmorphologie, Küstenmorphologie, Hang- oder Flächenmorphologie repräsentiert. Diese Begriffsebene ist akzeptabel und auch leicht verständlich. Hier wird einfach durch das Vorsetzen eines Bestimmungswortes an das Grundwort Morphologie angezeigt, daß es im jeweiligen Zusammenhang um eine Einschränkung der Fragestellung gehe. Glazialmorphologie befaßt sich also nur mit dem Formenschatz des Glazials, Küstenmorphologie nur mit den Küsten, Hangmorphologie nur mit Hangbildung usw.
Anders ist dies bei einer zweiten, höheren Begriffsebene. Dort werden Strukturelle Geomorphologie, Anthropogene Geomorphologie, Tektonische Geomorphologie und Klimageomorphologie unterschieden. Unterschwellig, aber auch explizit wird öfters eine ältere, im Ansatz falsche, geologisch gedachte Strukturmorphologie von einer modernen, zum ersten Male das Klima als Formungsfaktor einbeziehenden, geographisch gedachten Klimageomorphologie getrennt, die erst eigentlich Geomorphologie sei. Repräsentativ hierfür ist das schon einmal angeführte Zitat bei BÜDEL (1977, S. III, und früher).

Es wurde schon von vielen Autoren betont, daß der Begriff der „Klimageomorphologie" sprachlich falsch konstruiert sei. Nach der Grammatik (vgl. z.B. „Schweineschnitzel") müsse es sich hier um eine Geomorphologie des Klimas handeln, die aber nicht gemeint sei. Dem läßt sich füglich entgegenhalten, daß auch die Umgangssprache nicht immer sprachlogisch einheitlich sei (vgl. zu „Schweineschnitzel" z.B. „Jägerschnitzel"), und darüber hinaus, daß es in den Naturwissenschaften primär um die Sache und sekundär um die sprachrichtige Form gehe.

Aber auch die Sache hat ihre Haken. Es gibt nämlich bei genauerer Betrachtung der Geschichte der Geomorphologie weder den Gegensatz geologischer und geographischer Denkweise noch denjenigen zwischen älterer Geomorphologie auf struktureller Basis und jüngerer Geomorphologie, die erst um 1950 das Klima als Formungsfaktor erkannt hätte.

Wissenschaftliche Geomorphologie beginnt mit den Fragestellungen v. HOFFs (1822/1841) und LYELLS (1830/1833). Beide betrachteten praktisch nur Reliefausschnitte der humiden Außertropen und erklärten deren Form und Formung aus den dort rezent wirksamen, d.h. aktuellen Formungsprozessen und deren Summierung über lange Zeiträume. Da sie im wesentlichen nur fluviale Formungsprozesse betrachteten, kamen sie nun allerdings zu Ergebnissen, die heute als überholt gelten müssen. Diese „falschen" Ergebnisse rühren indes nicht von einem „überwundenen" aktualistischen Denkansatz, sondern lediglich davon her, daß die humiden Mittelbreiten eben nur ganz bestimmte Formungsabläufe aufweisen, die nicht weltweit extrapoliert werden dürfen.

„Aktualismus" meint ja in der Geomorphologie, daß ein Reliefausschnitt aus den aktuell ablaufenden Formungsprozessen erklärt wird, und aus ihrer nahezu endlosen Summierung in der Zeit. Wenn dies richtig ist, dann ist auch die heutige „Klimageomorphologie" noch weitgehend aktualistisch und nicht durch die Fragestellung, sondern lediglich durch den Umfang des Fragefelds von LYELL unterschieden. Sie ist also vergleichsweise alt.

Auch sie erklärt ja Relief in den verschiedenen Klimazonen z.T. aus den dort heute jeweils wirksamen Formungsmechanismen. Gegenüber dem erstgenannten Ansatz unterscheidet sie sich prinzipiell nur dadurch, daß sie nicht die Vorgänge im gemäßigt humiden Klima absolut setzt, sondern mehrere klimazonengebundene Formungszonen untersucht und die dortigen Formverschiedenheiten mit der von den verschiedenen Klimaten abhängigen Formung zu erklären versucht.

Über den Aktualismus geht die „Klimamorphologie" nur hinaus, wo nicht jede Form mit den heute in bestimmten Klimaten wirksamen Kräften erklärbar ist. Es gibt ja in nahezu jeder Klimazone Formelemente, die sich offenbar nicht aus der Summierung der heute dort wirksamen Formungskräfte erklären lassen, obgleich die physikalischen und chemischen Gesetze blieben. Der Begriff der „Vorzeitformung" kennzeichnet diesen Sachverhalt der zusammengesetzten Formen. Mit ihm wird das rein aktualistische Prinzip etwas verlassen, wird die „Klimamorphologie" bei BÜDEL zur „klimagenetischen Morphologie" und geht Klima- und Formenwandlungen nach. Indes ist auch dieser Denkansatz vergleichsweise alt. Er steckt, nur nicht im klimatischen Gewande, schon in den Auffassungen von RAMSAY (1846). Dieser erklärte die Rumpfflächen von Wales als Ergebnis mariner Abrasion. Dabei ging er von der – aktualistischen – Beobachtung aus, daß im Brandungsbereich von Kliffküsten – aktuell – weitgehend ebene Abrasionsplattformen entstehen. Dadurch aber, daß er den Begriff der Abrasionsplattform auf heute gut 800–900 m über NN liegende, zertalte Flächenreste übertrug, verließ er das aktuogeologische Prinzip. Er deutete damit die Rumpfflächen als Vorzeitformen, erklärte sie als gehobene und umgeformte Altflächenreste. Daß die wallisischen Rumpfflächen tatsächlich keine Abrasionsplattformen sind und RAMSAYs Erklärung sich später als sachlich falsch erwies, ändert nichts an dem prinzipiellen Sachverhalt, daß er schon 1846 das entdeckt hatte, was im heutigen fachsprachlichen Gebrauch „Reliefgeneration" heißt. Moderne „Klima-genetische Geomorphologie" verfährt bei der (idiographischen) Landformendeutung im Prinzip nicht anders, nur daß sie eben ältere Reliefgenerationen meist Vorzeitklimaten mit anderen Formungstendenzen zuzuschreiben versucht.

Bei der Betrachtung der Geschichte der Glazialmorphologie zeigt sich, der Aktualismus sei dort schon zu RAMSAYs Zeiten seit etwa 50 Jahren verlassen gewesen. Der Schweizer KUHN

(1787) war wohl einer der ersten, der ehemalige Gletscherstände in den Schweizer Alpen erkannte, nämlich die heute sogenannten Göschener Stände. Er verglich rezente mit fossilen Moränen, erklärte also prinzipiell Vorzeitformen mit Hilfe rezenter Formen und Formungsvorgänge. Seine Tradition wurde in Großbritannien durch GEIKIE (1874) fortgesetzt. In Deutschland konnte durch den Schweden TORELL (1876/80) und den Deutschen A. PENCK (1879) zunächst die Tatsache einer, bald darauf aber mehrerer pleistozäner Inlandvereisungen nachgewiesen werden. PARTSCH (1894) führte die ehemalige Gletscherausdehnung im Riesengebirge auf ein kälteres Vorzeitklima zurück, ebenso wie A. PENCK die Vereisung der Alpen (A. PENCK u. BRÜCKNER, 1901–1909). Es ist sicher falsch, eine Fragestellung aktualistisch zu nennen, die fossile Landformen und sogar Reliefgenerationen wie z. B. Terrassentreppen oder übereinanderliegende Moränenloben mit mehrmaligem Wechsel von Kalt- und Warmklimaten zu erklären versucht.

Tatsächlich beginnen also „Klimamorphologie“ und „Klimagenetische Geomorphologie“ vor rund 200, spätestens vor 100 Jahren.

Die periglaziäre Kaltklimaformung, insbesondere die Solifluktion, wurde um 1900 gefunden. ANDERSSON (1906), MEINARDUS (1910), GRIGORJEW (1925), GRIPP (1926), POSER (1936) u. a. sind hier zu nennen.

Die trockenklimatische Formung wurde um 1880 bei der geologischen und geographischen Feldarbeit in der nordamerikanischen Kordillere und den ehemaligen Deutschen Schutzgebieten entdeckt. Die in zeitlicher Abfolge wichtigsten älteren Arbeiten stammen von GILBERT (1876, 1877, 1890, 1914), WALTHER (1891, 1900), MCGEE (1897), KEYES (1908), CLOOS (1911, 1911, 1919, 1931, 1940), BRYAN (1922), WAIBEL (1925), LEITER (1929), BLACKWELDER (1931), JOHNSON (1932) u. a. Der deutsche Geologe CLOOS z. B. erklärte schon, ähnlich wie die amerikanischen Geologen, die die Begriffe Pediment und sheet-flood-erosion schufen, die Flächenbildung in seinem südwestafrikanischen Arbeitsgebiet mit Hilfe der klimaeigentümlichen ruckweisen Starkwasserführung (= Schichtfluterosion) des dortigen Trockenklimas (1911, S. 68–69; 1919, S. 218–223). Ob also „Klimamorphologie“ genuin „geographisch“ sei, läßt sich durchaus bezweifeln.

Nur wenig später wurden auch die Grundzüge des Formenschatzes der wechselfeucht-humiden Tropen erkannt, z. B. von BORNHARDT (1900), PASSARGE (1901, 1924; 1919 schon auf die Mittelgebirge der Außertropen bezogen), HECKER (1905), OBST (1913), SAPPER (1914, 1935), BRAND (1917), BEHRMANN (1917, 1924), KRENKEL (1920), CREDNER (1931) und schließlich von JESSEN (1936) u. a. Auch JESSEN (1938) übertrug seine Ergebnisse auf Mitteleuropas Rumpfschwellen.

Die genannten Arbeiten waren zunächst nur in dem Sinn aktualistisch, als sie aktuelle Formungsmechanismen in verschiedenen Klimazonen der Erde aufhellten. Dies mündete schon früh in Entwürfen zu Geomorphologien der Klimazonen, z. B. bei PASSARGE (1926), oder in den Vorträgen der Düsseldorfer Tagung (ECKERT/PHILIPPSON/THORBECKE 1926/27). Indes wurde die aktualistische „klimamorphologische“ Fragestellung auch schon um 1925 verlassen. Die Ergebnisse über Formen und Formung in einzelnen Klimazonen wurden auf die Erklärung von Formen anderer Klimazonen angewandt. Schon 1919 hatte PASSARGE das Prinzip der Vorzeitformen in den deutschen Mittelgebirgen erkannt und zu einer Vorstellung von fossilen Formen (Altformen) und rezenten Formen (Arbeitsformen) ausgebaut. Wenn dies aus der eigenwilligen Begriffsbildung PASSARGES herausgeschält wird, zeigt sich, daß hier ein weiterer wesentlicher Schritt zur heutigen „klima-genetischen“ Fragestellung der Reliefgenerationen begangen worden war. Spätestens JESSEN (1938) sprach dann aus, die Flächen der deutschen Mittelgebirge seien nur dann zu erklären, wenn für das Tertiär ein tropisch-wechselfeuchtes Klima in den heutigen humiden Außertropen angenommen werde.

Damit, also schon vor 40 Jahren und nicht erst heute, war dann der endgültige Durchbruch erzielt. Was folgte, war Verfeinerung auf den Schultern der Vorgänger, Umdeutung, aber nicht grundsätzlicher Neuansatz.

Es hat den Anschein, als hätten bislang nur MORTENSEN (1943/44) und in seinem Gefolge HÖVERMANN (1965) klar ausgesprochen, daß in den letzten 20–30 Jahren in der Geomorphologie kein grundsätzlicher Neuansatz erfolgte, sondern lediglich Verbesserungen, Verfeinerungen älterer Ansätze. Gerade ihre historischen Aufsätze sollten daher berücksichtigt werden.

Unbestritten bleibt zwar, daß neben der „klimamorphologischen" Linie eine zweite verläuft, die Klima nicht in extremis berücksichtigt. Das didaktisch ausgezeichnete Lehrbuch G. WAGNERS (1960[3]) nimmt von klimadifferenzierter exogener Dynamik kaum Kenntnis. Ähnliches mag für MAULL (1938, 1958[2]) gelten.

DAVIS meinte seine Zyklen wohl eher didaktisch denn als Forschungsanleitungen (DAVIS/RÜHL, 1912 u.ö.). Seine in Süddeutschland arbeitenden Schüler dürften ihn falsch verstanden haben (SEEFELDNER, KREBS, RECK, SCHEU u.a.). W. PENCKS Versuch einer Landformenerklärung auf tektonischer Dominanz (1926) ist nur verständlich aus seinen Arbeiten in Anatolien. MACHATSCHEKS idiographische Darstellung des Reliefs der Erde (1938/40[1]; 1955[2]) ist vom Ansatz her kein typisches Ergebnis einer einseitig strukturorientierten Geomorphologie, sondern vom regionalen geomorphologischen Forschungsstand geprägt. Das Buch ist zweifellos weithin strukturorientiert, morphotektonisch ausgerichtet. Dies beruht indes lediglich auf dem Mangel an flächendeckender geomorphologischer Literatur. Sollte die Zusammenfassung kein Torso bleiben, so war auf regionalgeologische Literatur zurückzugreifen, wo geomorphologische fehlte. Geologische Daten sind aber in geomorphologische Beschreibungen wegen des endogen-exogenen Bezugs stets nur unvollkommen umzusetzen. Weil auch MACHATSCHEK nicht die ganze Erde flächendeckend bereisen konnte, gelang es auch nicht, auf Verschiedenheiten des Ansatzes beruhende divergierende Aussagen englischer und amerikanischer Davisianer einerseits, schulisch weniger vorbelasteter Autoren andererseits zu vereinheitlichen. Wo indes geomorphologische Literatur vorlag, stehen bei MACHATSCHEK bemerkenswerte „klimamorphologische" Beschreibungen, z.B. des von GILBERT z.T. bearbeiteten Coloradobeckens und der Basin Ranges (1938/40[1], S. 405–412 u.ö.), die auch in die Neuauflage eingingen (1955[2], II, S. 388f.). Dort werden dann keine grundsätzlichen Unterschiede zu „modernen", 40 Jahre jüngeren Arbeiten mehr sichtbar.

Werden nur alle historisch grundsätzlich wichtigen Arbeiten berücksichtigt, dann zeigt sich in der gekennzeichneten Entwicklung der Geomorphologie bis heute nirgends ein Qualitätssprung oder Umbruch. Weit eher entsteht das Bild einer auf Neuland normal sich entwickelnden, von Erkenntnis zu Erkenntnis sukzessive fortschreitenden, jungen Wissenschaft, die schon in ihren ersten tastenden Versuchen wesentliche Formungsfaktoren erkannte, unter anderem den Faktor Klima, und diese Erkenntnisse dann in den folgenden Generationen auf den Schultern der Vorgänger weiter ausbaute.

Geomorphologische Forschung war also von ihren Anfängen an immer auf die Erfassung aller Formungsfaktoren aus. Daher muß für sie gelten: Ut desint vires, tamen est laudanda voluntas: „Klimamorphologie" – und dies sollte schon vom Anfänger verstanden werden – ist daher kaum etwas anderes als ein Ersatzbegriff für die nomothetische Fragestellung der Allgemeinen Geomorphologie unter der Voraussetzung der Klimadominanz. „Klimagenetische Geomorphologie" ist Regionale Geomorphologie unter derselben Voraussetzung.

Es gibt also historisch den eingangs gekennzeichneten Gegensatz nicht; dieser ist nur postuliert. Sachlogisch kann es ihn zumindest in der Regionalen Geomorphologie auch gar nicht geben, wenn nicht apriorische Klimadominanz angenommen wird, denn in der Regionalen Geomorphologie wird ja allseitige Faktorensynthese angestrebt.

Etwas anders ist dies in der Allgemeinen Geomorphologie. Dort ist es durchaus möglich, ja sinnvoll, etwa weltweit den Einfluß des Gesteins oder der Tektonik oder des Klimas oder des Menschen oder irgend eines anderen Formungsfaktors auf seine Wirksamkeit zu untersuchen. Analoge Fragestellungen gibt es in jeder Wissenschaft. Es ist nicht notwendig, immer Totalität anzustreben. Jeder mit den Gesetzen der Wissenschaftslogik Vertraute wird aber leicht einsehen, daß derartige Fragestellungen nicht synthetisch, sondern analytisch sind. Eine Untersuchung über den Einfluß des Gesteins sollte daher eigentlich nicht „Petrographische Geomorphologie" genannt werden, sondern einfach „der Einfluß des Gesteins auf die Landformung". Die Beziehung zwischen Tektonik und Landform sollte auch nicht „Tektonische Geomorphologie" heißen, sondern vielleicht „Untersuchungen über die Beziehungen von Tektonik und Landform". Analoges gilt für „Klimamorphologie". Der Begriff sollte eigentlich immer nur in der Bedeutung verwandt werden: „Hier wird, unter weitgehender Vernachlässigung der anderen reliefprägenden Faktoren, der Einfluß von Klima auf Landform untersucht und dargestellt".

Indes sind einmal geschaffene und eingeführte Begriffe sehr zählebig, zumal unter denjenigen Benutzern, die wissen, was damit gemeint ist. Daher ist dieser Abschnitt auch nicht als Versuch zu werten, Begriffe zu eliminieren, was sowieso einem Kampf gegen Windmühlenflügel gliche. Er ist lediglich ein Ansatz, in dem versucht wird, Anfängern Anregung zum Nachdenken zu geben. Mit den Begriffen selbst kann und soll es jedermann halten, wie er mag.

Literatur:

Andersson (1905); Behrmann (1917; 1924); Blackwelder (1931); Bornhardt (1900); Brand (1917); Bryan (1912); Büdel (1957; 1961; 1963; 1971; 1977); Chorley (1967, 1970); Cloos (1911; 1911; 1919; 1931; 1940); Credner (1931); Eckert/Philippson/Thorbecke (1926/27); Geikie (1874); Gilbert (1876; 1877; 1890; 1914); Grigorjew (1925); Gripp (1926); Hecker (1905); Hövermann (1965); Jessen (1936; 1938); Johnson (1932); Keyes (1908); Koeppen (1918); Krenkel (1920); Kuhn (1787); Leiter (1929); Leser (1977); Louis (1968[3]; 1979[4]); Machatschek (1938/40[1]; 1955[2]); Maull (1938[1]; 1958[2]); McGee (1897); Meinardus (1910); Mortensen (1943/44); Obst (1913); Partsch (1882); Passarge (1904, 1919, 1924); A. Penck/E. Brückner (1901–1909); W. Penck (1926); Poser (1936); Ramsay (1846); Sapper (1914; 1935); Schmitthenner (1956); Torell (1875; 1800); Wagner (1960[3]); Waibel (1925); Walther (1891, 1900).

# 4 Die Fachsprache der Geomorphologie, Versuch einer Einführung

Fachsprachen dienen der gegenseitigen Verständigung in der Wissenschaft. Diese entwickelt dazu ein von der Umgangssprache nicht bereitgestelltes Vokabular und entfernt sich außerdem häufig von den grammatischen, sach- und sprachlogischen Regeln der Herkunftssprache.

Das geomorphologische Paradebeispiel hierfür ist die Fläche. Außerhalb der deutschen Geowissenschaften ist sie wegen der menschlichen Anschauungsformen (Kant, Kritik der reinen Vernunft, 1781 und 1787) und nach der mathematischen Definition zweidimensional und deshalb nur gedachte Grenzfläche zweier Medien.

Innerhalb der deutschen Geowissenschaften ist ihr derlei Diffizilität gleichgültig. Dort gleicht sie schlechthin Kants Ding an sich, denn: „Die geologisch ebene Fläche (ist) von einer mathematischen Ebene so weit entfernt wie jede Geologie von jeder Mathematik ..." (CLOOS, 1940, S. 324). Die Geowissenschaften verstehen „unter Fläche auf Afrikanisch die großen Ebenheiten dieses Steppenlandes ..., die, selbst in den Felsgrund eingeschnitten, von Inselbergen durchstoßen, aber dadurch noch ausdrucksvoller werden. Die ganze Landschaft ist nichts anderes als der augenblickliche Stand eines ruhelosen Kampfes der Berge mit der gegen sie vorrückenden Fläche ..." (CLOOS, 1940, S. 321).

Die geowissenschaftliche Fläche besitzt zahllose individuelle Ausprägungen. Sie ähneln sich im Aussehen, wenn auch nicht in der Entstehung, und heißen Aufschüttungsflächen, Akkumulationsflächen, Schichtflächen, Akkordanzflächen, strukturgestützte Flächen, Schnittflächen, Skulpturflächen, Fußflächen, Rumpfflächen, Abrasionsflächen, Brandungsterrassen und anders. Sie verbinden als Ausgleichsflächen Hoch und Tief, können passiv tiefer gelegt werden und sich aktiv tiefer legen. Da sie kämpfen, leben sie natürlich auch und sind dementsprechend DARWINS Gesetz der Erhaltung der Arten unterworfen. Sie neigen nämlich zu besonders zäher Erhaltung, dehnen sich seitlich aus oder erweitern sich nach der Seite. Gelegentlich, wohl als im Kampf Unterlegene, werden sie auch bloß ausgedehnt. Sie bilden sich traditional weiter. In tropisch-wechselfeuchten Klimaten besitzen sie Neigungswinkel unter 2 Winkelgraden. Weil Besitz vererbt werden kann, vererben sie diese Winkel und darüber hinaus sogar sich selbst. In ariden Klimaten haben Ausgleichsflächen Neigungen von 5–10 Winkelgraden und nennen sich gleichwohl Flächen, nicht Hänge.

Es wurde schon versucht, diese und ähnliche Sprachkürzungsverfahren zu Sachfehlern hochzustilisieren (BOETTCHER, 1979). Derlei Versuche gehen in den Naturwissenschaften im allgemeinen fehl, weil es dort meist mehr um die Sache und weniger um die Sprachform geht, und weil sich auch mit sprachlich falschen Begriffen arbeiten läßt, sofern sie definiert sind und sofern nur dahinter keine falschen Sachvorstellungen stehen, was in der Regel nicht der Fall ist. Daher hat es im allgemeinen wenig Sinn, derlei Terminologie zu kritisieren. Ein sogenanntes angepaßtes Verhalten ist realistischer. Daß über die Natur der Flächen kontroverse Sachauffassungen bestehen, sollte im übrigen nicht zu der Annahme verleiten, auch im Sprachgebrauch des Wortes an sich herrsche keine Übereinstimmung.

Wie die Umgangs- besitzen auch die Fachsprachen verschiedene Begriffsebenen. Je niedriger die jeweilige Ebene liegt, um so mehr ähneln die Wörter Vokabeln einer Fremdsprache und sind daher erlernbar. Auf höherer Begriffsebene müssen sie dagegen erst durchdacht und begriffen sein, ehe sie gebraucht werden können. Dabei stehen vor allem die Geowissenschaften vor einem didaktischen Problem. Ihr Arbeitsfeld ist das Gelände. Ihre Lehre findet zwar auch teilweise im Gelände statt, auf Exkursionen und Praktika. Diese setzen jedoch voraus, daß schon eine gewisse begriffliche Grundkenntnis besteht, die nur im Hörsaal und in der Bibliothek erworben werden kann. Insbesondere die Fachsprachen der Geologen und der Geomorphologen müssen also vielfach in umgekehrter Reihenfolge erlernt werden als beispielsweise die Muttersprachen. Dort sieht das Kind zuerst eine Sache und lernt durch Fragen und Nachsprechen danach den Begriff oder den Namen. Im geowissenschaftlichen Lernvorgang gehen dagegen häufig Begriff und Bezeichnung der realen Sache voraus. An Ort und Stelle muß die mit dem Begriff erworbene abstrakte Vorstellung in die Realität, d.h. in die Geländeform umgesetzt werden.

Diese Reihenfolge der Identifikationen bereitet zumindest anfangs erfahrungsgemäß Schwierigkeiten, die nicht zu unterschätzen sind. In der Geomorphologie muß der Anfänger nicht nur vierdimensional denken lernen, sondern auch gleich von Anfang an die „Sprachbarriere“ der Fachsprache zu überwinden versuchen. Dies ist leider so, und leider ist es auch nicht zu ändern.

## 4.1 Begriffe aus der Geologie

Überschlägig ein Drittel der geomorphologischen Begriffe stammt aus der benachbarten und mit der Geomorphologie eng verknüpften Geologie. Es sind vornehmlich diejenigen, die innerhalb der Formungsfaktoren Tektonik, Gestein, Struktur usw. auftreten, sowie die auch geomorphologisch bedeutsamen Benennungen der geologischen Zeitstufen, und endlich die Begriffe für paläogeographische Sachverhalte, beispielsweise die Land/Meer-Verteilung in verschiedenen Erdzeitaltern.

Die Begriffe der Tektonik sind meist Kunstwörter, deren Bestandteile aus der klassischen griechischen oder lateinischen Sprache stammen. Orogenese (griechisch oros = Berg, genesis = Entstehung; also ursprünglich = Gebirgsbildung im geologischen, nicht geomorphologischen Sinn), Epirogenese (epeiros = Festland; vom Begriffsbildner G.K. GILBERT wurde langsame, über weite geologische Zeiträume sich dehnende Hebung und Senkung gemeint, im Gegensatz zur geologisch rascher ablaufenden Faltung = Orogenese. Für diese wird heute Tektogenese gesagt. Orogenese soll auch im geologischen Gebrauch jetzt auf die Reliefbildung angewandt werden), Taphrogenese (taphros = Graben; Begriffsbildner KRENKEL), Kraton (kratynein = sich befestigen; also Starre Masse oder Scholle; STILLE und KOSSMAT), Synklinale und Antiklinale (klinein = neigen; syn = zusammen, anti = gegen) und viele ähnliche Bezeichnungen wurden so gebildet. Häufig gibt es entsprechende deutsche Ausdrücke: Taphrogenese/Grabenbildung, Synklinale/Mulde, Antiklinale/Sattel, Kraton/Schild oder Starre Masse. Zu beachten ist, daß gleiche Wörter in der Geomorphologie einen anderen Sinn haben können als in der Geologie. Eine geologische Mulde ist immer strukturell ein Senkungsfeld, gleichgültig ob rezent oder fossil. Eine geomorphologische Mulde ist in aller Regel orographisch gemeint; sie ist ein Becken oder eine Ausraumzone, öfters auch eine Senke. In der letztgenannten Bezeichnung steckt allerdings auch wieder die Vorstellung von der Senkung; der Begriff schillert und ist vorsichtig zu gebrauchen. Verwerfung, Horst, Graben, Abschiebung, Aufschiebung, Pressung, Zerrung sind klare Bezeichnungen, hinter denen allerdings häufig eine zu durchdenkende genetische Vorstellung steckt.

Die Bezeichnungen der Gesteine folgen kaum klaren Regeln. Sedimentite werden häufig mit deutschen Begriffen belegt, aus denen die Zusammensetzung hervorgeht: Kalk, Mergel, Ton, Sandstein, Schieferton. Die geologischen Zeitstufen können beigefügt werden: Kreidekalk, Juramergel, Keupersandstein u.ä.

Schwieriger werden die Bezeichnungen für die kristallinen Gesteine. Sie gliedern sich in die aus der Schmelze (Magma) entstandenen Magmatite (und Migmatite, Anatexite usw.) und in die durch Formwandlung (griechisch metamorphosis) aus Sedimentiten entstandenen Metamorphite, die früher auch als Kristalline Schiefer bezeichnet wurden. Die Magmatite teilen sich wieder in die innerhalb der Kruste erstarrten Tiefengesteine oder Plutonite (Griechengott der Unterwelt: Pluto) und in die oberflächennah bzw. direkt an der Krustenoberfläche erstarrten Ergußgesteine (Vulkanite, nach der römischen Gottheit Vulkan, wohl vom Vulkanismus abgeleitet = Vulkangesteine). Die Untergruppen werden unsystematisch benannt, teils nach der Textur (Granit = lateinisch granum/Korn, körniges Gefüge), teils mit Entlehnungen aus Fremdsprachen oder der Bergmannssprache (z. B. Gneis). Die Varianten werden entweder nach dem Mineralbestand oder nach der Typenlokalität bezeichnet (Eklogit; Syenit nach griech. Syene/Assuan, Tonalit = Granittyp am südalpinen Tonalepaß/Adamellogruppe, usw.).

Für lediglich lokal verbreitete Sedimente wird ähnlich verfahren. So existieren beispielsweise in den östlichen und südlichen Kalkalpen neben den Zeitstufenbegriffen der alpinen Trias (Skyth, Anis, Ladin, Karinth/Karn, Nor, Rhät/Rät) die in diese einzuordnenden Fazies Werfener Schichten/Buntsandstein, Muschelkalk, Partnachschichten, Wettersteinkalk, Hauptdolomit, Dachsteinkalk, Ramsaudolomit, Raibler Schichten, Schlerndolomit, Marmoledakalk usw. Auch die Fossilführung kann zur Kennzeichnung dienen: Arietenkalk (Ammonitengattung Arietites), Posidonienschiefer (Muschelgattung Posidonomya) usw. In den Schweizer Westalpen wurden volkstümliche Lokalnamen verallgemeinert: Quintnerkalk, Schrattenkalk, Seewerkalk, Öhrlikalk. Demselben Begriffsbildungstyp gehören im Alpenvorland Bezeichnungen wie Molasse, Schlier und Flinz sowie Nagelfluh an. Der Dolomit der ganzen Welt trägt seinen Namen nach dem französischen Geologen DOLOMIEU.Ein Konglomerat des süddeutschen Buntsandsteins heißt nach seinem Erstbeschreiber ECK'-sches Konglomerat.

Paläogeographische Verhältnisse, d.h. die Verteilung von Land/Abtragungsgebieten und Meer/Sedimentationszonen in verschiedenen Erdzeitaltern sind zum Verständnis der heutigen Gesteinsverbreitung auch für den Geomorphologen wichtig. Die Begriffe wurden in der Historischen Geologie häufig mit den Namen alter Völkerschaften gebildet, von denen aus der klassischen Literatur des Altertums bekannt ist, daß sie einmal im heutigen Bereich des zu benennenden Altlands lebten. Das Variskische und das Kaledonische Gebirge wie das Vindelizische Land sind so nach keltoromanischen Varisten (auch: Naristen, Varisker), Kaledoniern, Vindelikern benannt. Die Gebirgsbildungshauptphasen heißen dann meist ebenso (variskische Gebirgsbildung z. B.). Die Unterphasen und die Untergliederungen der Gebirgskörper werden mit Hilfe der Typenlokalitätsmethode bezeichnet. Im variskischen Gebirge Mitteleuropas gibt es z. B. die Rheno-Herzynische Zone (Rhein/Harz), Moldanubische Zone (Moldau/Donau), Moravische Zone (Mähren/Marchfluß), den Saar-Selke-Trog usw. Die Attische, Saalische usw. Gebirgsbildungsphase heißen nach den Orten ihres ersten Nachweises. Bei der Benennung der Urkontinente wird ähnlich verfahren: Laurentia/Lorenzstromland, Fennosarmatia/Finnen und Sarmaten. Gondwana heißt nach den Gond, einem vorderindischen Stamm. Letztlich sind auch diese Begriffe erlernbare Vokabeln.

Sehr gemischt ist die Begriffsbildung für die Geologischen Zeitstufen. Die großen Erdzeitalter können als Archaikum (früher = Kryptozoikum), Proterozoikum, Paläozoikum, Mesozoikum und Neo- bzw. auch Känozoikum paläozoologisch benannt werden (kryptos/verborgen, archaisch/sehr alt, proteros/früher, palaios/alt, mesos/mittel, neon bzw. kainos/neu in Verbindung mit zoon/Tier; griechisch). Statt Archaikum, Krypto- und Proterozoikum wird aber auch einfach der Begriff Präkambrium verwandt, die Zeit also vor dem Kambrium, der ältesten Stufe des Paläozoikums. Dieser ist wie viele andere Zeitstufenuntergliederungen ein Typenlokalitätsbegriff (Cambria in Wales), ähnlich wie der Name Devon (englische Landschaft) oder Perm (Stadt in Rußland) u. a. Die Gliederung des Mesozoikums in Trias (Dreiheit Buntsandstein + Muschelkalk + Keuper), Jura (Französisch-Schweizerisches Faltengebirge) und Kreide (Schreibkreide) erfolgte nach Typenlokalität und faziell. Im Känozoikum haben sich die Begriffe Tertiär und Quartär als letzte Hinterbliebene einer alten Viergliederung der Erdzeitalter (Primär, Sekundär usw.) halten können.

Die Bezeichnungsmethoden der Unterstufen schwanken noch mehr. Faziesbezeichnungen (Buntsandstein) stehen neben einfachen Lageunterteilungen (Unterer, Mittlerer, Oberer Muschelkalk bzw. Keuper oder Jura und Kreide), die dann faziell gefüllt werden müssen. So umfaßt der Obere Muschelkalk in Süddeutschland drei Fazies, den Trochitenkalk (Trochiten-Seelilienstengelglieder), den Nodosuskalk (Ceratites nodosus = Knotenhorn) und den Trigonodusdolomit (Trigoniiden = Dreiecksmuscheln). Das Gliederungsverfahren im Keuper, ku/km1–5/ko, ist nur scheinbar einfacher. In Wirklichkeit muß es auch faziell umgelesen werden. Km1 ist dann die unterste Schicht des Mittelkeupers, der Gipskeuper, km4 seine vierte Schicht von unten, in Schwaben Stuben-, in Franken Burgsandstein. Der süddeutsche Jura wurde ursprünglich nach den vorherrschenden Gesteinsfarben in Schwarzen, Braunen und Weißen Jura gegliedert, was den angelsächsischen Bezeichnungen Lias, Dogger und Malm annähernd entspricht. Die in Süddeutschland durch QUENSTEDT vor 120 Jahren aufgestellte Untergliederung jeder Großabteilung in 6 Unterstufen wurde an die ersten sechs Buchstaben des griechischen Alphabets angelehnt, also Schwarzjura (Braunjura, Weißjura) Alpha, Beta, Gamma, Delta, Epsilon und Zeta. Diese Zeitstufenbenennungen müssen nun geomorphologisch, aber ebenfalls lithofaziell ausgedrückt werden, meist mit aus Leitfossil und Gestein gebildeten Faziesbegriffen (Gryphäenkalk, Bimammatuskalk, Aptychenton usw.). Andererseits kann aber auch nur das Faziesbild zur Benennung herangezogen werden (Wohlgebankte/Wohlgeschichtete Kalke im Gegensatz zu Massenkalken/Schwamm-Algen-Riffkalken). Schließlich sagten Pragmatiker auch einfach Untere, Mittlere und Obere Weißjurakalke bzw. -mergel. Wegen des weltweiten stratigraphischen Vergleichs wurden neuerdings auch in Süddeutschland die weltweit geltenden biostratigraphischen Zeitstufenbenennungen der Typenlokalitätsmethode eingeführt (Aalenien nach der württembergischen Stadt Aalen, Pliensbachien nach dem Dorf Pliensbach, Bajocien nach Bayeux, Oxfordien nach Oxford usw.). So können die Gesteine der Schwäbischen Alb heute sehr exzessiv benannt werden: Weißer Jura Beta (Zeit) = Malm Beta (Zeit) = Bimammatuskalke (Fossil-Fazies) = Wohlgeschichtete Kalke (Fazies) = Untere Malmbankkalke (Lage im Verband) = Oxford-2-Kalke (Zeit). Das sind 8 Namen für dieselbe Sache. Im alpinen Jura wird die Sache vollends kritisch.

Ähnliches gilt für die außeralpine und die alpine Kreide. Der Anfänger muß sich auch hier über zwei Dinge im Klaren werden. An sich sind die geologischen Zeitbegriffe einfach und leicht zu verstehen, ebenso wie die Benennung lithologisch/faziell verschiedener Gesteine. Die Schwierigkeit entsteht lediglich dadurch, daß beide Begriffstypen nebeneinander gebracht und miteinander korreliert werden müssen, und daß fast durchweg nicht die Zeit die lithologischen Verhältnisse prägt, sondern der Ökotop von Ablagerungs- und Abtragungsraum. Die Paläo-Ökotope waren zu allen Zeiten differenziert, z. B. marin, limnisch, fluvial, terrestrisch u. a. m.; und in allen Zeiten waren m. o. w. alle Faziesräume vorhanden, die es auch heute gibt, nur eben jeweils nicht am selben Ort. Die zeitliche Untergliederung des Tertiärs in fünf Großstufen Paleozän bzw. Paläozän ((palaios = alt), Eozän (eos = Morgenröte), Oligo-, Mio- und Pliozän ist klar. Die zeitlichen Untergruppen, z. B. Aquitan nach dem alten Aquitanien, Burdigal nach Bordeaux, Helvet nach der Schweiz sind nach der Typenlokalitätsmethode aufgrund weltweiter Fossilvergleiche gebildet und ebenfalls verhältnismäßig einfach. Wie beim Jura und bei der Kreide entsteht aber auch beim Tertiär durch die lithologische Differenzierung eine Fülle von Kombinationsmöglichkeiten. Molasse, Schlier, Flinz sind z. B. drei annähernd gleich alte Fazies des Miozäns im Alpenvorlandstrog, und sie werden wieder in sich gegliedert.

Dasselbe gilt ungefähr auch für das Pleistozän. Diese Zeitphase folgt auf das Pliozän. Als Gegenwart schließt das Holozän an. Für Pleistozän existiert noch der alte, auf CUVIER zurückgehende Name Diluvium (= Sintflut) ebenso wie der deutsche Begriff Eiszeitalter. Die Unterstufen werden, lokal verschieden, typenlokalitätsmethodisch benannt. Die Süd-Kaltzeiten heißen Amper-, Biber-, Donau-, Günz-, Mindel-, Riß- und Würmkaltzeit. Die Warmzeiten tragen entweder einfach die Bezeichnung Günz/Mindel-Interglazial oder aber überregionale Typenlokalitätsnamen wie Tegelen, Prätegelen, Reuver, Cromer usw.; und in Norddeutschland sind wieder andere Bezeichnungen vorhanden als in Süddeutschland, in den USA, in Osteuropa.

Als sinnvolles Vorgehen für das Erlernen der Begriffe, die meist Vokabeln einer Fremdsprache ähneln, kann dem Anfänger empfohlen werden, zunächst zu versuchen, den Begriffsbildungstyp zu begreifen. Was mit dem Einzelbegriff gemeint ist, läßt sich dann jeweils in Geologischen Wörterbüchern nachschlagen. Ohne Detailkenntnisse der Tertiär- und Pleistozänstufen kann keine Geomorphologie betrieben werden, weil wesentliche Reliefbestandteile aus diesen Zeiträumen stammen.

Literatur

BERINGER (1937 u. ö.); Gesicht der Erde (1971, II, S. 679–852 = ABC der Geologie); MURAWSKI (1977[7]).

## 4.2 Geomorphologische Begriffstypen

Einfach gebaut und daher leicht verständlich ist eine erste Begriffsgruppe für Formungsvorgänge und Formen, die aus den Anfängen der Geomorphologie stammt. Sie wird entweder in deutscher oder aber in latinisierender bzw. gräzisierender Form gebraucht, benennt Elementares, ist häufig der Umgangssprache entnommen und weicht auch im Wissenschaftsgebrauch inhaltlich nicht wesentlich von der Bedeutung innerhalb der Umgangssprache ab. Hierher gehören zunächst die einfachen orographischen Begriffe Tiefland, Ebene, Flachland, Hügelland, Mittelgebirge, Hochebene, Hochgebirge usw. Sie werden m. o. w. scharf durch ihre Reliefenergie (= Zerschneidungstiefe) abgegrenzt und verstehen sich wie die noch einfacheren Bezeichnungen Tal, Berg, Kuppe, Kegelberg, Ausliegerberg, Inselberg, Glockenberg, Fluß, Bach, Gerinne, Mulde, Sattel, Joch, Grat usw. von selbst. Auch Begriffe für Formungsvorgänge, z. B. Abtragung, Aufschüttung, Zerschneidung, Zertalung, Verwitterung usw. gehören hierher. Aus diesen Einzelheiten zusammengesetzte Begriffe, z. B. „mulden- bis kerbtalförmig zertalte Hochfläche", „flachwelliges Hügelland", „kuppige Hochfläche" bieten ebenfalls wenig Verständnisschwierigkeiten. Die Bezeichnungen sind meist beschreibend, auch wenn sie definiert sind (z. B. Tal = durch Flußarbeit im Zusammenhang mit Hangabtragung gebildete, teilweise durch Gletschererosion überarbeitete Hohlform mit generellem Gefäll zur Erosionsbasis).

Auch die anderssprachigen, prinzipiell gleichartigen Oberbegriffe, z. B. Erosion (= i. a. linienhafte Zerschneidung durch Flüsse, evtl. auch durch Gletscher, vgl. Glazialerosion, öfters auch als Seitenerosion flachformenbildend), Denudation (flächenhafte Abtragung einer Bodendecke durch flächig abfließendes Wasser, durch Schwerkrafteinflüsse usw.)sind nicht schwierig zu verstehen. Abrasion, Ablation, Korrosion und Korrasion sowie Tiefen-, Seiten- und rückschreitende Erosion oder Hangdenudation bzw. Flächendenudation mögen etwas komplizierter sein. Da diese Bezeichnungen indes meist genetisch nicht eng festgelegt sind, ist mit ihnen bald umzugehen.

Gewisse Verständnisschwierigkeiten bereiten Begriffe dieses Typs erst dann, wenn sie aus Fremdsprachen übernommen wurden, z. B. in der Glazialmorphologie Drumlin, Oser, Kames, Sander u. ä., oder Dambo für Dellenformen in tropisch-wechselfeuchten Klimaten.

Ähnlich wie in der Geologie gibt es auch in der Geomorphologie Begriffe, die nach der Methode der Typenlokalität oder verwandten Methoden gebildet wurden. Sie haben dort allerdings eine etwas andere Bedeutung, denn sie verknüpfen den volkstümlichen Namen der Lokalität mit einer genetischen Vorstellung. Dabei gibt es zwei Begriffsebenen. Die höhere wird beispielsweise durch den Monadnock oder den Mosor repräsentiert. Davis sah im Mount Monadnock in den amerikanischen Appalachen einen Berg, der wegen seiner größeren Gesteinswiderständigkeit über eine tiefer liegende Rumpfverebnung aufragte, also in deutscher Sprachform einen Härtling. Nach dem individuellen Bergnamen wurden dann von ihm und anderen alle Härtlinge als Monadnocks bezeichnet. Ähnliches gilt für den Mosor. Heute sind diese Begriffe nicht mehr üblich. Jurassischer Relieftyp (nach dem Schweizer Jura), Appalachisches Relief (nach den nordamerikanischen Appalachen) werden dagegen heute noch als Allgemeinbegriffe für verschieden weit fortgeschrittene Abtragungsstadien in Faltengebirgen mit verschiedener Gesteinswiderständigkeit benutzt (z. B.

MACHATSCHEK, 1937[1] und 1955[2]). Zuckerhutberg (Rio de Janeiro), Raxlandschaft oder Raxplateaus für die Kalkstöcke der Ostalpen (nach der kalkalpinen Rax S Wien) gehören ebenso hierher wie Trauf für Stufenrand oder -kante bei Schichtstufen (volkstümlich: der Albtrauf). Das Pediment ist ein kunsthistorischer Irrläufer. Zwar heißt es in der deutschen Geomorphologie auch Felsfußfläche oder Fußfläche (WILHELMY, 1974 u.a.). Dennoch leitet es sich wahrscheinlich nicht von lateinisch pes = Fuß ab, sondern aus der kunsthistorisch-architektonischen Bezeichnung für einen Teil des griechischen Tempelgiebelaufbaus (BRYAN, 1922). Es geriet in der geomorphologischen Frühzeit in die angelsächsische geomorphologische Terminologie, und zwar gleichzeitig durch DUTTON (1882) und G.K. GILBERT (1882). Das Glacis meinte ursprünglich das Schußfeld VAUBANscher Festungen der fürstabsolutistischen Ära. Es wurde von den französischen Kollegen für Fußflächen im Sediment übernommen und kam dann wie das Pediment auch nach Deutschland.

Die amerikanische und englische Übung, in der Geomorphologie ähnlich wie in der Medizin eine Sache nach dem Erstbeschreiber zu nennen (z.B. medizinisch Parkinsonsche Krankheit) und so z.B. statt Inselberg einfach „bornhardt" zu sagen, weil der Ostafrikareisende BORNHARDT (1900) diesen Relieftyp als erster beschrieb, ist im deutschen Fachwortschatz und auch im englischen selten. Guyot nannte HESS (1946) die von ihm entdeckten Tiefseevulkane mit Plattform nach einem US-schweizerischen Geographen des 19. Jhs.

Auf einer tieferen Begriffsebene sind, z.B. für Terrassen in Flußtälern, für Teilstücke einer Rumpfflächentreppe, für Bodenbildungszonen in Lößaufschlüssen Typenlokalitätsbezeichnungen ebenfalls üblich. Diese sind ein Subtypus des Monadnock-Begriffs, denn sie beziehen sich mit Ausnahme der lößstratigraphischen Begriffe ausschließlich auf Lokales. Es sind Verlegenheitslösungen, selten überregional verwendbar, die in Einzelarbeiten vorkommen. Sie entstehen, wenn der jeweilige Autor die überregionale Reichweite einer beobachteten Reliefgliederung aus seinem regionalen Arbeitsgebiet heraus nicht zu beurteilen vermochte. Daher wählte er zur Gliederung vorläufig gemeinte Flur- oder Ortsnamen, in der Hoffnung, diese Namen durch überregionale Begriffsreichweiten ersetzen zu können, so bald die jeweilige Erscheinung nur erst überregional erkannt sei.

Im Bereich der Flußterrassen gilt an sich die im Alpenvorland entwickelte PENCKsche Terrassenbenennung Obere/Untere bzw. Ältere/Jüngere Deckenschotter, Hochterrasse und Niederterrasse mit den Ergänzungen Ältere/Jüngere Deckschotter und lokalen Untergliederungen, z.B. der in sich getreppten Hochterrasse bei Ulm (Unterweiler Stufe, Dellmensinger Stufe) auch für die Schotterkörper oder Felsterrassen der Mittelgebirge und des Norddeutschen Tieflands. Indes lassen sich im ehemaligen Periglazialbereich Terrassen oft nicht genau genug zuordnen. Dann bleibt nichts anderes übrig, als sie mit einem möglichst neutralen, aber identifizierbaren Namen (im Rheindurchbruchstal z.B. Loreleistufe) oder nach der Schotterführung (ebenda Kieseloolithterrasse) bzw. nach der Form (Trogfläche, ebenda) zu benennen und die genaue Einordnung späteren Zeiten zu überlassen, die dann den Begriff ersetzen oder ergänzen (pliozäne Kieseloolithterrasse). Es gibt natürlich auch die Möglichkeit, einfach Terrasse IV-III-II-I zu sagen.

Dasselbe gilt für Rumpfflächentreppen. In den Alpen, wo die Altformen der Höhe deutlich getreppt sind, wurde die Raxlandschaft im Salzburgischen in Hochkönigs-, Tennen- und Gotzenniveau, im Steirischen Gneisbogen in Warscheneck-, Koralpen-, Saualpenniveau gegliedert u. a. m. Die Reihe dieser Bezeichnungen ließe sich beliebig fortsetzen. Auch hier ist eine abstrakte Gliederung möglich, z. B. im Rheinischen Schiefergebirge: 600-m-Niveau etc. Solche Gliederungen zu merken ist sinnlos. Es sind einfach Namen, die lediglich den Sinn haben, die jeweilige Gliederung für den an der betreffenden Detailstudie Interessierten durchsichtiger und anschaulicher zu machen.

Die Glazialmorphologie macht hier eine Ausnahme. Ursprünglich rein lokale Namen für die Moränenstadien z. B. des würmzeitlichen Spät- und Postglazials in den Alpen wurden z. T. schon von Penck/Brückner, z. T. von späteren Autoren in ihrer überregionalen Anwendbarkeit erkannt: Bühl-, Gschnitz-, Daun-, Egesenstadium usw. mit späteren Modifikationen, etwa Schlern- oder Steinachstadium usw. Hier wurde durch überregionalen Vergleich aus der ursprünglich lokalen Benennung ein Zeitbegriff, der entweder schon heute überregional gilt bzw. für den doch überregionale Geltung angestrebt wird.

Ähnliches gilt für die Lößstratigraphie. Bei Krems an der Donau wurden vor rund 70 Jahren erstmals Bodenbildungszonen im Löß entdeckt. Sie beweisen eine Unterbrechung der Lößbildung, also eine Klimawandlung, und erlauben eine mehrfache Altersgliederung der Lösse im Liegenden und Hangenden. Die ursprünglichen Lokalnamen (Paudorfer Horizont, Göttweiger Boden u. ä.) gelten heute allerdings nicht mehr. Zu Zeitstufenbegriffen wurden neue Lokalnamen erhoben (Stillfried u. a.).

Der schwierigste und häufigste Begriffstypus der deutschen Geomorphologie ist der scheinbar beschreibende Begriff mit genetischem Hintergrund. Er läßt sich in scheinbar nur formbeschreibende und scheinbar nur vorgangbeschreibende Untergruppen gliedern.

Typisch für die erste Untergruppe ist W. Pencks Piedmonttreppe. Deskriptiv ist damit ein zentrales Bergland mit m. o. w. ringförmig dazu angeordneten tieferen Flächensystemen gemeint, die durch Stufen getrennt und durch Täler gegliedert sind. W. Penck nahm als Typenbeispiele das Fichtelgebirge und den Feldbergschild des Südschwarzwalds. Das Brockengebiet im Harz könnte nach der Form ebenfalls als Piedmonttreppe gelten. Piedmonttreppe sagte Penck indes nicht nur wegen der Flächenanordnung um eine zentrale Höhe, sondern vor allem deshalb, weil er nachweisen zu können glaubte, diese Landform entstehe durch tektonisch stete Aufwölbung mit wachsender Ausdehnung des gehobenen Gebiets. Streng genommen kann also der Begriff heute nicht mehr verwandt werden, weil Pencks morphogenetische Auffassung veraltet ist.

Ähnliches gilt prinzipiell auch für die Rumpffläche oder Rumpfflächentreppe bzw. Rumpftreppe. Deskriptiv handelt es sich um flach reliefierte Oberflächen, die Kristallinfaltenkörper verschiedener Widerständigkeit schneiden, höchstens von einigen Härtlingszügen überragt werden, und übereinandergestaffelt sein können. Hinter dem Begriff steht die auf W. M. DAVIS zurückzuführende genetische Vorstellung eines eingerumpften, d.h. sozusagen durch Abtragung der Gliedmaßen (= Berge) auf den Körperrumpf (= Flächen) reduzierten ehemaligen Hochgebirges. Unbekümmert darum, daß Rumpfflächen bei DAVIS Anfang und Ende eines fluvialen Zyklus bilden, wurde in der geomorphologischen Vergangenheit der Begriff auch dann verwandt, wenn die Fläche durch marine Abrasion (RICHTHOFEN), die eigentümliche Treppung durch seitliche Unterschneidung in Hebungspausen, die Stufenbildung dagegen durch Tiefenerosion in Hebungsphasen der jeweiligen Rumpfscholle erklärt wurde (PHILIPPSON, BEHRMANN, STICKEL u.v.a.). Auch BÜDEL behielt den Begriff bei, obwohl er ihn mit der genetischen Vorstellung des Mechanismus der Doppelten Einebnungsflächen unter tropisch-wechselfeuchten Klimaten verknüpfte, Rumpfflächengenese also völlig anders sieht als viele seiner Vorgänger. Es ist darum heute kaum mehr möglich, den Begriff Rumpffläche deskriptiv zu verwenden, ohne daß beim Hörer bzw. Leser unterschwellig die Genese „tropisch-wechselfeucht" mitschwingt. Um Mißverständnisse zu vermeiden, müßte der Begriff also eigentlich ständig mit Zusätzen „sensu RICHTHOFEN" usw. versehen werden. Auch der scheinbar nur deskriptive Begriff Schichtstufe hat einen genetischen Hintergrund. Weil im Liegenden von Schichtstufen immer wenig widerständige Schichten mit Quellhorizonten an Oberkanten, in Hangenden dagegen widerständige Schichten auftreten, entwickelte sich die Vorstellung, die widerständige Schicht schütze die wenig widerständige im Liegenden vor der Denudation und werde selbst aus dem Liegendkörper durch Quellerosion unterschnitten, so daß die Stufe allmählich zurückweiche. Wer diese Vorstellung nicht teilt und annimmt, der Bildungsmechanismus ähnele demjenigen von Rumpfstufen, ist gezwungen, den Begriff Schichtstufe etwa durch gesteinsmodifizierte Rumpfstufe zu ersetzen.

Ähnliches gilt für die Schichtfläche. Einerseits ist dieser Begriff schon geologisch belegt. Er bezeichnet dort die Oberfläche einer beliebigen Sedimentschicht innerhalb eines Sedimentkörpers, ohne daß diese zu Tage streichen müßte. In der Geomorphologie andererseits meint er dagegen eine Landoberfläche, die eine widerständige Schicht spitzwinklig schneidet oder an die (geologische) Schichtoberfläche angelehnt ist. In Trockengebieten z.B. sind geologische und geomorphologische Schichtflächen oft identisch, weil dort der Schnittwinkel zwischen Gesteins- und Landoberfläche 0 Winkelgrade erreichen kann. Die geomorphologische Schichtfläche kommt nach Auffassung der Schichtstufenmorphologen dadurch zustande, daß die Denudation in wenig resistenten Schichten schnell, in resistenten Schichten jedoch langsam vor sich gehe, so daß deren Oberfläche zwangsläufig exogen aus einem wechselnd widerständigen Sedimentverband herausgeschält werde und für lange Zeiträume Landoberfläche bilde. Da natürlich auch die Stufe zurückweiche, sei die Fläche zwar eine morphologische Einheit, aber am distalen Ende über der Stufenkante älter, am proximalen unter der Folgestufe jünger. Weil auch widerständige Schichten im Laufe langer Zeiträume denudiert werden, sei daraus der spitzwinklige Schnittflächencharakter vieler Stufendachflächen zu erklären. Wer diese Vorstellung nicht annehmen kann, weil Flächenbildung nur unter bestimmten Klimaten erfolge, und weil eben doch eine gewisse Winkeldiskordanz bestehe, wird im Schichtstufenland Rumpfflächen finden und den qualitativen Unterschied zwischen Faltenrumpf und Stufendachfläche vernachlässigen müssen. Neubegriffe wie schichtangepaßte oder schichtadaptierte Rumpffläche sind zwar nach den bisherigen Begriffsinhalten kontradiktorisch, weil ja Rumpfflächen Schichten und Falten nach bisheriger Definition schneiden. Gleichwohl existieren sie schon.

Auch Begriffe für Formungsvorgänge werden von den morphogenetischen Vorstellungen beeinflußt. WISSMANN z. B. dachte sich die Fußflächen im Vorland trockenklimatischer Gebirge dadurch entstanden, daß die stark schuttbelasteten Gerinne am Gebirgsfuß infolge Gefällsabnahme die Fähigkeit zur Eintiefung verlören und zeitweilig aufschütteten. Dadurch seien sie aber gezwungen, aufzufasern, nach der Seite auszuweichen, zu anastomosieren. Sie seien dann an den Talkanten wegen geringer Schuttbelastung wenigstens im Bereich des Flutspiegels zur Unterschneidung befähigt. Folgerichtig nannte er den Vorgang seitliche Erosion.

BÜDEL spricht der Denudation eines durch Verwitterung unter tropisch wechselfeuchten Klimaten entstandenen mächtigen Latosols die Bildung der dortigen Rumpfoberflächen zu. Die tiefer liegende Landoberfläche wird gegen im selben Gestein liegende höhere Rumpfoberflächen durch Rumpfstufen abgegrenzt. Diese werden nach BÜDEL dadurch zurückverlegt, daß an ihrem Fuß eine besonders intensive Latosolverwitterung herrsche, weil dort infolge des Abflusses von Niederschlagswasser aus den höheren Flächen eine besonders intensive Tiefenverwitterung erfolge. Die tiefer liegende Rumpfoberfläche wird also, weil zugleich am Hangfuß auch die Abspülungsquote durch das zugeführte Wasser erhöht wird, auf Kosten der höheren verbreitert. Seitenerosion kann dieser Vorgang nicht genannt werden, wenn am Fuß von Rumpfstufen keine Gerinne anzutreffen sind. Es mußte also ein neuer Begriff für die neue genetische Vorstellung gefunden werden: subkutane Seiten- (oder Rückwärts-)denudation.

Die nur scheinbar deskriptiven, in Wirklichkeit aber mit genetischen Vorstellungen verknüpften bzw. aus ihnen heraus entstandenen Begriffe sind in der geomorphologischen Fachsprache sehr häufig. Sie können nicht einfach wie Vokabeln gelernt, sondern müssen verstanden werden. Dies ist meist nur aus dem jeweiligen Kontext heraus möglich. Zum Verständnis der geomorphologischen Terminologie gibt es leider weit weniger Hilfsmittel als in der Geologie. Dies geht darauf zurück, daß viele Termini sehr jung sind, und darauf, daß viele Autoren dieselben Begriffe mit unterschiedlichem Inhalt verwenden, was natürlich das Verständnis etwa von Pedimentation, Pediplanation, Kryoplanation, Rumpfflächenbildung usw. nicht gerade erleichtert.

Literatur:

BAULIG (1970²); LEHMANN (1964); STAMP (1961); WESTERMANNS LEXIKON etc. (1968 f.).

# B Die geomorphologischen Grundstrukturen der Erde

## 5 Die Entstehung der Erdkruste

Relief der Erde ist immer Relief der Erdkruste. Ohne Kenntnis der Zusammensetzung, der Entstehung und des gegenwärtigen Verhaltens der Kruste kann Erdrelief nicht verstanden werden.

### 5.1 Die Schalengliederung der Erde

Die Erde besitzt einen mittleren Durchmesser von 12735 km. Fliehkraft- und massenbedingt ist ihre an den Polen verschieden stark abgeplattete, drehellipsoidähnliche (Birnen) Form mit 12714 km langer Pol- und 12756 km langer Äquatorialachse. Der Äquatorumfang beträgt 40075 km. Der Rauminhalt umfaßt 1083320 ckm. Von der Erdoberfläche mit rund 510 Mio qkm entfallen bei heutigem NN auf Festländer 149 Mio qkm (29%), auf Meere 361 Mio qkm (71%). 15 Mio qkm sind eisbedeckt, das sind 3% der Erdoberfläche und 10% der Festländer. Die Eiskappen der polaren Ozeane besitzen wechselnde Dimensionen.

Die Verteilung von Land und Meer auf der Basis des heutigen NN erlaubt es, eine (nördliche) Landhalbkugel mit einem Verhältnis von Land: Meer wie 1:1 und eine (südliche) Meereshalbkugel mit einem Verhältnis wie 1:9 zu unterscheiden.

Die mittlere Dichte der gesamten Erde wurde auf 5,5 g/ccm berechnet. Da die gemessene Dichte der Kruste im Mittel nur etwa 2,7 g/ccm beträgt, müssen zum Ausgleich der geringen Krustenmasse der Erdoberfläche im Inneren der Erde größere Dichten vorhanden sein. Wegen der in verschiedenen Tiefen verschiedenen Fortpflanzungsgeschwindigkeiten von Erdbebenwellen und wegen sprunghafter Geschwindigkeitsänderungen wurde die Vorstellung entwickelt, die Erde sei in Einzelschalen verschiedener Dichte und Zusammensetzung gegliedert. Die Schalen seien in sich relativ homogen und durch Grenzflächen (= Geschwindigkeitsdiskontinuitäten von Bebenwellen) getrennt.

Die Natur des Erdkerns (etwa 7000 km Durchmesser, Nickel-Eisen) und des Unteren und Mittleren Mantels (Asthenosphäre) mit rund 2500 km Dicke ist für geomorphologische Fragen relativ unwichtig.

Wichtig dagegen ist die Natur der oberen Schalen. In plattentektonischer Sicht werden Oberer Mantel und Kruste heute als Lithosphäre zusammengefaßt, weil sich so die tektonischen Formungsvorgänge besser verstehen lassen. Der vermutlich steife Obere Mantel wird durch die wiederum aus dem Geschwindigkeitswechsel von Erdbebenwellen abgeleitete Basisgrenzfläche gegen die wohl zähplastische Asthenosphäre abgesetzt gedacht. Er besteht wahrscheinlich aus ultrabasischem Gestein mit weniger als 45% Kieselsäureanteilen (= ultramafisch, ultrabasaltisch). Die Basisgrenzfläche zur Asthenosphäre dürfte maximal 200 km unter der Krustenoberfläche liegen. Als Mittelwerte werden derzeit unter kontinentaler Kruste etwa 80 km Teufe, unter ozeanischer Kruste 20–25 km Teufe angenommen.

Über dem Oberen Mantel liegt die MOHOROVIČIĆ-Diskontinuität, nach einem kroatischen Geophysiker (1857–1936) benannt. Über ihr folgt die m.o.w. starre Kruste als äußerster Bestandteil der Lithosphäre. Sie gliedert sich vertikal und horizontal zunächst in eine basische (mafische, basaltische) Unterkruste, die nach ihrer Hauptverbreitung unter den Ozeanen auch als ozeanische Kruste bezeichnet wird. Sie ist maximal 20 km mächtig und wird nach oben durch die CONRAD-Diskontinuität begrenzt gedacht (deutscher Geophysiker). Darüber folgt die saure Oberkruste mit über 50% Kieselsäureanteil (felsisch, granitisch). Nach ihrer Verbreitung im Bereich der Kontinente und ihrer Schelfe wird sie auch als kontinentale Kruste bezeichnet. Mittlere Zusammensetzung und Grenzflächen sind auch hier aus den Fortpflanzungsgeschwindigkeiten von Erdbebenwellen (5,5 km/sec. in der Oberkruste = Geschwindigkeit im Granit; 6,1 km/sec. in der Unterkruste = Geschwindigkeit im Basalt) bzw. der sprunghaften Geschwindigkeitsänderung hergeleitet. Daneben sind natürlich die Krustengesteine, weil anstehend, aus Tiefbohrungen bzw. aus dem Anstehenden der Kontinente bekannt. Der Obere Mantel ist zwar noch nicht erbohrt. Seine mittlere Zusammensetzung ist aber ebenfalls einigermaßen gesichert.

Die Lithosphäre, also Oberer Mantel + ozeanische Kruste + kontinentale Kruste, bestimmt mit ihren vom Erdinnern gesteuerten Bewegungsvorgängen die Grundstrukturen des Erdreliefs und die Verteilung von Kontinenten und Ozeanen auf der Erde.

## 5.2 Die horizontale Gliederung der Lithosphäre und die Morphotektonische Kurve

Das Relief der Erde besteht aus Kontinentmassen und Ozeanböden. Beide gliedern sich wieder in Größtformengruppen unter. Der Begriff der Größtformen stammt von LOUIS (1979[4] und früher). Größtformen sind die kontinentweit gleichartigen Formengruppen, deren Relief auf Erdkarten in beliebigen Atlanten markant zum Ausdruck kommt. Die Kontinente besitzen, geomorphologisch benannt, Schelfe, Kontinentalkerne mit Rumpfflächen und Bruchzonen (Alte Schilde), Mittelgebirge vom Bruchschollentyp, die örtlich auch Hochgebirgscharakter besitzen können, Schichttafel-, Schichtstufen- und Schichtkammländer, Senkungsfelder mit Aufschüttungstiefländern, schließlich stark zertalte Kettengebirge vom Falten- und Deckengebirgstyp. Die Ozeanböden bestehen aus Tiefseegesenken, Tiefseebecken und -rücken.

Hinter dieser geomorphologischen Gliederung verbirgt sich eine tektonische Gliederung der Lithosphäre. Die (geomorphologischen) Kontinentalkerne z. B. sind mit den (geologischen) kristallinen Kratonen oder Starren Massen identisch, die Rumpfschwellen der Mittelgebirge sind geologisch Bruchschollenländer, die Schichttafeln, Schichtstufen und Schichtkämme entsprechen mehr oder weniger verstellten Sedimenttafeln, die Kettengebirge sind geologisch Falten- bis Deckengebirge, die Aufschüttungsländer Synklinalen, Senkungsfelder. Ähnliches gilt für die Ozeanböden, wo bestimmte geomorphologische Einheiten bestimmte geologische Feldertypen repräsentieren.

Aufgrund der deutlichen Korrelation zwischen Größtformen und Schollentypen wurde schon früh versucht, die sogenannte Hypsographische Kurve (hypsos = Höhe) der Erdoberfläche tektonisch auszudeuten. Sie veranschaulicht übersichtlich-abstrakt die Höhenverhältnisse des Erdreliefs. Auf der x-Achse der Graphik sind die planimetrisch ermittelten Anteile der einzelnen orographischen Höhenstufen des Erdreliefs in % der gesamten Erdoberfläche aufgetragen. Die y-Achse veranschaulicht die absolute Höhenlage der jeweiligen Höhenstufen. Hypsographische Kurven finden sich praktisch in jedem Lehrbuch der Geomorphologie (z. B. MACHATSCHEK, 1973, S. 3; LOUIS, 1979[4] S. 12). Dort sind auch die Deutungen und die Korrelationen Landform/Schollentyp erläutert.

Wegen der im letzten Jahrzehnt wesentlich erweiterten Kenntnis der Ozeanböden und wegen des neuen geotektonischen Konzepts der Plattentektonik veränderte LOUIS (1979[4], S. 18) die Hypsographische zu der von ihm so genannten Morphotektonischen Kurve. Diese weist den faktisch bestehenden Großzusammenhang zwischen (geomorphologischem) Größtformentyp und (geologischem) Schollentyp besser aus als die Hypsographische Kurve.

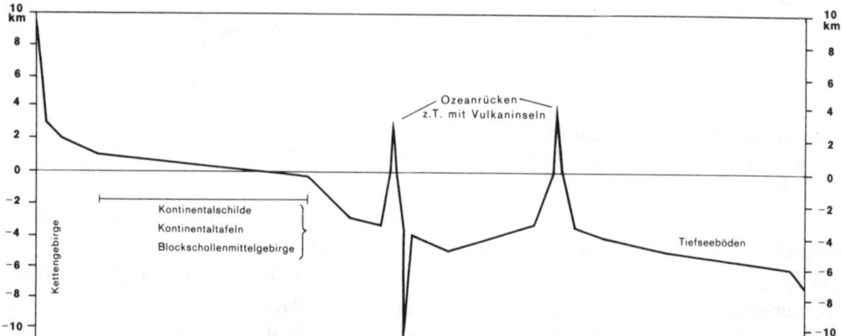


Abb. 1 Morphotektonisches Höhendiagramm der Erde (nach LOUIS 1975, umgezeichnet)

Etwa 8% der Erdkruste (40 Mio qkm) nehmen die Höhenlagen über 1000 m bis 8847 m (Mount Everest) ein, die (orographisch-morphologischen) Kulminationsgebiete, d.h. die Hoch- bzw. Kettengebirgsgürtel der Erde. Sie ziehen mit starkem Relief (hoher Reliefenergie) girlandenartig von N nach S durch beide Amerika und entlang der pazifischen Westküste von den Alëuten bis Neuseeland, von W nach O durch Eurasien. Ihr Relief ist fast durchweg von starker, junger Heraushebung mitgeprägt. Tektonisch handelt es sich mit wenigen Ausnahmen um junge, alpidische Decken-, Deckfalten-, Blockschollen- und Faltengebirge. Nur die Appalachen und der Ural sind geologisch älter als alpidisch. Auch die stark gehobenen alten Bruchschollengebirge Zentralasiens tragen Hochgebirgscharakter. Zu beachten ist, daß nicht die gesamte Höhenzone von Gebirgsketten gebildet wird. In mittleren Höhenlagen sind in alle Kettengebirge breite Hochländer eingelagert, z.B. die Kordillerenbecken der USA und Mexikos und die Beckenzonen innerhalb des zentralasiatischen Hochlands (Hochtibet, Gobi, Takla Makan u.a.). Geologisch sind diese Starre Massen, die bei der Faltung schon bestanden, in die Faltungskörper einbezogen und hochgehoben, aber selbst nicht mehr gefaltet wurden. Die Kettengebirgsgürtel der Erde bestehen also geomorphologisch aus Gebirgsketten (16 Mio qkm) mit dazwischen eingelagerten Becken (24 Mio qkm), geologisch aus jung gefalteten und zerschnittenen Decken- und Faltenkörpern und dazwischen eingelagerten Starren Massen. Die Übereinstimmung von Form und Bau ist evident.

Etwa 27% der Erdoberfläche (137 Mio qkm) bedeckt die sogenannte Kontinentaltafel zwischen + 1000 m und − 200 m NN. Sie bildet die erste, ausgedehnte flache Teilstrecke der Morphotektonischen Kurve. Der höhere Bereich wird von den Bruchschollenländern der Mittelgebirge, der mittlere von den großen Kontinentalrümpfen und -tafeln Afrikas, Indiens, Australiens, Nord- und Südamerikas, der tiefere endlich von den Aufschüttungsflachländern und den Schelfen gebildet, den derzeit unter NN liegenden Kontinentalrändern. Die Bruchschollen- und Faltengebirgszonen der Mittelgebirge sind meist alt- bis jungpaläozoisch gefaltete und alpidisch zerbrochene sowie gehobene Krustenteile. Die Kontinentalrümpfe, -schwellen und -tafeln gehören dagegen zu den geologisch ältesten Bestandteilen der Kruste. Es sind präkambrisch gefaltete und abgetragene, z.T. schon vom Kambrium an wieder mit Sediment bedeckte kristalline Massen mit sedimentärem Oberbau. Die Schollen der Aufschüttungstiefländer wiederum sind geologisch gesehen tertiärzeitlich und jünger eingemuldete Krustenstücke in Starren Massen oder im Vorland von Kettengebirgen. Die Schelfe sind derzeit marin bedeckte Zonen verschiedener Herkunft. Die ausgedehnten, flachen Schelfe von Nord- und Ostsee, Nordaustralien, Ostasien, Patagonien, und der Schelf des Kanadischen Archipels einschließlich der Hudsonbay sind eiszeitlich trocken gefallene Flachsee-Schelfe mit terrestrisch geformtem, ertränktem Relief, prinzipiell flach ertränkte Teile der kontinentalen Krustenoberfläche. Die tieferen, aber schmäleren Kontinentalränder etwa Südamerikas und Afrikas sind dagegen ertrunkene Teile von Rändern kontinentaler Kruste. Südamerikanischer und afrikanischer Schelf sind geflutete Divergenzrandbestandteile.

Etwa 5,5% (30 Mio qkm) der Erdoberfläche fallen auf die Tiefenzone zwischen −200 und −3000 m, den im Mittel 2500 m hohen und nur örtlich bis −4000 m Tiefe erreichenden Kontinentalabhang einschließlich der Inselsockelgebiete. Dieser Kontinentalabhang erreicht seine größten Höhen da, wo ein Tiefseebecken oder ein Tiefseegesenke an eine kontinentale Rumpfschwelle, ein Kettengebirge oder einen Schild grenzt (Angolabecken, Brasilianisches Becken, Perubecken, Somalibecken, Westeuropäisches Becken, Sargassosee, westliches Südamerika). Der Kontinentalabhang ist die Grenze zwischen kontinentaler und ozeanischer Kruste. Er ist reliefiert und besitzt Canyons oder Rinnen. Seine oberen Teile tauchen isostatisch und eustatisch über oder unter den Meeresspiegel oder werden durch Ausweitung der Ozeanbecken landfeste Schelfe.

Als zweites flaches Teilglied der Morphotektonischen Kurve dehnt sich, unterbrochen von kettenartigen Aufragungen, über 53% (274 Mio qkm) der Erdoberfläche einschließlich der Ozeane der Reliefbestandteil der Ozean- oder Tiefseeböden aus, in Tiefen von −3000 m bis −6000 m. Atlantik, Indik, Pazifik bilden die Hauptbestandteile dieser Kurvenstrecke. In die Böden sind Tiefseewannen um 1000–2000 m eingelagert, vor allem aber Tiefseegräben/Tiefseegesenke. Diese sind ein negatives Kettenrelief und ziehen entlang der Ozeanränder. Als positives Kettenrelief treten die randlichen (marginalen) und die zentralen Ozeanrücken auf, mit Tiefen bis zu −2000 m und weniger, häufig mit Inseln, die das derzeitige NN überragen.

Auch diese Reliefbestandteile sind krustengenetisch-geologisch bedingte Formen, die Krustenrelief prägen. Die mittelozeanischen wie die marginalen Rücken (8% = 40 Mio qkm) sind Krustensuturen (Plattenränder), an denen Kruste auseinanderdriftet und wo aus der ultrabasischen bis basischen Unterschicht (Untere Lithosphäre) neues Material nach oben gefördert wird, so daß dort Kruste zuwächst, verknüpft mit starkem Vulkanismus. Typische Rücken sind der Mittelatlantische, der Zentralindische, der Bengalische, der Indisch-Antarktische und der aus der Südsee auf Kalifornien zustreichende Ostpazifische Rücken. Von den Rücken zweigen kleinere Ozeanschwellen ab, im Atlantik die Rio-Grande-Schwelle, der Walfischrücken, die Kapverden- und die Azorenschwelle, im Indik der Arabisch-Indische Rücken, der Kerguelenrücken, im Pazifik der Sala-y-Gomez- und der Chilenische Rücken. Auch sie erreichen nur relativ geringe Meerestiefen von −1000 m bis −2000 m.

Die tiefer als −3000 m gelegenen Bereiche des Tiefseebodenreliefs (50% = 260 Mio qkm) werden von den großen Ozeanbecken gebildet: Nord-, Zentral- und Südpazifisches Becken; Labrador- und Nordamerikanisches Becken, Guayana-, Brasilianisches und Argentinisches Becken, Westeuropäisches, Kapverdisches, Guinea- und Kapbecken; Arabisches, Somali-, Maskarenen-, Madagaskar-, Natal- und Agulhasbecken, Zentral-, Süd- und Südwestindisches, Nordaustralisches, West- und Südaustralisches und schließlich Tasmanbecken. Prinzipiell sind diese Becken erkaltete, nach außen gewanderte und dabei abgesunkene ehemalige Bestandteile der Tiefseerücken.

Nur etwa 1,0% der Erdkruste (3 Mio qkm) besitzt in den Tiefseegesenken (Tiefseegräben; Tiefseerinnen) ein negatives Ketten-, d.h. langgezogenes Senkenrelief mit Tiefen von −6000 bis 10000 m und mehr. Die Tiefseegesenke durchziehen ähnlich wie die alpidischen Hochgebirge und die Ozeanischen Rücken als schmale, aber langgezogene Strukturen die Kruste. In den Ozeanen liegen sie eher randlich, häufig im Vorland junger Faltungszonen: Aleütengraben, Atacamagraben, Kurilen-Japan-Marianen-Philippinengraben u.a. Die bislang größte gemessene Meerestiefe, eine sowjetrussische Echolotung ohne Genauigkeitsanalyse, liegt im Marianengraben S Guam – 11034 m. Geologisch sind die Tiefseegesenke Verschluckungszonen ozeanischer Kruste, also das Gegenteil der Ozeanischen Rücken.

Wesentlich ist endlich noch die verschiedene Krustenschwere. Den schwebenden Bestandteilen der Morphotektonischen Kurve, d.h. den großen Kontinentaltafeln und den Tiefseeböden, entspricht geophysikalisch im allgemeinen ein Massenausgleich. Dies erklärte sich früher als tektonische Ruhe und isostatische Permanenz. Die Theorie des sea floor spreading modifizierte. Den einfallenden Kurvenbestandteilen, z.B. den Hochgebirgen, den Kontinentalabhängen und den Tiefseegräben, entsprechen dagegen Schweredefizite. Sie bestehen z.T. aus sauren, leichten Krustenverdickungen (Hochgebirge), z.T. aus Plattenrändern und Verschluckungszonen (Schelfe, Tiefseegräben) und besitzen daher noch keinen isostatischen Massenausgleich, sind vielmehr noch in vertikaler und horizontaler Bewegung.

## 5.3 Das moderne Konzept der Krustenbildung

### 5.3.1 Die ältere Grundvorstellung am Beispiel der Geotektonik STILLES

Aus der Morphotektonischen Kurve der Erde ergibt sich, daß die Größtformen des Erdreliefs Krustenstrukturtypen spiegeln. Die Größtformen sind demnach allein aus der tektonischen und paläogeographischen Entwicklung der Erde erklärbar.

Die Schätzungen über das Alter der Erde reichen heute schon 12 Mia Jahre zurück. Die älteste Kruste dürfte vor 4,6 Mia Jahren entstanden sein, im sogenannten Präkambrium, dem Erdzeitalter zwischen der ersten Krustenbildung und dem Beginn des Kambriums vor etwa 570 Mio Jahren. Das Präkambrium umfaßt also nahezu drei Viertel der gesamten Krustengeschichte. Vor etwa 4,6 Mia Jahren dürfte mit einer gewissen Abkühlung der Atmosphäre der Kreislauf des Wassers und damit die Sedimentbildung auf Kontinenten und in Ozeanen der Urkruste eingesetzt haben. Die ältesten erhaltenen Sedimentite sind 3,8 Mia Jahre alt. Die wohl anaëroben Bedingungen der ersten Krusten-Jahrmilliarde sind in 3,5 Mia Jahre alten Organismenresten nachweisbar. Vor etwa 3,0 Mia Jahren traten die ersten Blaualgen auf. Die ersten Grünalgen erschienen, nachweisbar in den Algenkalken (Stromatolithen) der Alten Schilde, vor ungefähr 2,2 Mia Jahren. Die ersten vielzelligen Algen sind 1,7 Mia Jahre alt. Die ersten vielzelligen Tiere erschienen erst am Ende des Präkambriums, vor etwa 0,7 Mia Jahren. Die Differenzierung zur heutigen Lebewelt der Erde ist also verhältnismäßig jung. Sie erfolgte erst vom Kambrium an, innerhalb der letzten 570 Mio Jahre der Erdgeschichte.

Auf paläontologischen Methoden beruht die Altersgliederung der Gesteine, die Erdkruste aufbauen. Ihre wesentlichen Ergebnisse für die Petrographie bestanden in der Feststellung, daß aus Sedimentiten Metamorphite hervorgehen können. Dies gab die Grundlage für das Verständnis der Gesteinsentwicklung und des geologischen Gesteinskreislaufs und wurde mit daraus entwickelt, daß sich in Metamorphiten Lebensspuren fanden. Diese können ja nur aus Sedimentiten stammen. Im Glutfluß gibt es kein Leben.

Die zweite Erkenntnis war für die Tektonik wichtig. Nur an wenigen Stellen der Erde liegen von unten nach oben zunehmend jüngere Gesteinsserien aufeinander.

An vielen anderen Punkten sind Schichtlücken, Faltungen, Diskordanzen vorhanden. Daraus ergab sich die Grundlage für das Verständnis der tektonischen Krustengliederung und Krustenentwicklung. Schichtlücken (Erosionsdiskordanzen), etwa das Fehlen von Keuperserien zwischen Muschelkalk und Jura, zeigen, daß an der betreffenden Stelle während der Keuperzeit keine Sedimentation, sondern vielmehr Abtragung herrschte. Faltungskörper mit Faltungsdiskordanzen, wo gefaltete und metamorphosierte Gesteinskörper in der Kruste von Schnittflächen überzogen werden, auf denen andere Faltenkörper oder ungefaltete Sedimente liegen, zeigen, daß Sedimentation, Faltung, Abtragung und erneute Sedimentation an dem betreffenden Punkt mehrmals aufeinander folgten. Dabei geben das jüngste noch gefaltete ebenso wie das älteste nicht mehr gefaltete Sediment oder der hangende Faltenkörper das Faltungsalter des Sockels an. Wenn Devon und Karbon z. B. noch gefaltet sind, Rotliegendes, Zechstein und Buntsandstein dagegen nicht mehr, dann muß die Faltung spätestens an der Grenze Karbon/Rotliegendes ausgeklungen sein.

Auf der Basis weltweiter Vergleiche erarbeitete auf tektonisch-paläontologisch-stratigraphischer Basis die ältere Geologie bis etwa 1950 ein sehr differenziertes geotektonisches Erdbild. Dessen klarste Ausformung bildete die geotektonische Theorie von Stille (1876–1966), die bis in die 60er Jahre dieses Jahrhunderts hinein als diejenige Theorie der Krustengenese galt, die alle wesentlichen Faktoren und Feldbefunde am sinnvollsten zu einem Gesamtbild zusammenfügen konnte.

An Stilles Theorie waren, sehr vereinfacht ausgedrückt, zwei Gesichtspunkte wesentlich. Er nahm an, daß Kruste in einem bestimmten Zyklus gebildet werde. Eine riesige Mulde (Geosynklinale) am Rande eines schon festen Kontinentblocks wird in der Geosynklinalphase marin überflutet und zusedimentiert. Von einem gewissen Zeitpunkt an wird sie dann in der Tektogenetischen Phase durch seitliche Raumeinengung gefaltet. Der in die Tiefe gefaltete leichte Krustenkörper schwimmt danach auf dem schweren Mantelmaterial in der Orogenetischen oder Morphotektonischen Phase isostatisch auf und wird zerschnitten. Dadurch entsteht Gebirge im geomorphologischen Sinn. Die Epirogenetische Phase setzt die Hebung fort, und damit auch die Abtragung, die schließlich zur Einrumpfung des Gebirges, zu einer gewissen Querwellung und zum Hebungsausgleich führt, weil das isostatische Gleichgewicht wiederhergestellt ist. In der Kratonischen Phase ist dann die ehemalige Geosynklinale ein durch die Faltung weitgehend metamorphosierter, bis auf die Wurzeln abgetragener Block in isostatischem Gleichgewicht, nicht mehr faltbar, nur mehr zerbrechbar und nur mehr säkular in Vertikalbewegung. Randlich an den Kraton (Schild, Starre Masse) kann sich dann eine neue Geosynklinale einmulden.

Nach der zweiten, ebenso klaren Hypothese Stilles wurde die heutige Kruste in mehreren Faltungsphasen gebildet. Aus einer zerbrochenen präkambrischen Altkruste, die in mehreren Faltungsphasen entstand, waren zu Beginn des Kambriums die heutigen Alten Schilde oder Kontinentalkerne übrig geblieben. An sie schlossen sich randlich in der kaledonischen, der variskischen und der alpidischen Ära (Paläozoikum bis Känozoikum) drei neue Gebirge im geosynklinalen Zyklus an. Stille nannte die aus dem Präkambrium stammenden Krustenteile Europas Ur-Europa. Die im folgenden angegliederten Festlandstücke wurden von ihm als Paläo- (kaledonisch), Meso- (variskisch) und Neo-Europa (alpidisch) bezeichnet. Das Benennungsprinzip kann auf die ganze Erde übertragen werden. Die in Europa nachweisbaren Faltungsphasen existieren erdweit.

Wesentlich für STILLES Konzeption war endlich, daß er fixistisch dachte. Nach seiner Auffassung waren die Kontinente durch immer neue Geosynklinalanfaltungen da entstanden, wo sie heute liegen. Ständige Geosynklinalfaltung mußte dabei schließlich zu völlig versteiften Erdkrusten führen. STILLE dachte diese in sogenannten Umbrüchen aufgrund von Regenerationen (= Wiedereinschmelzen) der Kratone wieder aufgelöst und danach neu sich versteifend. Unter Einschluß der aus der Schmelze entstandenen ersten Urkruste wäre nach STILLE die heutige Krustengeneration der Erde ihre vierte. Den ersten Umbruch und damit das Ende der ersten geosynklinal entstandenen Kruste datierte STILLE an den Beginn des Präkambriums vor 3,7–2,8 Mia Jahren, den zweiten stellte er an das Ende des Präkambriums (Algonkium/Riphäikum, 1,7–1 Mia Jahre b.p.).

Die Theorie STILLES war aus der Empirie abgeleitet. Gewisse Schwierigkeiten traten allerdings schon früh mit dem Geosynklinalbegriff auf. STILLE sah ursprünglich in den vom Tertiär an eingemuldeten und mit Molasse gefüllten Gebirgsvorsenken vom Typus des Alpenvorlands oder Mesopotamiens, deren randliche Teile wie z. B. in der Allgäufaltenmolasse schon gefaltet sind, rezente Geosynklinalen und damit Vorstadien neuer Gebirgsbildung. Da jedoch allen rezenten Gebirgsvorsenken der für den Begriffsschöpfer DANA und auch für STILLE unerläßliche Initialvulkanismus fehlt, wurden sie bald als Parageosynklinalen (Neben-, Pseudogeosynklinalen) bezeichnet. Der ursprüngliche Geosynklinalbegriff wurde als Orthogeosynklinale auf die Tiefseegräben oder -rinnen beschränkt, die heute als Tiefseegesenke bezeichnet werden. Weil aber auch nicht in allen Tiefseegesenken initialer Vulkanismus nachgewiesen werden konnte, wurde schließlich auch der Orthogeosynklinalbegriff unterteilt. Die nach der ursprünglichen Definition vollgeosynklinalen Bereiche mit initialem Vulkanismus wurden nunmehr Eugeosynklinalen getauft. Wo der initiale Vulkanismus außerhalb der Kontinente fehlt, wurde der Begriff Miogeosynklinale eingeführt. Allmählich begann aber generell die Natur der Tiefseegesenke als Geosynklinalen fraglich zu werden. Dies führte zunächst zu der Annahme, derzeit bestünden auf der Erde überhaupt keine aktiven Geosynklinalen zwischen den Urozeanen mehr. Vielmehr habe mit der alpidischen Faltung die Erde derzeit wieder einen Versteifungszustand erreicht, der Zuständen zu Beginn und Ende des Präkambriums (Megagäa nach STILLE: Abb. s. Entwicklungsgesch. d. Erde, I, S. 337; STILLE 1949; erneut SCHÖNENBERG, 1975, S. 16 u. 17) gleichzusetzen sei. Ein Umbruch ähnlich den beiden präkambrischen Umbrüchen müßte danach, geologisch gesehen, vor der Tür stehen.

STILLES Konzeption bot die Möglichkeit einer klaren (Modell) Vorstellung über die Entwicklung der Erdkruste und gleichzeitig, zumindest implizit, auch die Möglichkeit, das Größtformenrelief auf tektonisch-petrographischer Grundlage zu deuten. STILLES Kratone oder Urkontinente sind geomorphologisch die weiten Rumpfländer der Alten Schilde. Die paläozoischen Faltungsgebiete bilden heute Blockschollenländer und Kettenschollengebirge. Die alpidischen Faltungszonen sind i.w. mit den heutigen Falten- und Decken-Kettengebirgen der Erde identisch. Dennoch ist das Konzept heute, vorsichtig ausgedrückt, aller Wahrscheinlichkeit nach überholt. Die heute weithin als richtig angesehene Plattentektonik hat es ersetzt. Sie wurde innerhalb der letzten 15 Jahre entwickelt. Der Anstoß ist allerdings schon 70 Jahre alt.

### 5.3.2 Die Kontinentaldrifthypothese Wegeners

Vom Jahre 1912 an entwickelte der Geophysiker Wegener (1880–1930) eine Theorie der Krustenentstehung, die in völligem Gegensatz zu den bis dahin geltenden fixistischen Theorien stand. Er dachte mobilistisch. Von den Umrissen der westafrikanischen und der ostsüdamerikanischen Küste einschließlich der jeweiligen Schelfgebiete ausgehend, nahm er wegen der guten Ineinanderpassung an, die heutigen Kontinentalkerne seien in geologisch junger Vergangenheit einmal direkt verbunden gewesen und erst danach unter Bildung der jungen alpidischen Gebirgsgürtel vor allem der Neuen Welt auseinandergedriftet. Geologische, vor allem tektonische und petrographische Übereinstimmungen bestärkten ihn in seiner Auffassung. So divergieren beispielsweise die Lebewesen der Alten und Neuen Welt wesentlich erst von der Oberkreide an. Daraus läßt sich schließen, daß vorher ein Zusammenhang beider Kontinentgruppen bestanden habe. Vom Gestein her ergibt sich, daß terrestrische (Gondwana) Sedimentite der heutigen Südkontinente sich weltweit ähneln. Tektonisch sind insbesondere die Südkontinente, aber auch Teile der Nordkontinente weithin identisch, nämlich ausgedehnte Kerne von Altkrustenbestandteilen (Gondwana, Laurentia, Fennosarmatia u. a.) mit relativ unbedeutenden Anhängseln jüngerer Faltungsphasen. Auch diese Fakten weisen auf einen ursprünglichen Zusammenhang aller heutigen Kontinente in einer Pangäa, wie sie von Wegener genannt wurde. Die Ozeane sind nach dieser Auffassung mit Ausnahme des Ur-Pazifiks relativ junge, passiv durch das Auseinanderdriften der Kontinente entstandene Gebilde. Stille dagegen hatte eine weitgehende Permanenz der Ozeane angenommen und sprach daher stets von Ur-Skandik (Eismeer), Ur-Pazifik, Ur-Indik und Ur-Atlantik. Als Driftmechanismus nahm Wegener an, die aus spezifisch leichterem Gestein (SIAL = Silizium-Aluminium) bestehenden Kontinente schwämmen auf dem spezifisch schweren Gestein der Ozeanböden (SIMA = Silizium-Magnesium).

Wegeners Hypothese wurde von der Zunft mehr als dreißig Jahre lang nicht anerkannt. Noch die Atlantishefte der Geologischen Rundschau (Band 30, 1939, I + II) enthalten zahlreiche Aufsätze, die Wegener zu widerlegen versuchen. Einen Durchbruch erlebte die Kontinentaldrifttheorie erst zwischen 1940 und 1960. Damals versuchte beispielsweise Rücklin (1963), Wegeners mechanische Vorstellungen als richtig zu erweisen. Als Maack (1956; 1969) aus oberkarbonen Grundmoränen (Tilliten) auf den (kartographisch wieder zusammengesetzten) Südkontinenten die Mehrzahl der oberkarbonen Vereisungszentren in Südafrika lokalisieren und die ehemalige Eisbewegung über die Südkontinente hinweg rekonstruieren konnte, und außerdem in Tilliten Südamerikas (Minas Gerais) helle südafrikanische Diamanten aus dem Blaugrund Südafrikas nachwies, für die bislang primäre Lagerstätten in

Südamerika unbekannt sind, gewann WEGENER postum immer mehr Anhänger. Die endgültige Theoriefassung läßt sich auf einen vereinfachten Nenner bringen (Abb. z. B. WEGENER, 1962; RÜCKLIN, 1963 u. a.).

Im Perm, vor rund 225 Mio Jahren, nach Abschluß der kaledonischen und variskischen Faltungsphasen, existierte eine zusammenhängende Kruste, die sogenannte Pangäa. Sie bestand aus dem SIAL der Alten Massen und der paläozonischen Faltungskörper. Die Pangäa war vom Ur-Pazifik umgeben.

In der späten Trias und im Jura, vor 180–135 Mio Jahren, zerfiel die Pangäa zunächst in zwei Teilzonen. Die noch zusammenhängenden Nordkontinente (Laurasia) drifteten nach NW und begannen sich an der europäisch-laurentischen Naht zu trennen. Auch die Südkontinente (Gondwana) lösten sich von Laurasia. Dadurch entstand zwischen Laurasia und Gondwana allmählich (Trias und Jura) der Ur-Mittelatlantik. Zwischen Afrika und Europa bildete sich die Tethys, das mesozoische Mittelmeer. Südamerika und Afrika blieben zunächst noch verbunden. Der vorderindische Splitter sowie Madagaskar trennten sich jedoch ebenfalls schon in Trias und Jura vom Ostrand Gondwanas und drifteten nach O bzw. nach NO, in Richtung auf Eurasien. Später (Oberjura) trieben die heutige Antarktis und Australien nach O. Dadurch riß der Ur-Indik auf.

In der Oberkreide, vor rund 65 Mio Jahren, riß zunächst Laurentia von Eurasien, und damit begann sich der Ur-Nordatlantik zu bilden. Annähernd gleichzeitig löste sich Südamerika von Afrika. So entstand der Ur-Südatlantik. Australien trennte sich von der Antarktis. Afrika driftete nach N gegen Eurasien. Während dieser Bewegung entstanden die altweltlichen alpidischen Faltengebirge. Die N–S verlaufende amerikanische Kordillere verdankt ihre Auffaltung und die Verbindung von Laurentia (Nordamerika) mit Westgondwana (Südamerika) der Westdrift dieser Splitter der Pangäa.

Die tektonische Großgliederung der Erde durch STILLE wurde durch die mobilistische Auffassung WEGENERS nicht berührt. Alte Schilde, paläozoische, mesozoische und alpidische Faltengebirge blieben, was sie bei STILLE gewesen waren. Daß sie nicht am Ort ihrer heutigen Lage entstanden waren, ändert an ihrer grundsätzlichen geomorphologischen Bedeutung nichts. Nur die geophysikalische Erklärung, das Schwimmen der leichteren SIAL-Tafeln auf dem schweren SIMA-Untergrund der Urozeanböden, trat an die Stelle des fixistischen Konzepts STILLES.

### 5.3.3 Die Neue Globale Tektonik

Die Wandlung des Konzepts WEGENERS setzte schon ein, als die WEGENERsche Theorie noch in der Entwicklung begriffen war. Nach 1960 löste die neue Vorstellung dann das Kontinentaldriftmodell allmählich ab.

Die Neue Globale Tektonik ist allerdings nicht grundsätzlich neu. Sie kann vielmehr als empirisch erarbeitete Modifikation WEGENERS aufgefaßt werden, denn auch sie ist mobilistisch. Allerdings sind die Modifikationen gegenüber den Ansichten

WEGENERS so grundsätzlich, daß die Bezeichnung New Global Tectonics = Neue Globale Tektonik gleichwohl berechtigt erscheint.

Die erste deutsche „Meteor“ entdeckte 1925/27 im zentralen Atlantik einen Gebirgsrücken. Er steigt als Schwelle rund 2500–3000 m über den umgebenden Tiefseeboden des Atlantiks an, nimmt etwa dessen Mitte ein und folgt mit Meerestiefen von nur etwa 1000–2000 m unter NN in leichter S-Kurve den Kontinentalrändern von Nord- und Südamerika, Europa und Afrika. Am Kap der Guten Hoffnung biegt er auf etwa 50° Südbreite nach NO in den Zentralindischen Rücken ein. Umgeben wird der Mittelatlantische Rücken von im Mittel −6000 m unter NN reichenden Becken, die bis an die Kontinentalschelfe reichen.

Die Lotungen der US-amerikanischen Kriegsmarine während des 2. Weltkriegs und der Forschungsschiffe danach führten nicht nur im Atlantik, sondern auch im Pazifik und Indik weiter.

Die für die Entwicklung der Neuen Globalen Tektonik wichtigen Befunde wurden zunächst an den Mittelozeanischen Rücken erhoben. Der Mittelatlantische Rücken ist zwischen Grönland-Island im Norden und der Bouvetinsel im Süden rund 19000 km lang und 15000 bis 3000 km breit. Auf ihm liegen vulkanische Inseln (Island, Azoren, Tristan da Cunha) und untermeerische Vulkane. Insgesamt weist er annähernd dieselben relativen Breiten- und Höhenverhältnisse auf wie Mittel- und

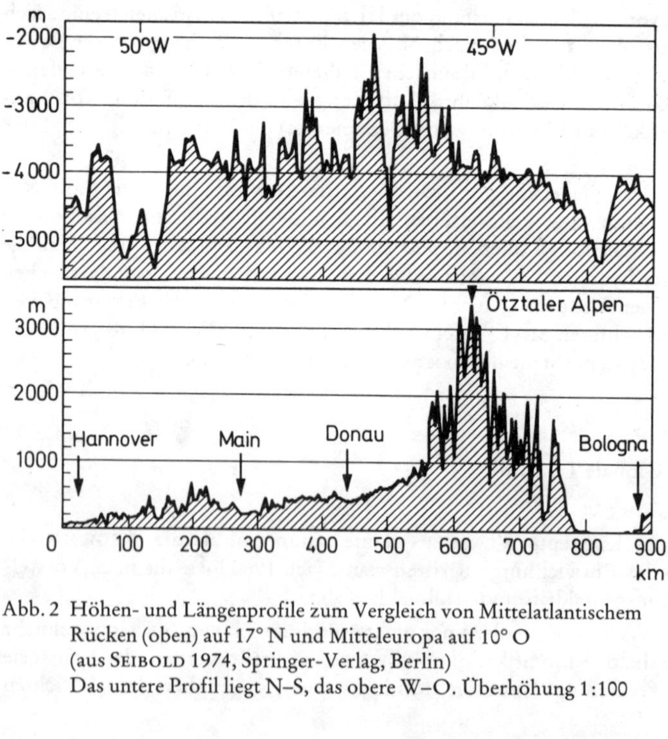


Abb. 2 Höhen- und Längenprofile zum Vergleich von Mittelatlantischem Rücken (oben) auf 17° N und Mitteleuropa auf 10° O (aus SEIBOLD 1974, Springer-Verlag, Berlin)
Das untere Profil liegt N–S, das obere W–O. Überhöhung 1:100

Südeuropa auf einem Schnitt quer durch die Alpen von der Nordsee bis zum Ligurischen Golf. Ähnliche relative Breiten- und Höhenverhältnisse besitzen auch die Rücken des Indiks. Der Pazifik ist rückenarm. Der Ostpazifische Rücken ist offenbar alt und wird von Nordamerika überfahren. Insgesamt nehmen die Rücken etwa $^{1}/_{3}$ der Ozeanböden ein. Das entspricht einem Viertel der gesamten Erdoberfläche. Längenangaben von 70000–80000 km für die Rücken (SEIBOLD, 1974 u.a.) sind daraus zu verstehen, daß die Rücken der drei Großozeane nahtlos ineinander übergehen. Ihre Verbreitung zeigt jede gute Atlaskarte der Erde (z.B. DIERCKE-Weltatlas, 1974, S. 174–175).

Die Ozeanischen Rücken sind mit Ausnahme des Ostpazifischen Rückens überdimensionale Grabenbrüche mit aufgewölbten Rändern, ähnlich, nur größer als der Oberrheingraben mit Schwarzwald–Odenwald und Wasgen-Hardt. Die zentralen Gräben sind meist 30–50 km breite und 1000–1500 m tiefe Einsenkungen im Höchsten der Schwellen. Von den Bruchrändern senken sich die Rücken durchwegs zu den kontinentnahen Tiefseebecken.

In den Kammregionen der Ozeanischen Rücken liegen die aktivsten Bebenherde der Erde. Weite Teile der randlich anschließenden Kontinentalsockel sind dagegen weitgehend bebenlos.

Die zentralen Gräben tragen kaum Sediment, sondern vor allem Vulkanite, vorzugsweise Basalte, oft in Form von Kissenlaven. Seltener sind Diorite. Gabbro, das Tiefengesteinsäquivalent des Basalts, kommt ebenfalls vor. Die aufgesetzten Vulkaninseln und die untermeerischen Vulkane, die sich in die oben abgeplatteten Guyots und die spitzen Sea mounts oder Tiefseeberge gliedern, werden so verständlich.

Randlich an die höchsten Teile der Randschwellen schließen sich dann Sedimente an, Tiefseetone und Mergel sowie biogener Kalkschlamm. Sowohl das Alter der Sedimente (Basislagen jurassisch bis kretazisch am Kontinentalschelf, jungtertiär bis pleistozän am Rückenrand) als auch ihre Gesamtmächtigkeit (über 3000 bis 1000 m am Kontinentalrand, wenige Meter am Rückenrand, Basis der Bohrungen: Basalt) nehmen von den Kontinentalschelfen zu den Rücken hin ab.

Die Richtungen des erdmagnetischen Felds in den unter den Rücken aufgedrungenen Basalten wechseln. Das erdmagnetische Feld polt sich in Perioden zwischen 700000 und 2000000 Jahren um. Die Basalte der Ozeanischen Rücken werden, sobald sie unter +525 Celsiusgrade abgekühlt sind (Curie-Punkt), in Richtung des zum Abkühlungszeitpunkt herrschenden Feldes magnetisiert und behalten diese erworbene Polrichtung bei. Schleppmagnetometermessungen ergaben, daß Magnetfeldanomalien, d.h. im heutigen Sinne „falsche" Basaltpolungen, parallel zu den Gräben verlaufen können. Diese Beobachtungen decken sich mit dem von den Rücken zu den Kontinentalrändern zunehmenden Basissedimentalter, denn sie zeigen an, daß auch die Basalte von den Rücken nach außen älter werden. Erdmagnetische Kalender als Eichmaße existieren.

Die Deutung der Befunde führte zur Theorie des sogenannten s e a f l o o r s p r e a d i n g, zur Annahme einer A u s w e i t u n g b z w. V e r g r ö ß e r u n g der Ozeanböden aufgrund von Massenzuwachs an basaltischer Kruste, der von den Ozeanrükken ausgeht. Entlang der mittelozeanischen Gräben dringt tieferes Krustenmaterial, hauptsächlich basaltisches Magma, nach oben, kühlt sich ab und verfestigt sich. So entsteht in der Mitte der Ozeane neuer Ozeanboden, neue ozeanische Kruste. Im Pazifik sind die Verhältnisse geringfügig insofern verschoben, als der Nordteil des Ostpazifischen Rückens derzeit von der Westflanke Nordamerikas überfahren wird (San Andreas Fault, Konvergenzrand). Der Grand Ocean Rift und die Pazifische Antarktis-Dorsale spiegeln aber auch dort die Verhältnisse in den übrigen Ozeanen. Im Westpazifik mit seinen ausgedehnten Tiefseegesenken sind Inselbogenkonvergenzen vorhanden.

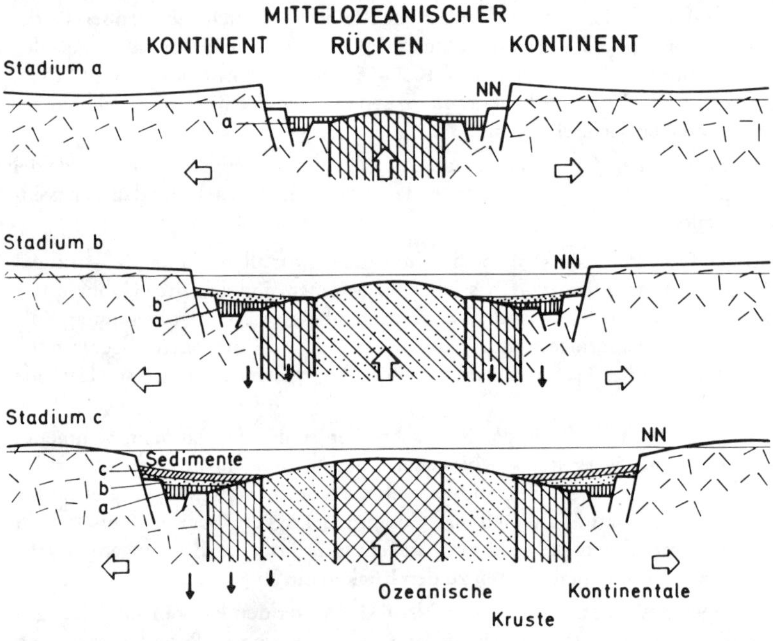


Abb. 3 Bildung ozeanischer Kruste und Kontinentaldivergenz, Schema (aus SEIBOLD 1974, Springer-Verlag, Berlin)
Hohle Pfeile: Aufquell- und Divergenzrichtungen.
Schwarze Pfeile: Absenkungsbewegungen der Ozeanböden mit Sedimentauflast.
Verschiedene Schraffuren der Ozeanischen Kruste: verschieden magnetisierte, von den Rücken nach außen wandernde Aufquellkörper. Näheres geht aus dem Text hervor.

Die zwangsläufige und durch die Magnetisierungsabfolge wie auch durch das vom Zentrum nach außen zunehmende Alter der Basissedimente nahegelegte Folgerung aus diesem Sachverhalt ist eine säkuläre Vergrößerung oder Ausdehnung der Ozeanböden von der Mitte her. Die in den Gräben der Ozeanischen Rücken aufdringenden und erstarrenden Magmen drängen die Kontinente beidseits von den Rükken ab. Diese liegen folgerichtig in den Zentren der Ozeane, es sei denn, an ihre

Stelle träten wie im Westpazifik Inselbögen vulkanischen Ursprungs, oder wie im Ostpazifik Kontinent-Ozean-Konvergenzen. Verschiebungsbeträge zwischen der Alten und der Neuen Welt sollen 4–6 cm/Jahr, örtlich 12 cm betragen.

Aus dem Sedimentalter an den Kontinenträndern läßt sich mit Vorsicht ableiten, daß Eurasien und Nordamerika vor rund 200 Mio Jahren, im Jura, auseinanderzudriften begannen. Afrika und Südamerika scheinen sich, wie schon WEGENER annahm, erst von der Oberkreide an isoliert zu haben.

Auch die an die Ozeanischen Rücken anschließenden Tiefseebecken lassen sich mit Hilfe der Theorie der Ozeanboden-Neubildung erklären. Bei der Drift der Ozeanböden vom aktiven, aufquellenden Rücken nach außen kühlen sie sich ab. Die aktive Wärmezufuhr aus den zentralen Grabenbrüchen läßt nach. Die Tiefseebecken sinken tiefer und werden von den Kontinentalrändern her und durch marine Sedimentation allmählich zugefüllt. Bis zu 2 km Sedimentmächtigkeit wurde in den Becken selbst, ein mehrfach höherer Betrag an den aktiv Sediment zuführenden Kontinenträndern gemessen.

Wenn die Ozeane sich verbreitern und wenn in ihren Zentralteilen neues Krustenmaterial gebildet wird, dann müßten sich eigentlich Ozeanböden und daraufliegende Kontinente und damit die Erdoberfläche ständig vergrößern, Mantel und Kern ausdehnen. Dies geschieht indes offenbar nicht. Es kann also nicht nur Zonen wie die Mittelozeanischen Rücken geben, wo neues Lithosphärenmaterial gebildet wird. Vielmehr müssen in der Kruste auch Gebiete vorhanden sein, wo Krustenmaterial verschluckt und aufgeschmolzen, also dem Magma wieder zugeführt wird. Anders ist eine quasi ausgeglichene Bilanz zwischen gleichbleibenden Erdausmaßen und mobiler Kruste nicht denkbar. Diese Überlegung richtete die Aufmerksamkeit auf die sogenannten Tiefseegesenke. Diese waren als Tiefseerinnen oder -gräben in ihren Grundzügen schon um 1914 bekannt und auch z. T. ausgelotet. Tiefseegesenke liegen insbesondere im Pazifik, vor der Westküste Süd- und Mittelamerikas z. B. der Atacamagraben. Die wesentlichsten, meist über 10 000 m tiefen Gesenke besetzen die Ostflanke Asiens und der Insulinde: Aleütengraben, Japangraben, Marianengraben, Philippinengraben. Vor Australien liegen die Kermadec- und die Tongarinne. Alle sind von ausgedehntem rezentem Vulkanismus begleitet.

Im Atlantik treten die Gesenke zurück. Nur die Karibik wird im N von der 9000 m tiefen Antillenrinne begleitet. Dagegen besitzt der Indik, ebenfalls mit jungvulkanischer Begleitung, im Sundagraben auf der Südflanke der Insulinde wiederum ein ausgedehntes, wenn auch relativ wenig tiefes (7450 m) Gesenke.

Insbesondere an den ostpazifischen Gesenken vor der amerikanischen Westküste wurde die Auffassung entwickelt, dort lägen Verschluckungszonen von Kruste, durch die eine einigermaßen ausgeglichene Bilanz zwischen Zuwachs von Kruste in den Mittelozeanischen Rücken, Verschluckung dagegen in den Tiefseegesenken erreicht würde.

Werden die Einzelbeobachtungen in einen sinnvollen Zusammenhang gebracht, so ergibt dies das Konzept der Plattentektonik. Auch dies läßt sich auf einen vereinfachten Nenner bringen.

Die Ozeanböden dehnen sich im Zentrum der Rücken aus und drängen durch ihre Ausdehnung Kontinente voneinander ab. Die Vorstellung WEGENERS, die Kontinente (SIAL, granitische Kruste) schwämmen auf den Ozeanböden (basaltische Kruste, SIMA), mußte modifiziert werden. Bei der neuen Drift sind ja die Ozeanböden quasi aktiv, die Kontinente eher passiv; WEGENER dachte dies umgekehrt. Die Ozeanböden driften außerdem örtlich, dies wurde auch bald erkannt, auch in einzelnen „Schollen“ aufeinander zu bzw. divergieren. Es mußte also die oberste Zone des Oberen Mantels noch in den Gesamtmechanismus einbezogen werden. Dies führte zum Begriff der Lithosphäre. Die Tiefseegesenke sind im Gegensatz zu den Rücken Zonen der Verschluckung und Aufschmelzung von Krustenmaterial. Sie liegen extern zu den Rücken.

Rücken und Tiefseegesenke sind Suturen in der Lithosphäre. Sie beweisen, daß die Lithosphäre in sich zwar relativ starr ist, aber nicht geschlossen, sondern in einzelne Teilschollen gegliedert. Diese werden als Platten bezeichnet und sind gegeneinander offenbar beweglich. Ozeanische Platten werden von der kieselsäurearmen Basisschicht (Oberer Mantel) und über der Mohofläche von der ebenfalls noch kieselsäurearmen Basaltschicht gebildet (Ozeanische Kruste). Kontinentale Platten besitzen darüber hinaus noch den für Kontinente typischen kieselsäurereichen Oberbau. Plattenränder sind also nicht grundsätzlich mit Kontinentalrändern identisch.

Ursprünglich ging die Theorie um 1968–1970 von 6 unsicher begrenzten Großplatten aus. Seither kommen jährlich neue Platten dazu. Derzeit (1979) sind es 20–25.

Meeresbodengeologische, seismische und vulkanologische Untersuchungen ergaben drei Grundtypen von Plattenrändern. An den Mittelozeanischen Rücken herrscht, erschließbar aus dem Magmenaufstieg, Auseinanderweichen, Zerrung, Divergenz; Plattenränder dieses Zerrungstyps heißen Divergenzränder. Mittelozeanische Rücken streichen als Grabenbrüche in Kontinente ein, so z.B. der Nordatlantische Rücken in Island, der Atlantisch-Indische Rücken in die Ostafrikanischen Gräben, der Arabisch-Indische Rücken in den Rote-Meer-Graben. Die Zentralspalten der Ozeanrücken sind also, wo sie nicht örtlich fehlen, Grabenbrüche. An bzw. in ihnen dringt nachweislich auf Ozeanböden Magma auf, erstarrt und drängt dabei die Gräben auseinander. Sofern das Aufdringen von Magma aktiv zur Auseinanderbewegung führt, sind Divergenzränder deshalb nicht eigentlich Zerrungs-, sondern auseinander gepreßte Formen. Den Anfangszustand dieses Vorgangs könnte das Rote Meer darstellen, nachweislich ein Grabenbruch. Die (heute eingesenkte) Grabenmitte hob sich über das generelle Basaltschichtniveau und drückte dabei die kontinentalen Grabenränder zu Randschwellen hoch, von Vulkanausbrüchen (Ostafrika, Eritrea) begleitet.

Die Hebung wird durch aktives Aufquellen bewirkt, vor allem aber auch durch Wärmezufuhr und damit Volumenvergrößerung. Durch weitere Magmenzufuhr im zentralen Graben muß der Grabenboden weiter auseinanderweichen. Der kontinentale übermeerische Grabenrand weicht dabei mit auseinander, divergiert. Die Platte wächst allmählich durch Bildung ozeanischer Kruste. Lange andauernde Stoffzufuhr führt zu immer weiterer Divergenz. Infolge der Abkühlung der älteren Auf-

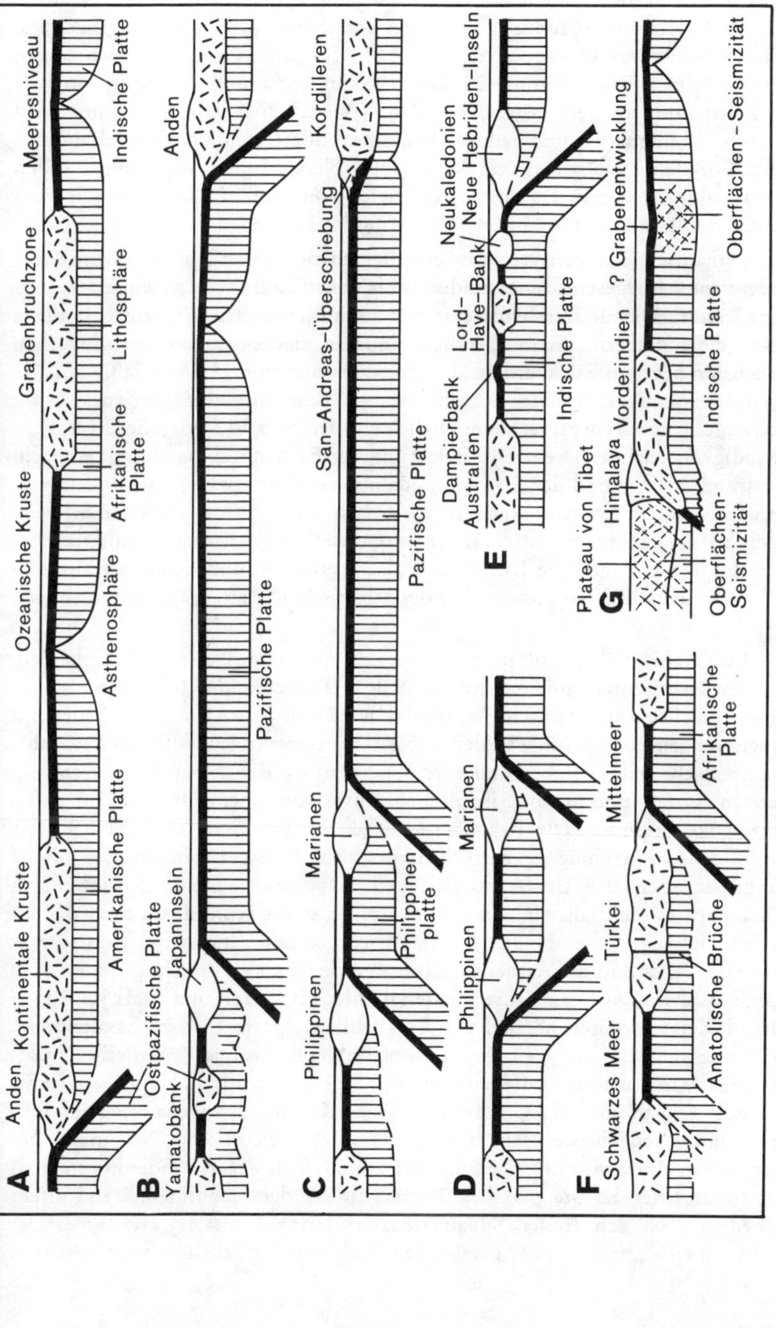


Abb. 4 Schema der Beziehungen zwischen Platte, Kontinent, Ozean, Inselbogen, Tiefseegrabenentwicklung (nach DEWEY und BIRD, umgezeichnet)

quellkörper sinken diese allmählich tiefer und bilden Tiefseebecken, während die zentrale Aufquellzone weiterhin als Rücken aufscheint. Die abkühlungsbedingte Absenkung des älteren Ozeanbodens soll in 35 Mio Jahren rund 2000 m betragen können. Aus einem Rücken von −2000 m NN könnte dadurch in einer geologisch kurzen Zeitspanne ein Becken von −4000 m NN entstehen. Die Absenkung wird noch durch Sedimentation und dadurch bedingte Auflast vom Kontinentalrand unterstützt. Vor den Deltazonen von Mississippi, Niger, Indus und Ganges sollen 10–15 km Sediment liegen. Da dort Meerestiefen von rund 1000 m gemessen wurden, müßte der Basalt in 11 000 bis 16 000 m unter NN anstehen.

Das Ostafrikanische Grabensystem ist eine beginnende Divergenz, das Rote Meer ein schon weiter fortgeschrittenes Stadium mit über 100 km weit auseinandergewichenen Rändern. Die ältesten Sedimente vor der afrikanischen Westküste, in die ja WEGENER die südamerikanische Ostküste einpaßte, sind oberjurassisch. Zwischen beiden Küsten liegt ein Rücken. Die ältesten Sedimente sind 150 Mio Jahre alt. Die heutige Entfernung der Küsten beträgt etwa 4500 km. In einem Jahr ist also mit einer Bewegung von 3 cm zu rechnen. Örtlich wurden bis zu 12 cm/Jahr Divergenzgeschwindigkeit nachgewiesen. Die Folgerung der Reihenbildung lautet demnach, der Westrand Afrikas und der Ostrand Südamerikas seien fossile, zusedimentierte, im Verhältnis zu den Rotmeer-Rändern geologisch ältere Divergenzränder. Sie werden auch als atlantische Plattenränder bezeichnet. Die Atlantikküsten, die Ostafrikanische und die Indische Küste, die Polarmeerküsten und wohl auch die Australische Ostküste dürften diesem Typ des atlantischen Plattenrands zuzurechnen sein.

Entlang der Tiefseegräben, die plattentektonisch nunmehr Tiefseegesenke heißen, treiben Platten offenbar aufeinander zu. Solche Plattenränder heißen Konvergenzränder. Die amerikanische Westküste wird von den Aleuten bis Feuerland von einem jungen Hochgebirge begleitet, besitzt rezent aktiven Vulkanismus, zahllose Zentren sehr starker Beben und wird außerdem vor den Aleuten sowie entlang der ganzen mittel- und südamerikanischen Küste von einem über 8000 m tiefen Tiefseegesenke begleitet. Die Bebenherde liegen in der Tiefe. Dies ist ein ganz anderes Bild als an den jungen, erst recht an den alten Divergenzrändern. Seismische Messungen ergaben, daß Unstetigkeitsflächen als Bebenursache an den jeweiligen Küstenrändern mit Einfallswinkeln von 15–75° unter die Kontinente bzw. die begleitenden Tiefseegesenke abtauchen. Ozeanische Kruste verschwindet dort unter kontinentaler Kruste in die Asthenosphäre, weil sie kälter als die Umgebung ist. In der Asthenosphäre wird das Krustenmaterial aufgeschmolzen und führt im Kontinentalrand, der tektonisch parallel zur Abtauchfläche gestört ist, zu basaltischem, durch Umschmelzen auch zu rhyolithischem Vulkanismus (pazifische Sippe, CLOOS 1963[2]). Instrusionen erfolgen ebenfalls. Sie sind granitisch. Damit wächst die kontinentale Kruste über der Unstetigkeitsfläche. Die in der sogenannten Subduktionszone unter den Tiefseegesenken aufgeschmolzene basaltische Ozeanplatte liefert das für den Zuwachs nötige Schmelzenmaterial. Konvergenzränder kontinentaler mit ozeanischer Kruste, wo das Tiefseegesenke dem Kontinentalrand direkt folgt, heißen nach den Anden Südamerikas andiner Konvergenzrand. Der Typus hat einen Vertreter in der pazifischen Ostküste. Natürlich ist auch dort vom

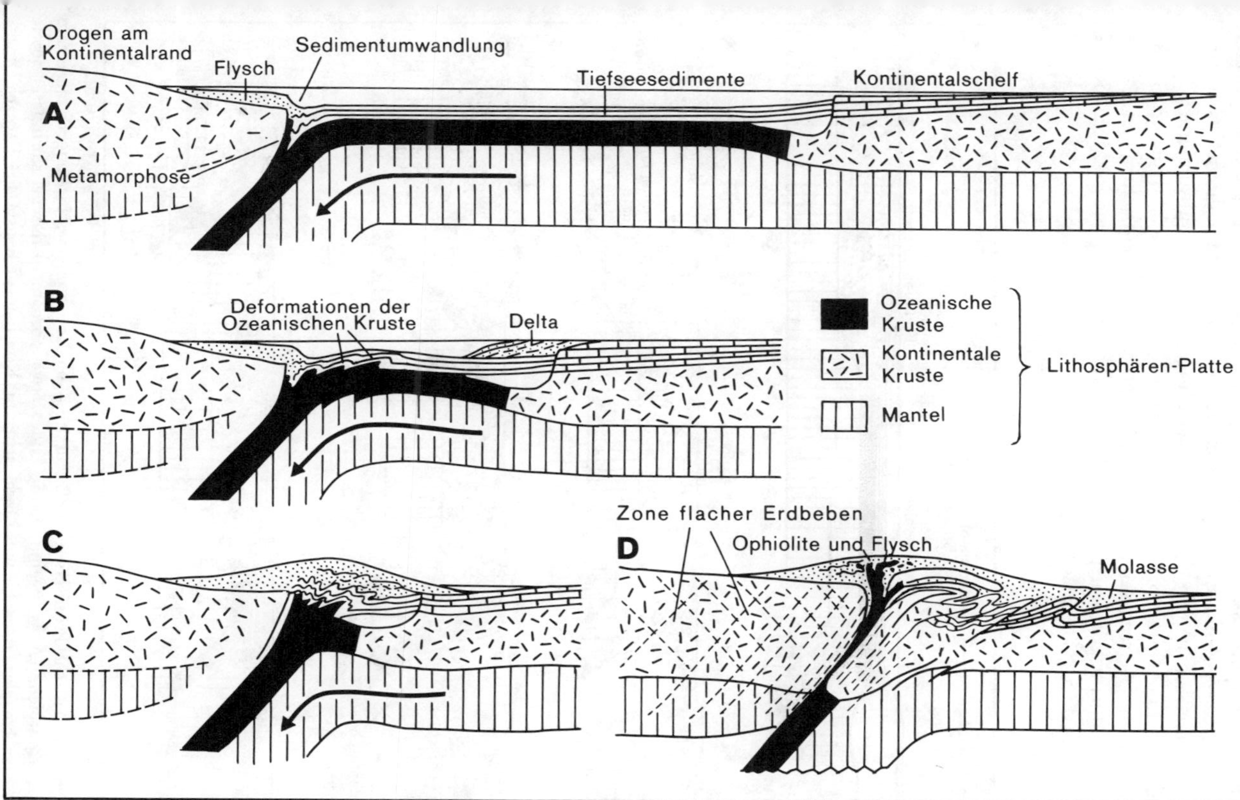


Abb. 5 Kollision zweier Kontinente und Entstehung eines Faltengebirges vom alpinen Typus (nach Dewey und Bird, umgezeichnet)

Kontinent her die Sedimentation im Gang, vom Ozean her die Gesteinsumwandlung. Die Tiefseegesenke werden teilweise verfüllt und tragen in ihrem Gesteinsaufbau Züge, die STILLE unter dem Begriff der Miogeosynklinale subsumierte (Ophiolithbildung, Entstehung von Tiefseesedimenten). Erlahmt die Bewegung, so kann allmählich ein Tiefseegesenketypus und Kontinentalrand entstehen, der STILLES Miogeosynklinalbegriff entspricht, aber natürlich eine völlig andere Mechanik besitzt als die von STILLE gedachte.

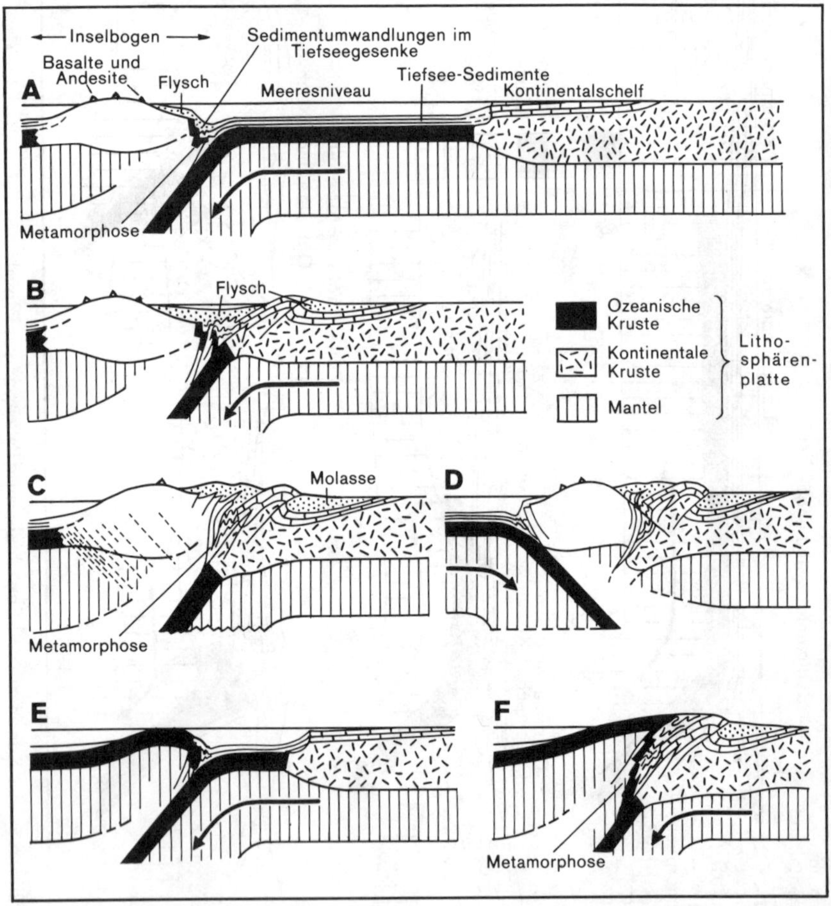


Abb. 6 Schematische Profilserien zur Erläuterung der Kollision eines Inselbogens mit einem Kontinent (A = Beginn, D = Ende; etwa nordamerikanische Kordillere) sowie Schema des Überschiebens Ozeanischer auf Kontinentale Kruste (E + F) (nach DEWEY und BIRD, umgezeichnet)

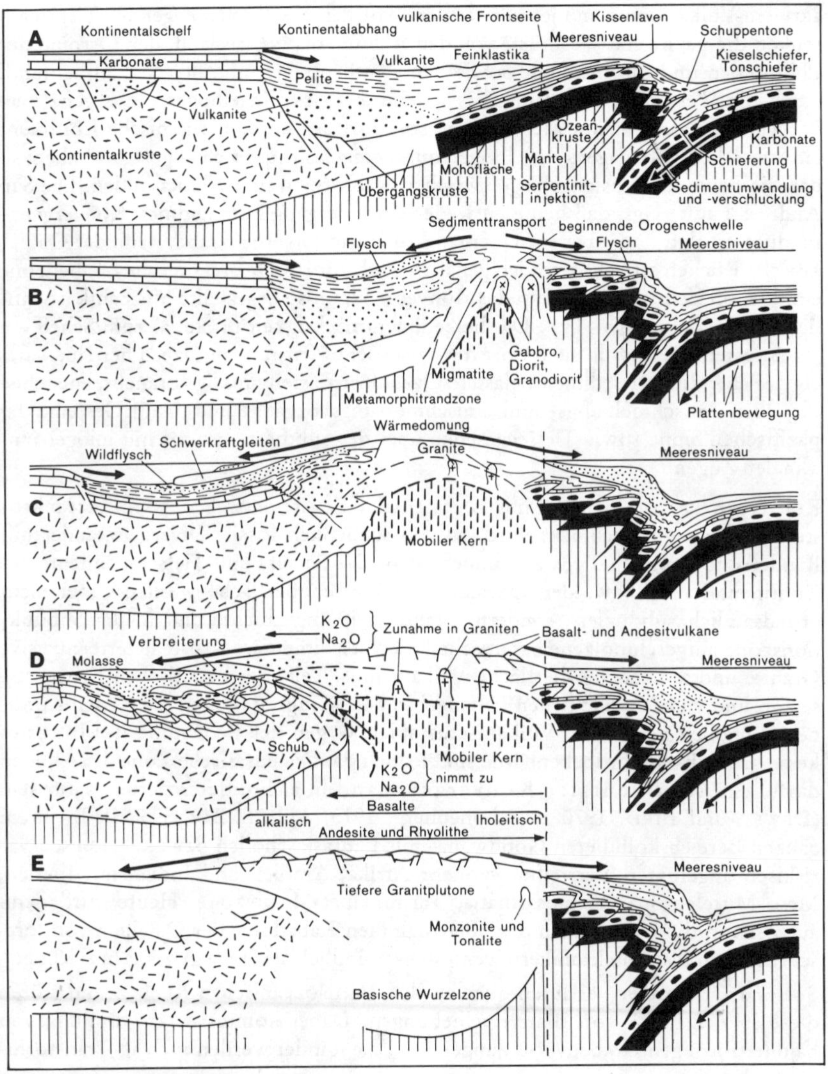


Abb. 7 Schematische Abfolge der Bildung eines andinen Faltengebirges; Unterwandern eines Kontinents durch ozeanische Kruste (nach DEWEY und BIRD, umgezeichnet)

Nicht die ganze pazifische Ostküste gehört dem andinen Konvergenzrandtyp an. Auf der Breite der USA fehlt das Tiefseegesenke. Wo ozeanische mit ozeanischer Kruste kollidiert, entsteht der sogenannte Inselbogenkonvergenzrand. Er kennzeichnet mit dem Kontinent vorgelagerten Inselketten, hoher Bebenintensität, aktivem Vulkanismus und jeweils seewärts vor den Inselketten liegenden Tiefseegesenken die pazifische Westküste von den Aleuten bis Neuseeland, den Ostrand der Philippinen und die Insulinde sowie den Antillenbogen und den Südantillenrand. Auch die Westflanke Nordamerikas scheint aus einer Inselbogenkonvergenz hervorgegangen zu sein. Im Mesozoikum soll dort der nordamerikanische Kontinent einst westlich vorgelagerte Inselbögen quasi eingeholt und sich angelagert haben, so daß sie heute die Küstengebirge zwischen Kalifornien und Alaska bilden. Die San Andreas Fault zeigt, daß heute entweder ein Übergang zum andinen Konvergenzrandtyp erfolgt, oder aber ein Übergang zu einem Divergenzrand, denn der Ostpazifische Rücken streicht ziemlich genau in die kalifornisch-oregonische Grabenzone ein. Die für den Inselbogentyp des Konvergenzrands vorgestellte Mechanik ist ähnlich wie beim andinen Typ. Da die Sedimentmächtigkeit proximal zum Schelf am mächtigsten ist, und da auch dort die ozeanische Kruste vom Ozean her landwärts einstreichend unter sedimentbelastete Ozeankruste steilwinklig abtaucht, entstehen dieselben Aufschmelzungs- und Umschmelzungsvorgänge und damit Gesteine der pazifischen Sippe sowie Tiefseegesenke über der Subduktionszone mit miogeosynklinalen Zügen.

Konvergenzen kontinentaler mit kontinentaler Kruste entstehen, wenn Ozeankruste lange genug verschluckt wird, so daß schließlich fossile Divergenzränder mit Rändern des andinen Typs zusammenfallen. Die Schelf- und Tiefseesedimente des Kontinentalrands bzw. der Ozeanischen Krustenoberfläche werden dabei nicht grundsätzlich subduziert, sondern gefaltet. Die abgetauchte und in der Subduktionszone aufgeschmolzene basaltische und restsedimentäre Kruste lieferte intrusive Granite und z.T. auch Oberflächenvulkanismus. Teile der basaltischen Kruste rissen ab und wurden dem neuen Faltengebirge eingefügt, das dann die beiden Kontinentalschollen vereinigte. Vulkanismus spielt wegen der Bedeutung der Intrusiva keine große Rolle. Erdbebenherde sind jedoch da. Die eurasische Zone der Alpiden dürfte ein kontinentaler Konvergenzrand in sich differenzierter Natur sein (Dewey und Bird, 1970 in Schönenberg, 1975, Abb. S. 249, S. 266). In ihrem ganzen Bereich kollidieren Gondwana- mit Laurasiaschollen bzw. kaledonisch-variskisch angefügten Versteifungszonen: Afrika, Arabien und Indien mit Iberien, Meso-Mitteleuropa, Fennosarmatia, Tarim-Tibet-Massivzone. Heute wird denn auch schon die Deckenstirn des oberostalpinen Kalkalpins der Ostalpen von fortschrittlichen Plattentektonikern wenigstens mündlich als Stirne Afrikas bezeichnet.

Scherungsränder verlaufen quer zu den Mittelozeanischen Rücken und stören diese in der Form von Blattverschiebungen. Dabei kommt es zur Bildung von bajonettförmigen Grabenversetzungen u.ä.; die Ränder werden auch als Transformränder bezeichnet.

Die heutigen Platten entstanden wahrscheinlich vom Perm an. Die Zeitstellung entspricht also Wegeners Kontinentaldrift. Versuche, die Kruste vor Beginn der Divergenz zu zeichnen (Abb. 10 nach Seibold, 1974), ähneln Karten Wegeners. Allerdings waren bei seiner Drifttheorie die Ozeanböden passiv. Die Plattentektonik sieht dies umgekehrt und deutet auch die Krustenzusammensetzung anders, als dies Wegener versucht hatte.

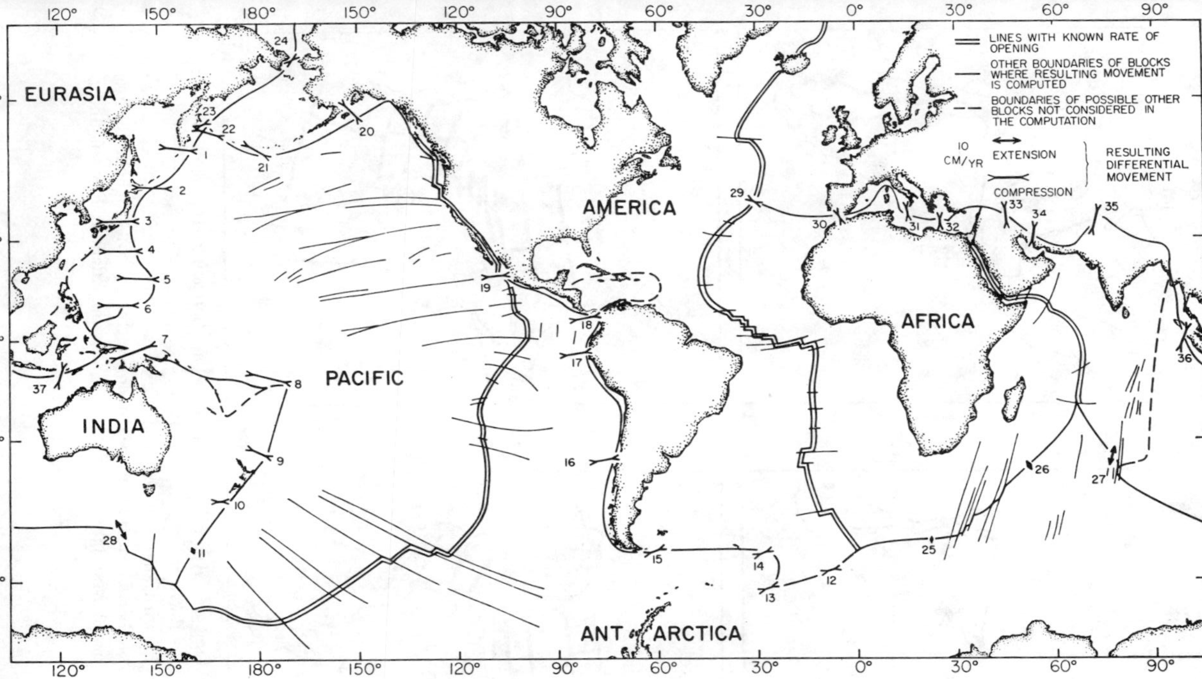


Abb. 8 Die Großplatten der Erde (nach LE PICHON 1968, aus SEIBOLD 1974, Springer-Verlag, Berlin)
Die Lithosphäre zeigt 6 Großplatten. Die Doppellinien sind Divergenzränder, die Zahlen geben den jährlichen Bewegungsbetrag in cm. Einfache Linien sind Konvergenzränder verschiedenen Typs. Scherstörungen sind eingezeichnet. Die Karte ist eine starke Vereinfachung, die das Prinzip zeigen soll. Sie läßt sich mit einer Reliefkarte der Ozeane leicht vergleichen. Seit dem ersten Entwurf sind zusätzliche Grenzlinien und z.T. auch andere Grenzverläufe in der Diskussion. Dies ist indessen für die Grundidee hier unerheblich.

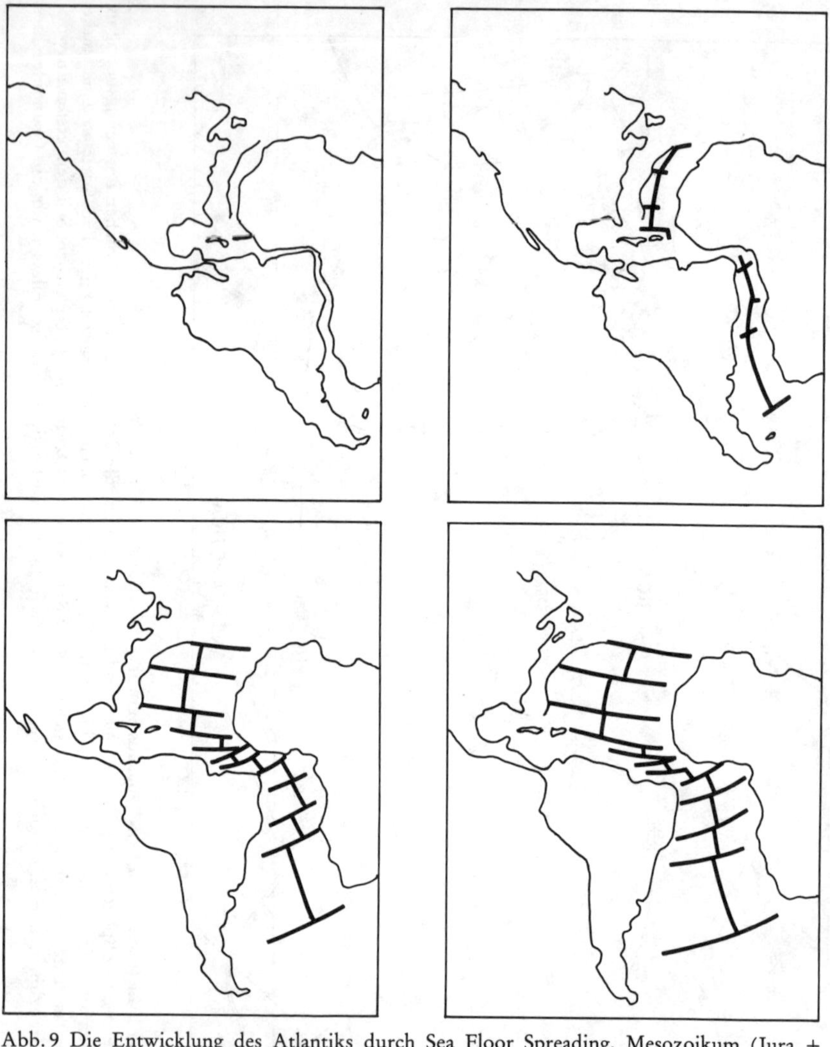

Abb. 9 Die Entwicklung des Atlantiks durch Sea Floor Spreading, Mesozoikum (Jura + Kreide) (nach LE PICHON, umgezeichnet)
Links oben: Es wird angenommen, daß Nord- und Südamerika vor etwa 120 Mio Jahren sich von Afrika zu trennen begannen. Rechts unten: Mögliche Position der Kontinente vor 80 Mio Jahren. Schwarze Linien im Atlantik: Rücken und Scherränder.

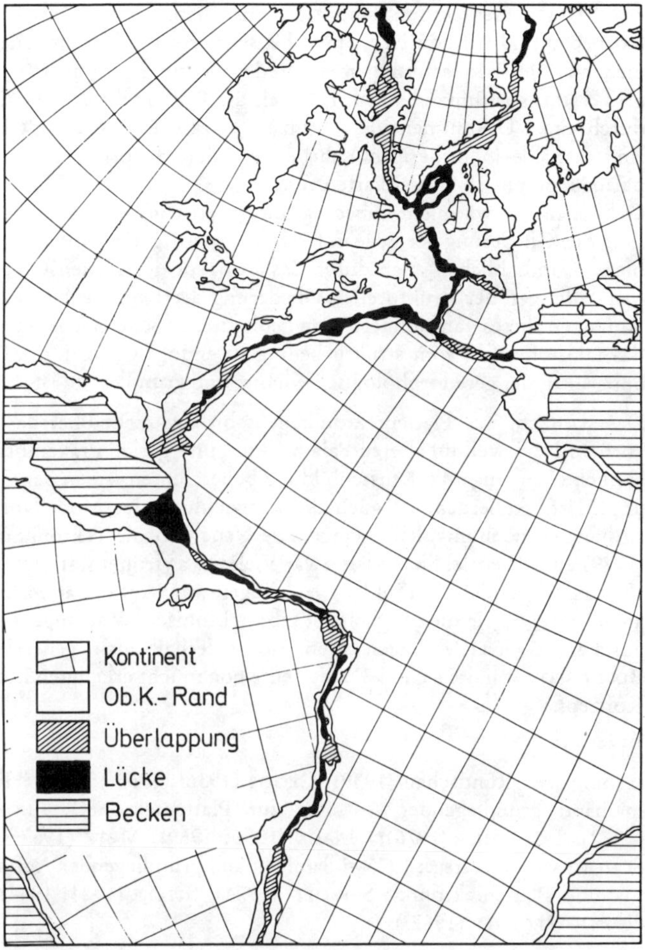


Abb. 10 Amerika, Afrika und Europa vor der Bildung des Atlantiks (aus SEIBOLD 1974, Springer-Verlag, Berlin)
Die Rekonstruktion erfolgte nach der 900-m-Tiefenlinie. Die Übereinstimmung ist nicht völlig korrekt, und einige Fragen sind noch ungeklärt (Bereich Florida–Bahamas–Westafrika; Biskaya-Öffnung). Insgesamt ergibt sich jedoch ein relativ stimmiges Bild, worauf schon WEGENER verwiesen hat.

Für STILLES Geotektonik sind die Konsequenzen allerdings weitreichender. Das fixistische Bild wird durch ein mobilistisches ersetzt. Der orogene Zyklus fällt, zwar nicht von der Beobachtung, aber von der Deutung. Vor allem der Geosynklinalbegriff STILLES ist umzudenken. Da auch die Plattentektonik die fixistische Megagäa durch einen Urkontinent der Permzeit, etwa eine WEGENER'sche Pangäa, ersetzt, sind fast alle in bisherigen Lehrbüchern der Historischen Geologie verbreiteten paläogeographischen Weltkarten veraltet.
Geblieben ist zwar nicht unbedingt die genetische, wohl aber die faktische Vorstellung der Gliederung der Erde in Kratone, paläo-, meso- und neozoische Faltungsgebiete. Damit blieben auch durch das Konzept der Neuen Globalen Tektonik die Vorstellungen der strukturellen Gliederung der Kontinentalkruste, wie sie seit den Anfängen dieses Jahrhunderts von geologischer Seite erarbeitet wurden, und damit das faktische Bild vom strukturbedingten endogenen Rohformenschatz insgesamt unberührt, der geomorphologisch wichtig und grundlegend ist.

Das Konzept der Plattentektonik geht bislang nicht über das Jungpaläozoikum zurück. Inwieweit im älteren Paläozoikum und gar im Präkambrium dieselben oder ähnliche Vorgänge die Krustenbildung beherrschten wie in der Gegenwart, ist noch ungeklärt. Außerdem ist auch die Entwicklung der Modellvorstellungen für die Erdneuzeit noch in vollem Gange. Die Neue Globale Tektonik ist auch heute noch (1979) eine Theorie. Sie erklärt zwar Vieles, was früher mit STILLES und WEGENERS Vorstellungen nicht in Einklang zu bringen war. Auf der anderen Seite läßt sie aber auch, obschon sie die Möglichkeit gibt, tektonische Vorgänge weltweit zusammenzusehen, noch viele Fragen offen. Sie ist deshalb nicht generell anerkannt. Noch BELOUSSOV wandte sich 1970 mit heute noch nicht erledigten Einwänden gegen das Konzept.

Literatur:

Geologische Rundschau (1939); CLOOS (1936[1]; 1963[2]); COX (Hrsg.; 1973 = Sammelband grundlegender Aufsätze zur Plattentektonik); FUCHS (1973); ILLIES (1972); LOESCHKE (1976); MAACK (1956; 1969); METZ (1967[2]); RÜCKLIN (1963); SCHÖNENBERG (Hrsg.; 1975 = Sammelband grundlegender Aufsätze zur Geotektonik und Plattentektonik); SEIBOLD (1974); STILLE (1924; 1944; 1949); STRAHLER (1978); WEGENER (1962[5]).

# 6 Die geomorphologische Wertigkeit der Gesteine

## 6.1 Gesteinseigentümlichkeiten und Klima: Vorüberlegung

Relief der Erde ist immer entweder in Gestein eingeschnitten oder durch Aufschüttung von Gesteinsschutt (i.w.S.) entstanden. Kruste besteht aus den verschiedenartigsten Gesteinen. Ein einfacher Vergleich z. B. des kalkalpinen Formenschatzes mit demjenigen des kristallinen Zentralalpins oder des Leineberglandes mit seinen Schichtkämmen einerseits, dem Harz mit seinen Rumpfflächen andererseits zeigt, daß aus den verschiedenen Gesteinen exogen verschiedene Formen herausgearbeitet werden können. Verschiedene Landformen können also nicht grundsätzlich auf verschiedene Exogenfaktoren zurückgeführt werden; diese Auffassung wird nur von extremen „Klimamorphologen“ vertreten. Vielmehr gibt es Formdivergenzen im Mikro-, Meso- und Makroformenschatz auch bei gleichwirkendem und verschiedenem Exogenkomplex in verschiedenen wie in gleichen Gesteinen. Nichts anderes meint der Satz, verschiedene Gesteine besäßen in gleichem Klima verschiedene morphologische Wertigkeit, und gleiche Gesteine könnten in verschiedenen Klimaten verschiedene morphologische Wertigkeit besitzen.

WILHELMY (1958) untersuchte die Verwitterungsformen auf den weltweit gleichartigen Massengesteinen vom Granit- und Konglomerattypus. Er wählte gleichartige Gesteine, weil er von der (mineralogisch unrichtigen) Grundannahme ausging, deren Eigentümlichkeiten seien im wesentlichen gleichartig, so daß sich durch Aufsuchen von Formdivergenzen des Verwitterungsbildes der Faktor Klimaeinfluß auf Verwitterung isolieren lasse. Dabei ergab sich in mehrfacher Hinsicht Interessantes. Bei der Verwitterung gleichartiger Massengesteine in verschiedenen Großklimaten entstand oft eine Divergenz des Verwitterungsbildes. Mikroklimatisch bedingte Divergenzen in gleichartigen Makroklimaten wurden ebenfalls gefunden, was schon vor 20 Jahren zur Abkehr von der einseitigen Ausrichtung der „Klimamorphologie“ auf Großklimazonen hätte anregen können. Mikroklimatische Eigentümlichkeiten, die zu edaphischer Identität des Kleinklimas mit Mittelwerten eines Großklimas tendieren (z. B. edaphische Kleinklima- und großklimatische Aridität: Felssüdhänge in den Außertropen, Passatwüsten), können zu gleichartiger Verwitterung gleichartiger Gesteine führen, trotz abweichender Großklimasituation. Allerdings könnte hierbei, z. B. bei der Wabenverwitterung in Sandsteinen, auch Gesteinseigentümlichkeit beteiligt sein.

WILHELMYS Endergebnis war ziemlich offen. Gestein und Klima, bzw. Klima und Gestein wirkten eben zusammen. Wie, blieb ungeklärt. Inselberge können verschiedenste, u. a. auch petrographische Bildungsursachen aufweisen.

Um 1930 (ZEUNER, 1933) liegen die Anfänge der sogenannten quantitativen Schotteranalyse, der Untersuchung von Grobsedimenten nach Zurundung und Korngrößenzusammensetzung, als Verfahren zur Untersuchung der Entstehung von Flußschottern. Es wurde versucht, aufgrund des meßbaren Zurundungsgrades (kantig, kantenrund, gut gerundet bis annähernd drehrund) bzw. der Zurundungsindizes (Index-Mittelwerte) die Vorgänge zu ermitteln, unter denen die jeweiligen Geröllformen gebildet worden waren. Das Ziel war, aus rezenten genetische Rückschlüsse auf fossile Geröllkörper zu ermöglichen. CAILLEUX, POSER, u. a. bauten die Geröll- und Schuttmorphometrie weiter aus. Da sich nach der Methode der korrelaten Sedimente Hinweise auf Formungsprozesse ergeben sollen, müßte sich mit Hilfe des aus fossilen oder rezenten Schuttkörpern abgeleiteten Prozesses auch die Form erklären und datieren lassen, die durch den Formungsprozeß entstand. STÄBLEIN (1970, mit Lit.) relativierte die Methode, weil einerseits eine polygenetische Überprägung bei Grobsedimenten die Ausgangsform in starkem Maße verändere, andererseits aber die Differenzierung des Gesteins als Grundlage für die Grobsediment-Rohform eine wesentliche Rolle spiele. So werde eine echte Klimaxform des Geröllspektrums in voller Anpassung an die lokalen dynamischen Verhältnisse nur selten erreicht, und wenn, dann sei sie nur schwer beweisbar als solche anzusprechen. Damit griff er einen Gedanken auf, den VALETON (1953) schon früh geäußert hatte. Bei der Sedimentanalyse ist neben Transportmedium, Transportweg, -zeit und anderen Parametern stets auch die Gesteinseigentümlichkeit zu berücksichtigen. Die Lydite des Fichtelgebirges würden selbst bei Ferntransport in den Molassetrog und bei Transportmedienwechsel stets nur plattige bis kantenrunde Gerölle liefern, weil sie plattig texturiert seien. Obwohl die experimentelle Sedimentologie noch in den Anfängen steckt, läßt sich doch jetzt schon die grundsätzliche Richtigkeit dieser Aussagen bestätigen. Innerhalb der aquatischen Sedimente läßt sich derzeit höchstens nach Herkunft aus laminarer bzw. turbulenter Strömung, aber nicht nach Milieu (fluvial, marin, lakustrisch usw.) differenzieren. In die Zurundungsindizes, dies läßt sich gar nicht eliminieren, geht also Gesteinseigentümlichkeit zwangsläufig mit ein.

Zwangsläufig spiegeln sich daneben in den Summenkurven von Sedimentkörpern nicht nur Transportmedium, -weg und -zeit sowie Gesteinstyp, sondern auch Gesteinsausgangsbestand. Das widerständigste Gestein wird einerseits zwangsläufig durch relative Anreicherung überrepräsentiert. Andererseits bestimmt die Korngrößenzusammensetzung des Ausgangsmaterials natürlich die Korngrößenverteilung der Summenkurven. Hohe Feinkornanteile deuten also keineswegs zwangsläufig auf lange Transportwege oder spezifische Verwitterungsbedingungen. Sie können auch auf die Zusammensetzung des Gesteins im jeweiligen Einzugsgebiet eines Gerinnes zurückgehen. Hierfür bietet die Juranagelfluh der Schwäbischen Südwestalb ein klassisches Beispiel. In ihrem Einzugsgebiet waren, aus dem heutigen Anstehenden zu ermitteln, primär 70% feinklastische Ton- und Mergelsedimentite und nur 30% Kalke, Oolithe und Sandsteine vorhanden. Die heutigen Akkumulationskörper bestehen im groben Mittel aus 75% Juranagelfluhmergeln und 25% Kalk-, Sandstein- und Oolithgrobschottern (SCHREINER, 1965). Es wäre verfehlt, daraus auf ehemalige tropoid-wechselfeuchte Verwitterungsbedingungen zu schließen. Die Summenkurve des Schottermaterials ergibt sich einfach aus dem Sedimentbestand des Deckgebirges, aus dem sie stammt. Erst eine morphometrische Untersuchung der Juranagelfluhgrobgerölle und ein Vergleich mit Zurundungsindizes pleistozäner Schotter desselben Ausgangsmaterials zeigt dann gewisse Zurundungsunterschiede sowie auch Abweichungen in der Korngröße, die Rückschlüsse auf verschiedene Transportweise zulassen. Aber auch diese Rückschlüsse müssen sehr vorsichtig geschehen, denn die Unterschiede sind nicht allzu groß. Daß die Juranagelfluh ein Semiaridsediment ist, sollte daher besser nicht aus ihren Zurundungsindizes bestimmt werden, sondern aus Fossileinschlüssen, Halinitätsbestimmungen an gleichaltrigen Seesedimenten u. a.

Die Summe, die sich aus dem Gesagten ziehen läßt, heißt einfach, daß Gestein nicht vernachlässigt werden dürfe, weil es einen wichtigen Parameter innerhalb des Faktorenkomplexes Form/Formung bilde. Ausgangspunkte der Gesteinsverwitterung und damit Steuerungsfaktoren morphodynamischer Prozesse sind die geochemischen und die physikalischen Eigenschaften der Gesteine. Nur deshalb, weil geochemische Reaktionen wie z.B. chemische Verwitterung in verschiedenem Milieu ebenso wie physikalische Vorgänge verschieden schnell und verschieden intensiv ablaufen, können bei gleichem Ausgangssubstrat verschiedene Endergebnisse auftreten, und nur darum kann natürlich auch der Faktor Klima aus der Gesteinsverwitterung und aus der Erklärung von Gesteinsschutt auch nicht ganz eliminiert werden.

## 6.2 Die geomorphologisch wichtigsten gesteinsbildenden Minerale des Kristallins

Die Eigentümlichkeiten der kristallinen Gesteine beruhen einerseits auf ihrer mineralisch-chemischen Zusammensetzung, andererseits auf ihrem physikalischen Gefüge, d.h. ihrer Textur, ihrer Schieferung, Schichtung und Körnung. Minerale werden als nicht zu vollkommenen, den Gittereigenschaften völlig entsprechenden Kristallen ausgeformte Gesteinsbestandteile definiert. Für die Verwitterung sind sowohl die Mineraleigenschaften als auch ihre Anordnung im Gesteinsverband mitbestimmend. Geomorphologisch grundsätzlich wichtig ist, daß die komplexen Formen der Minerale und der Gesteine aus relativ wenigen Elementen aufgebaut sind. Silizium, Eisen, Magnesium, Aluminium, Mangan, Kalium, Natrium, Wasserstoff und Sauerstoff sind die wesentlichsten Grundbestandteile. Die verschiedenen Minerale bestehen aus wechselnden Anteilen und aus wechselnder Anordnung der Elemente im Kristallgitter.

### 6.2.1 Glimmer und Tonminerale

Glimmer und Tonminerale sind Schichtsilikate (= Blattsilikate, Phyllosilikate). Ihre Grundbauelemente bilden $SiO_4$-Tetraeder. Diese legen sich zu einem flächigen Tetraedernetz zusammen. In diesem hat jeder Tetraeder drei O-Atome mit den benachbarten Tetraedern gemeinsam. Dazu kommen Oktaederschichten, die sich aus OH-Gruppen, Al- und Mg-Ionen aufbauen. Tetraeder- und Oktaederschichten bilden zusammen Schichtpakete. Die Tonminerale sind stark wasserhaltige Schichtsilikate. Sie bilden sich durch Verwitterungsvorgänge von Kristallin und Sediment. Im Ausgangsgestein finden sie sich an Stelle der verwitterten Primärminerale, vor allem Glimmer und Feldspäten. Nach ihrer Umlagerung bilden sie die Tonfraktion der Sedimente. In dieser Korngrößenfraktion (unter 0,002 mm) sind die Tonminerale mit Bruchstücken anderer Minerale,z.B. Quarz und Glimmerfragmentchen, vergesellschaftet.

Glimmer kommen als Neubildungen in Metamorphiten und Magmatiten vor. Von den eigentlichen Tonmineralen unterscheiden sie sich bei grundsätzlich gleichem Bau durch höheren K-Gehalt und geringere Mengenanteile von OH-Gruppen bzw. $H_2O$.

Alle Schichtsilikate verwittern leicht. Die Verwitterung führt zunächst zu einem einfachen Abbau durch Trennung der komplizierteren in einfache Schichtpakete.

Glimmer verwittert so z. B. über Illit zu Montmorillonit. Bei weitergehender Verwitterung werden die Schichtpakete selbst zerstört. Dies führt zur Trennung in noch einfacher gebaute Tonminerale, z. B. zu der Verwitterungsreihe Montmorillonit-Kaolinit-Hydrargillit (Aluminiumhydroxid; Grundbaustein der Oktaederschichten).

Glimmer und Tonminerale nehmen zusammen etwa 12 Volumenprozent der Kruste ein. Die chemische Formel des einfachen Tonminerals Kaolinit lautet $Al_4$ $[(OH)_8Si_4O_{10}]$.

### 6.2.2 Feldspäte

Grundbauelemente der Feldspäte sind $SiO_4$-Tetraeder, die an allen vier Ecken durch gemeinsame O-Atome miteinander verknüpft sind. Ein Teil der Si-Ionen ist durch Al-Ionen ersetzt. Dadurch entsteht im Kristallgitter ein negativer Ladungsüberschuß. Dieser wird durch Einbau von K-, Na- und Ca-Ionen ausgeglichen. Daher gliedern sich die Feldspäte z. B. in Kalifeldspäte [= Orthoklas, K (Al $Si_3O_8$)] und Kalk-Natrium-Feldspäte [Plagioklase, mit schwankendem Na/Ca-Verhältnis, z. B. (Na, Ca) Al, Si ($Si_2O_8$)].

Wegen ihrer hohen Spaltbarkeit und ihres hohen Basengehalts verwittern Feldspäte verhältnismäßig leicht zu Tonmineralen, vor allem zu Kaoliniten. Die Gruppe der Feldspäte baut etwa 66% der Kruste auf.

### 6.2.3 Augite und Hornblenden

Augite und Hornblenden sind die bedeutsamsten dunklen Gemengteile der Magmatite und Metamorphite, an deren Bau sie zu etwa 16 Volumenprozent beteiligt sind. Bei den Augiten sind die $SiO_4$-Tetraeder durch zwei gemeinsame O-Atome zu Ketten verknüpft. Die Hornblenden zeigen Doppelketten und Bänderbau. Auch in diesen Tetraedern ist ein Teil des Si durch Al ersetzt. Der Ladungsüberschuß wird bei den Augiten durch Basenanlagerung abgeglichen, was sie leicht verwitterbar macht. Bei den Hornblenden verkitten Fe-, Mg-, Ca- und Na-Ionen die einzelnen Ketten miteinander. Dadurch wird das Mineral verwitterungsresistenter.

### 6.2.4 Quarz

Quarz besteht im wesentlichen aus $SiO_2$, der verwitterungsbeständigsten und gleichzeitig härtesten geochemischen Substanz von geomorphologischer Bedeutung. In der sogenannten MOHS'schen Härteskala nehmen die Tonminerale die Härten 1-2, die Kalke die Härte 3, die Feldspäte die Härte 6 und Quarz die Härte 7 ein. Bei Härten unter 6 lassen sich Minerale durch Messerstrich ritzen. Minerale mit Härten über 6 ritzen Glas bzw. Stahl. Dies ist feldmethodisch wichtig, denn auf diese Weise lassen sich makroskopisch ähnliche Kalkspäte von Quarz leicht unterscheiden. Nur Topas, ein Aluminiumsilikat, sowie Korund, ein Aluminiumoxid, und endlich Diamant, reiner hochdruckmodifizierter Kohlenstoff, sind härter als Quarz, kommen jedoch gesteinsbildend nicht vor und können daher hier vernachlässigt werden.

Quarz entsteht in Magmatiten als Neubildung aus silikatischen Restschmelzen. Er liegt dort kristallinisch vor und wird dann teilweise als Halbedelstein genutzt (Bergkristall, Rosenquarz, Amethyst). Kryptokristalline Formen, häufig als Hohlraumfüllungen (Drusen) ausgeschieden, sind Achat, Karneol und Onyx. Auch in Metamorphiten gibt es Neubildungen von Quarz.

Da Quarz gegen Verwitterungsumbildung sehr resistent ist, bildet er in klastischen Sedimenten hohe Volumenanteile. In Quarzsandsteinen und in den silikatisch verfestigten Quarziten nimmt er mindestens 95 Prozent des Kornbestandes ein.

Amorphes $SiO_2$ liegt in den sogenannten Flinten oder Feuersteinen vor, die sich durch diagenetische Vorgänge in Sedimenten bilden. Amorph ist auch das $SiO_2$ der Skelette vor allem von einzelligen Lebewesen (Skelettopal), die sich am Meeresgrund in so großer Menge anreichern, daß aus ihnen Gesteine hervorgehen können (Radiolarite, Lydite).

Am Aufbau der Kruste ist Quarz als wichtiger Bestandteil vieler Minerale mit etwa 60 Volumenprozent beteiligt.

## 6.3 Chemische Zusammensetzung der Sedimentgesteine

### 6.3.1 Karbonate, Sulfate, Quarz, Tonminerale

Unter den Sedimentiten sind die wichtigsten gesteinsbildenden Minerale Karbonate und Sulfate, doch kommen auch andere Salze vor. Da sich diese Minerale unter den Bedingungen der Erdoberfläche ausfällen, ist umgekehrt auch ihre Lösung häufig, so daß sie, vor allem unter humidklimatischen Bedingungen, morphologisch instabil sind.

Diese Minerale bilden in der Regel große, einheitlich gebaute Gesteinskörper, vor allem Kalke, Gipse, Gipsmergel.

Als Verwitterungsmaterial von Kristallin ist Quarz hauptsächlich in Sandsteinen und Konglomeraten vertreten.

Die Tonminerale als Verwitterungsprodukte des Kristallins bauen in kleinsten Korngrößen morphologisch wenig resistente Sedimentkörper auf: Ton, Mergel u. a.

## 6.4 Der geologische Gesteinskreislauf

In der Petrographie wurde schon früh der sogenannte Kreislauf der Gesteine erkannt und in einem relativ einfachen Modell ausgedrückt (vgl. CLOOS, 1963[2], S. 4–9; BRINKMANN et al., 1967 f.; G. WAGNER, 1960[3]). Das Modell soll lediglich den prinzipiellen genetischen Zusammenhang zwischen den vielfältigen Gesteinstypen darstellen. Daher geht es in dem Teil, der die Abtragung von Gesteinen erfaßt, nicht im einzelnen auf die Ursachen dieser Abtragung ein; es differenziert nicht nach Klimaten.

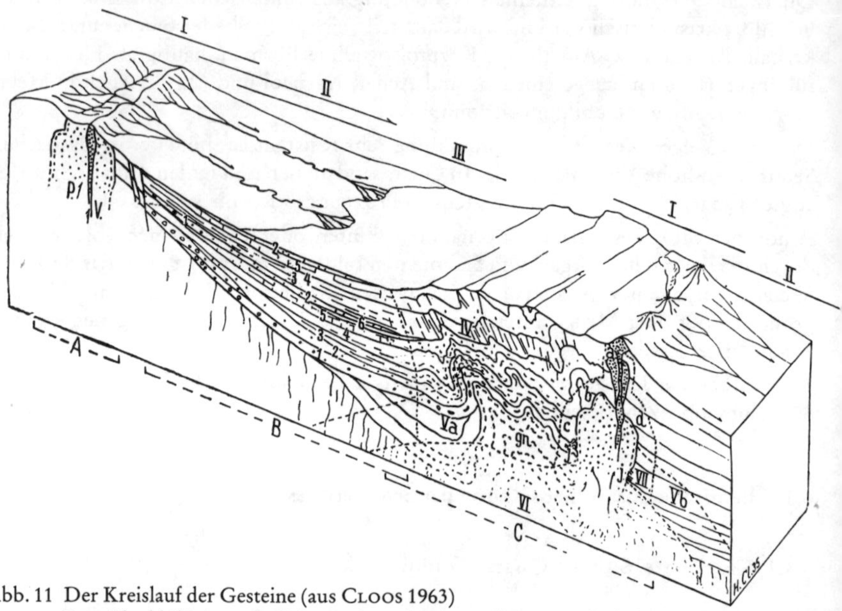


Abb. 11 Der Kreislauf der Gesteine (aus CLOOS 1963)
Das Blockbild ist von links nach rechts in endloser Wiederholung zu lesen. I = Verwitterung und Abtragung, II = Transport, III = Ablagerung und Verfestigung. A = Bildung der Magmatite, B = Bildung der Sedimentite (1 Grobfraktionen; 2 Sande, Sandsteine; 3 Tone; 4 Mergel; 5 Kalke, Dolomite; 6 Salze), C = Faltung und Bildung der Metamorphite durch Regionalmetamorphose bei gleichzeitigem Aufdringen neuer Magmatite.

Am Anfang des Kreislaufs stehen die magmatischen Gesteine (= Magmatite, auch = Erstarrungsgesteine). Sie entstehen direkt aus dem Magma, einer silikatreichen und gasreichen Schmelze, die aus dem Erdinneren aufsteigt. Die Schmelze kann während des Aufstiegs in der Kruste steckenbleiben und, in der Tiefe abkühlend, erstarren. Es bilden sich dabei die Tiefengesteine oder Plutonite. Sie kann aber auch an der Oberfläche ausfließen. Dann entstehen die Vulkanite.

Magmatite waren die ersten festen Gesteine der Erdoberfläche. Diese „Urkruste" ist allerdings nirgends mehr erhalten.

Durch Verwitterung und Abtragung werden die Magmatite zerstört und die Verwitterungsprodukte in aquatischen (Meeresbecken, Seen, Flußbetten) oder terrestrischen Binnenbecken (z. B. Wüsten) als Sedimente abgelagert, die durch Verfestigung in Sedimentgesteine oder Sedimentite übergehen.

Werden die Sedimente durch endogene Ursachen in das Erdinnere abgesenkt, so werden sie durch erhöhte Temperaturen und Drucke in ihrem mineralischen und texturellen Bestand verwandelt und zu Metamorphiten (die Bezeichnung Kristalline Schiefer ist zu vermeiden) umgewandelt. Zu den Metamorphiten gehören z. B. Gneise, Glimmerschiefer, Tonschiefer, Phyllite, Quarzitschiefer und Marmore.

Aus dem Zusammenspiel von endogener und exogener Dynamik entstehen demnach, theoretisch nacheinander, die drei großen Gesteinsgruppen der Magmatite, Sedimentite und Metamorphite. Da bei extremen Metamorphose-Vorgängen durch vollständiges Aufschmelzen des Gesteins wiederum ein Magma entstehen kann, bilden Magmatite Anfang und Ende des Gesteinskreislaufs.

Der Kreislauf begann mit der Bildung einer ersten Erdatmosphäre, der Voraussetzung für Verwitterung und Abtrag. Er wird mit der endgültigen Erstarrung der Erde enden, mit der die Wiederaufschmelzung unmöglich werden wird. Auch ein frühzeitiger Verlust der Atmosphäre würde den Kreislauf beenden.

Nicht jeder Gesteinskörper muß notwendigerweise den kompletten Kreislauf durchlaufen. So gibt es, vor allem auf den alten Schilden (Laurentia, Afrika, etc.), noch altpäläozoische Sedimente, die außer einer diagenetischen Verfestigung keine weiteren Umwandlungen erfahren haben. Es gibt aber auch sehr junge Metamorphosevorgänge, wie z.B. die tertiäre Bildung des Tauernkristallins der Alpen, und zugleich auch sehr junges Aufdringen von Graniten (Adamello-Gruppe u.a.). Auch die Bildung vulkanischer Gesteine läuft augenfällig noch heute ab.

Die Verbreitung der Gesteinsgruppen folgt zwar gewissen Regeln. Die Alten Schilde sind vollkristallin und besitzen häufig Reste sehr alter Sedimentdecken auf Magmatiten und Metamorphiten. Junge Aufschüttungstiefländer, auch die Ozeanböden, besitzen m.o.w. junge und häufig noch unverfestigte Sedimente über sehr tief liegendem, eingemuldetem saurem (Kontinente) oder basischem (Ozeane) Sokkel. Insgesamt aber ist die Gesteinsverbreitung azonal. Sie folgt im Gegensatz zum Klima dem Gradnetz der Erde nicht.

## 6.5 Gesteinstypen und Verwitterung

Etwa 95% des Krustenvolumens bestehen aus Kristallin. Nur die oberste Krustenhaut wird größtenteils aus Sedimenten und Sedimentiten mit mittleren Mächtigkeiten von 1,5 km gebildet. Daher werden etwa 75% des Oberflächenausstrichs von Sedimentgesteinen und nur 25% von Kristallin gebildet, abgedeckt kartiert, d.h. ohne Lockersubstratdecken.

### 6.5.1 Magmatite

Magmatite entstehen durch Erstarrung direkt aus der irdischen Schmelze (= Magma) und sind zwar als Bestandteile der Alten Schilde meist sehr alt, in jungen Orogenen dagegen häufig jung, z.B. in den Pazifischen Inselbögen oder entlang der Periadriatischen Naht der Alpen. Die Bezeichnung „Urgestein", aus einer früheren Wissenschaftsepoche stammend, ist darum grundsätzlich falsch.

Magmatite gliedern sich in zwei große Gruppen. In der Kruste erstarrte werden als Tiefengesteine oder Plutonite bezeichnet. Oberflächlich ausgetretener Glutfluß wird zu Ergußgesteinen oder Vulkaniten.

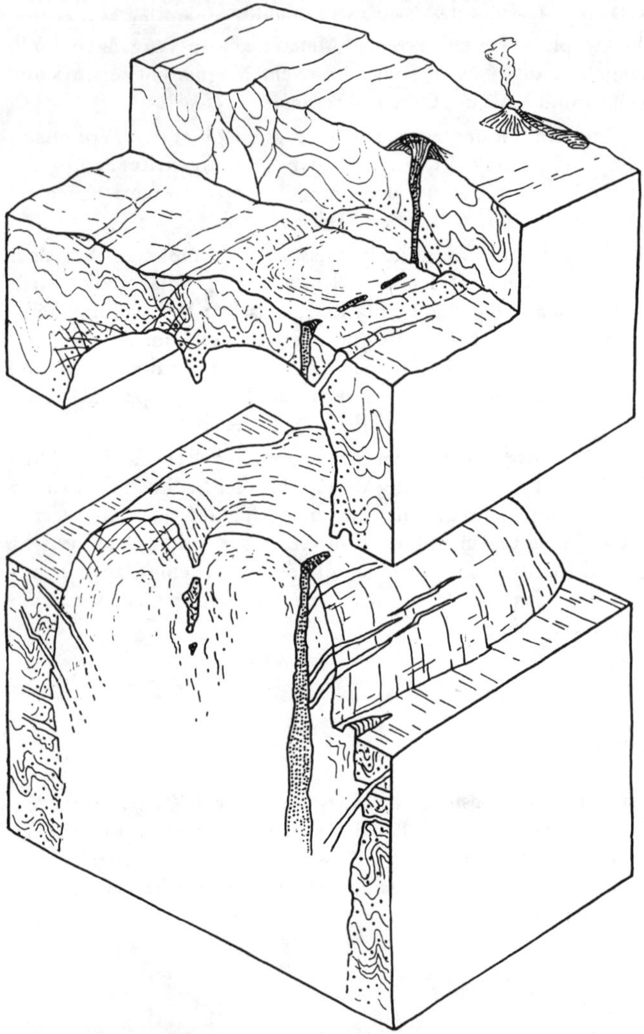

Abb. 12 Der Pluton im Verhältnis zur Kruste und zur Oberfläche (aus Cloos 1963)
Das Blockbild kann zweifach gelesen werden. Zusammengesetzt zeigt es die Verknüpfung von Plutonismus, Metamorphose und Oberflächenvulkanismus (s. Text). Zerlegt kann es die verschiedenen Abtragstadien der Kruste demonstrieren: oben erstes Oberflächenstadium mit tätigen bis jung erloschenen Vulkanen; Mitte nächstes Abtragstadium mit Härtlingszügen, herauspräparierten Spaltenfüllungen und Schlotstielen; unten letztes Abtragsstadium, in dem der Pluton (z. B. Brocken/Harz) seine Umgebung infolge seines besonderen Gesteinscharakters überragt.

Die Tiefengesteine werden nach der Lage des Intrusionsniveaus in der Kruste in die in tiefere Krustenteile eingetretenen Batholithe und die im flachen Untergrund sich ausbreitenden Lakkolithe gegliedert. Batholithe haben recht variable Formen. Ihre Platznahme erfolgt durch Anhebung oder Aufbrechen des Hangenden oder auch durch Aufschmelzung des intrudierten Gesteins. Der Gesteinschemismus reicht von ultrabasischen, d.h. $SiO_2$-armen Peridotiten ($SiO_2$-Gehalt unter 45%), über basische Gabbros (ca. 48% $SiO_2$), intermediäre Gesteine wie Diorite (ca. 55%) und Syenite (ca. 60% $SiO_2$) bis zu sauren, kieselsäurereichen Graniten (bei 70% $SiO_2$).

Lakkolithe halten sich streng an die vorgegebenen Schichtfugen der intrudierten Gesteinskörper. Sie schaffen sich durch Anheben und Aufbrechen Platz. Meist werden sie aus sauren Schmelzen aufgebaut, so daß granitische und syenitische Gesteine für sie typisch sind.

Die Tiefengesteine erstarren in der Regel langsam. Die sie aufbauenden Minerale haben Zeit, beim Erreichen des kennzeichnenden Schmelzpunktes auszukristallisieren. In der Schmelze reichern sich dadurch schwer schmelzbares $SiO_2$, $Al_2O_3$ und Alkalien an, so daß das Restmagma granitähnliche Zusammensetzung hat. Parallel zu dieser Kristallisationsentmischung verläuft eine gravitative Entmischung, weil die bereits gebildeten Minerale in der stetig leichter werdenden Schmelze absinken. Hauptgemengteile der Plutonite sind Quarz, Feldspäte, magnesium- und eisenhaltige Silikate (Pyroxene, Amphibole, Glimmer) und auch Erze.

Wenn das Magma oberflächlich ausfließt, entstehen, trotz desselben Chemismus, andere Gesteinstypen. Nur die Minerale mit niedrigerem Schmelzpunkt, wie Quarz und Feldspatvertreter (Nephelin, Leucit u.a.) haben Zeit, zu kristallisieren. Die Minerale mit hohem Schmelzpunkt dagegen erstarren schnell zu einer amorphen bis mikrokristallinen Masse, deren Bestandteile sich nur unter dem Mikroskop erkennen lassen. Die Einsprengung von Quarz- und Feldspatvertreterkristallen in einer dichten Grundmasse heißt „porphyrisches Gefüge".

Es gibt, dem Chemismus nach, basische Vulkanite wie Diabas und Basalt, die über Andesit und Trachyt zum sauren Quarzporphyr oder zum Liparit übergehen.

Zur Gruppe der Vulkanite gehören auch die Tuffite und Tuffe. Sie entstehen bei eruptiver, explosionsartiger Vulkantätigkeit (Krakatau-Explosion, Vesuvexplosion 79 n. Ztw., Bandaisan-Explosion) und bei Fluidisation (Eifel-Maar-Vulkanismus). Tuffite enthalten fein zerspratzte Lavabestandteile sowie Anteile des durchschlagenen Gesteins. Tuffe bestehen nur aus Laven und Aschen. Die Einzelkomponenten sind bei rascher Förderung meist eckig (vulkanische Breccie). Bei Förderung durch Fluidisationsprozesse wie im Schwäbischen Vulkan oder in den Eifelmaaren kommen in den Förderschloten auch zugerundete Komponenten vor.

Mit den Magmatiten verknüpfen sich vielfach die sogenannten Ganggesteine. Sie dringen von Intrusivkörpern in den verschiedenen Erkaltungsphasen auf Klüften und Spalten an die Oberfläche. Ein typisches, z.T. Erze führendes Ganggestein ist Granitpegmatit. Er besteht im wesentlichen aus Quarz, $SiO_2$, und stammt aus der Restschmelze erstarrter oder erstarrender Magmatite. Bei Temperaturen von 700–500 Celsiusgraden (pegmatitische Phase) sind in der Restschmelze diejenigen

Elemente angereichert, die während der vorausgehenden liquidmagmatischen Phase wohl wegen ihres großen Ionenradius nicht auskristallisieren konnten und nun in Spalten des schon erstarrten Magmatits und des Deckgebirges eindringen und dort mit sehr grobem Korn erstarren (pegma; griechisch = Erstarrtes). Auch in den folgenden, kühleren pneumatolytischen (Mineralbildung aus Gasen und Dämpfen) und hydrothermalen Phasen (Mineralbildung aus wäßrigen Lösungen) kann Quarzpegmatit gebildet werden. Pneumatolytisch entstanden vor allem die primären Lagerstätten der Edelmetalle und die Lager von Kupfer, Blei, Zink, Kobalt u. ä.; daher wurden früher die Begleitgangquarze bei Mutungen als Anzeichen dafür gewertet, daß die Mutung fündig werden könnte. In seltenen Fällen kann pegmatitischer Quarz auch bei beginnender Aufschmelzung (Anatexis) entstehen.

Wesentliche, für die Verwitterung der Tiefengesteine wichtige Gesteinseigentümlichkeiten bestehen in der Klüftung, der Körnung sowie in dem Gehalt an freier Kieselsäure (Quarzkörnern) und an leicht verwitterndem, dunklem Glimmer (Biotit = Kaliglimmer). Verwitterungsunterschiede zwischen saurem Granit und basischem Gabbro als Extremvertretern des Tiefengesteinstyps dürften in allen Klimazonen an dem unterschiedlichen Mineralbestand anknüpfen.

Für die mechanische Verwitterung ist in erster Linie die Klüftung maßgebend, die sogenannte parallelepipedische Absonderung. In den meisten Fällen ist diese durch die Gesteinsabkühlung bei der Erstarrung und die damit verbundene Volumenverminderung bedingt. Die Gesteinsrisse sind primäre Kontraktionsklüfte. Daneben kommen, falls ein Pluton tektonisch beansprucht wurde, auch sekundäre tektonische Klüftungen vor. Drei Kluftrichtungen, mehr oder weniger senkrecht als Längs- und Querklüfte, horizontal als Lagerklüfte bezeichnet (CLOOS, 1963[2]), beeinflussen das Verwitterungsbild. Engmaschige Kluftsysteme führen zu scherbigem Zerfall des Gesteins. Weitmaschige Kluftsysteme bewirken Resistenz gegen mechanische Verwitterung. Hier wirkt sich dann eher die Körnigkeit aus. Mittelmaschige Kluftsysteme ergeben nach WILHELMY (1958) klimadifferenzierte Blockbildung. Dazu kommt Schalenablösung infolge Druckentlastung als Typikum der unter starkem Druck von außen stehenden, weil in die Kruste aufgeschmolzenen Plutone. Die Ablösungsklüfte verlaufen hangparallel. An ihnen lösen sich oft Dezimeter mächtige Gesteinsschalen oder Platten vom Anstehenden, allerdings offenbar ebenfalls teilweise klimamitgesteuert. Der Sachverhalt ist indes gesteinsmechanisch noch nicht eindeutig geklärt.

Auch die Körnung ist für die mechanische Verwitterung wichtig, in erster Linie ihre Gleichmäßigkeit, in zweiter Linie ihre Größe. Da die Unstetigkeitsflächen entlang der Minerale bevorzugte Ansatzpunkte der mechanischen Verwitterung bilden, bei Massengesteinen sowohl der Frostverwitterung als auch der Insolation, neigen gleichmäßig grobgekörnte Magmatite leicht zu grusigem Zerfall. Feinkörnige und ungleichmäßig gekörnte Tiefengesteine besitzen dagegen trotz ihres theoretisch größeren Porenvolumens größere Resistenz, möglicherweise deshalb, weil die Minerale enger gefügt sind, so daß Wasser als Agens der Frostsprengung weniger leicht eindringen kann als bei grobkörnigem Gefüge. Sofern Abgrusung unter außertropischen Klimaten auftritt, denkt WILHELMY an Hydratationssprengung des Mineralverbands. Anlagerung von Wassermolekülen an die Ionen eines Kristallgitters führt nach seiner Meinung zu einer Vergrößerung des Volumens und dadurch zur Lockerung des Verbands. Die Hydratationssprengung dürfte von den Glimmern ausgehen. Feldspäte und Quarze würden dann den Gesteinsgrus liefern, der keine chemischen Veränderungen zeigt. Ähnliches müßte für Insolationssprengung gelten. Aber auch hier sind die gesteinsmechanischen Voraussetzungen unklar.

Für die chemische Verwitterung der Tiefengesteine spielt die Klüftung die sekundäre, die Körnung jedoch wohl die Hauptrolle, denn auch ihr Agens bzw. wenigstens das Transportmittel der wirkenden Agentien ist das Wasser. Auch bei chemischer Verwitterung entstehen nur in mittelmaschigen Kluftnetzen Wollsackformen, und auch dies nur im Bereich eines bestimmten, sehr gleichmäßigen groben Körnungsgrades, wenn überhaupt. In andere Richtungen weisende Beobachtungen an den bekannten Blockmeeren des Odenwaldes (BRAUN, 1969), wo eher Felsburgtrümmer als Wollsackformen festgestellt wurden, müssen vor jeder vorschnellen Verallgemeinerung warnen, so lange nicht felsmechanisch eindeutige Ergebnisse vorliegen.

Möglicherweise ist für die chemische Verwitterung auch der Biotitgehalt wichtig. Biotitgranite und Zweiglimmergranite sind weltweit verbreitet; Muskowitgranite sind viel seltener. Die Biotitverwitterung zu weniger komplizierten Schichtgittermineralen vom Kaolinittyp dürfte zunächst mit Hydratation beginnen. Ist das körnige Gefüge jedoch einmal gelockert, so setzt hydrolytische Spaltung ein und damit völlige Umwandlung der Glimmer in Tonminerale. Daher bildet gerade der Biotitgranit als häufigste Granitvarietät unter humiden Bedingungen mit vorherrschender chemischer Verwitterung vielfach, aber keineswegs ausschließlich, mächtige, in den Tropen lateritische Verwitterungsdecken mit Residualkörnern von Quarz.

Prinzipiell gilt für die granitähnlichen, etwas quarzärmeren Syenite und Diorite dasselbe. Die Felsbergblockmeere des Odenwaldes bestehen aus Diorit. Die Gabbros mit ihren plattig spaltenden, aber schlecht verwitternden Plagioklasen und Augiten sind gegen mechanische Verwitterung (Abgrusung) widerständiger als die Granite. Abgrusung tritt höchstens im Bereich der Feldspäte auf, denn Gabbrotypen besitzen keine Quarzkörner. Wegen der von den Feldspäten ausgehenden Tonmineralbildung verwittern sie chemisch zwar ähnlich wie Granit, möglicherweise wegen des Zurücktretens von Quarz jedoch ohne die granitoide Blockbildung.

Die Blockbildung der Massengesteine wird „klimamorphologisch" als typisches Ergebnis einer tropisch-wechselfeuchten Tiefenverwitterung angesehen, vor allem deshalb, weil in tropischen Verwitterungsdecken Massengesteinsblöcke oberflächlich unversehrt mit scharfer Grenze gegen das chemisch völlig umgesetzte Granit- bzw. Massengesteinssubstrat abstoßen. Wird das Substrat abgespült, so müssen die unter Flächenbildungsbedingungen nicht transportierbaren Wollsäcke zwangsläufig oberflächlich angereichert werden. Die „klimamorphologische" dreiphasige Blockmeerbildungshypothese beruht im Kern auf diesen Überlegungen. Blockmeere im Granit mitteleuropäischer Mittelgebirge entstammen demnach tertiär-tropoider Tiefenverwitterung. Vergleiche zwischen verschieden texturierten Gesteinen und ihren Verwitterungsformen bei gleichen Klimabedingungen, also etwa Gneis und Granit in den Tropen, ergeben jedoch, daß Gneis keine Wollsäcke bildet. Andererseits läßt sich Wollsäckebildung auch rezent unter mediterranen Klimabedingungen beobachten, und zwar in körnigem Granit (Sierra de Monchique) sowie in natürlich ebenfalls körnigem Konglomerat (Montserrat: Nordiberien). In gleichmäßig grobkörnigen, geklüfteten Graniten des Nordschwarzwaldes zeigt sich, von der Klüftung ausgehend, in etwa 50 Jahre alten Straßeneinschnitten beginnende Wollsackbildung durch Abgrusung. Ähnliches gilt für Sandsteinblockrundung, sofern nur eine bestimmte Korngröße überschritten wird (Hauptkonglomerat smc2), sowie für die konglomerierte Nagelfluh der Allgäumolasse. Prinzipiell läßt sich also die Wollsackbildung allein aus der gleichmäßigen, ungeregelten Körnung erklären. Die Wollsackform der Blockströme des Nordschwarzwaldes ist auf grobkörnigen Granit unter der Hauptbuntsandsteinstufe beschränkt. Die Gneisblöcke und vor allem die Blöcke aus prätriadischem Quarzporphyr/Rhyolith weisen im Schwarzwald keine Wollsackformen auf.

Die „klimamorphologische" Blockmeerbildungstheorie sollte demnach gründlich überprüft werden. In den Wollsäcken mancher Massengesteine manifestiert sich sicherlich weit weniger Klima als vielmehr Gefüge. Die „klimamorphologische" Behauptung vom alle Gesteinsunterschiede ausgleichenden Tropenklima ist daher nichts weniger als stringent bewiesen.

Texturelle, für die Verwitterung wichtige Eigenschaften der Ergußgesteine sind besonders die Kontraktionsklüfte, die vor allem beim Basalt zur typischen Achtkantsäulenbildung führen. Da die körnige Textur fehlt, ist Basalt bei vorwiegend mechanischer Verwitterung relativ widerständig und bildet kantige bis kantenrunde Blöcke, z. B. die Basaltblockmeere am Hohen Meißner. Granitoide Wollsackformen scheinen ihm wie auch den sauren Ergußgesteinen zu fehlen, wenn schon nicht ganz, so doch in der Regel. Dies ließe sich mit den texturellen Eigenschaften des porphyrischen Gefüges leicht erklären.

Wegen der prinzipiell gleichartigen chemischen Zusammensetzung liefert Basalt bei der chemischen Verwitterung Tonminerale und Eisenoxide. Da ihm als gabbroidem Ergußstein die Kieselsäure fehlt, ist das Verwitterungsmaterial basisch. Das gibt selbst in den Tropen keine Latosole.

Mit dem Ansteigen des Quarzgehalts in der zum Rhyolith und Liparit aufsteigenden Reihe wächst die Widerständigkeit gegen die chemische Verwitterung. Die mechanischen Eigenschaften bleiben weitgehend dieselben. Die Azidität der Böden nimmt zu.

Wollsackähnliche, runde Blockformen in Ergußgesteinen, die sehr selten auftreten, und wenn, dann vor allem in Diabasen und Basalten, entstanden bei Diabasen durch die Erstarrungsabsonderung, bei vertikal und horizontal geklüfteten Basalten teilweise aus der Zurundung von durch Lagerklüfte vertikal gegliederten Basaltsäulen. Kugelige Absonderung (Kugelbasalte), die dann bei jeder Verwitterung zu Kugelform führen muß, ist beim Basalt recht selten. Es gibt sie auch im Granit nur örtlich. Kugelig ist fast nur der Diabas. Die strukturell, durch Absonderung vorgeformten

Diabaskugeln werden durch kugeloberflächenparallele Verwitterung freigelegt. An Klimaeinflüsse ist hier natürlich nicht entfernt zu denken.

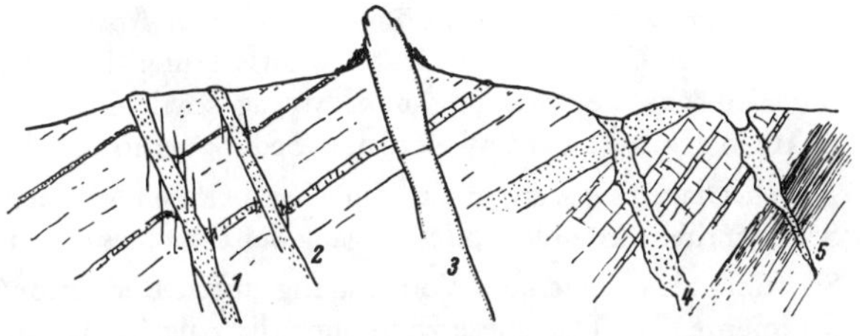


Abb. 13 Ganggesteine und Landoberfläche (aus CLOOS 1963)
Je nach der relativen Widerständigkeit des Ganggesteins zur Umgebung können Gänge als Voll- oder Hohlformen existieren. Gang 1–3 sind relativ widerständiger als die Umgebung, 3 z.B. kann als Schema für Formen des Typs „Bayrischer Pfahl" dienen. Gang 4 und 5 sind weniger widerständig als die Umgebung.

Pegmatitische Quarze (Granitpegmatite) sind unter allen Klimaten gegen Verwitterung extrem resistent. In Mitteleuropa weisen hierauf die Riesenmauern des Bayerischen Pfahls zwischen Dreisesselberg und Schwarzenberg (über 150 km) sowie des Böhmischen Pfahls zwischen Furth im Wald und Tachau (60 km), zum großen Teil Quarzfüllungen von bis zu 10 m Mächtigkeit mit mehreren 100 m mächtigen Begleitgesteinen von Granit- und Gneistypus (Pfahlschiefer) in einer mächtigen Spalte. Die Quarze ragen als 10–15 m hohe „Teufelsmauer" über die stärker denudierte Umgebung. Ihnen fehlt die den Quarziten meist eigentümliche plattige Spaltbarkeit, sie sind ja gekörnt.
So besitzen sie zwar die Widerständigkeit des Silikats und sind gegen chemische und mechanische Verwitterung ähnlich resistent. Beim Transport werden sie indes leichter zugerundet als Quarzite.

Morphologisch wichtig ist, daß sich silikatische Verwitterungsresiduen aus Magmatiten in Restschottern durch Verwitterung der anderen Schotterkomponenten oberflächlich anreichern. Die mittelpliozänen Donauschotterfelder und -terrassen am Südrand der Schwäbischen Alb und die pliozäne Kieseloolithterrasse des Rheinischen Schiefergebirges führen fast nur mehr Quarze und Glimmerquarzite. Die ursprünglich einmal vorhandenen Schotterbestandteile aus Magmatiten, Metamorphiten und Sedimentiten sind infolge der langen Verwitterungszeiträume seit Ablagerung der Schotter verschwunden, die Quarz- bis Quarzitkomponenten blieben als Restbestand (= Restschotter) wegen ihrer Verwitterungsresistenz erhalten. Die Vallendarer Schotter, vermutlich Reste einer oligozänen Verschüttungsphase des Rheinischen Schiefergebirges unter mäßig trockenen Klimabedingungen, bestehen trotz des fluvialen Transports zum größten Teil aus Stengelquarzen schlechter Zurundung.

### 6.5.2 Sedimentite

Sedimentitgesteine entstehen auf der Oberfläche der Erdkruste, also auf den Kontinenten und auf den Ozeanböden, durch den Absatz fester oder gelöster Teilchen sowie durch Organismen. Grundvoraussetzung für ihre Bildung ist chemische und physikalische Verwitterung und Abtrag sowie Transport der Verwitterungsprodukte in gelöster oder fester Form in Sedimentationsbecken.

Durch Diagenese werden aus zunächst lockeren Sedimenten Sedimentgesteine oder Sedimentite. Der einleitende Vorgang der Diagenese ist die Entwässerung.

Sie führt zu einer ersten Verfestigung durch Reduktion des Porenhohlraumes der Sedimente. Zur Diagenese zählt auch die Ausfällung von im Porenwasser gelösten chemischen Substanzen, die das Sediment lithifizieren; d.h. zu Gestein verfestigen.

Nach der Art ihrer Entstehung werden die Sedimentite, jedoch ohne scharfe Trennung, in klastische, chemische und organogene Sedimentite untergegliedert.

Die klastischen Sedimentite oder Trümmergesteine bilden sich aus festem Detritus, der bei der mechanischen Verwitterung entsteht und durch Wasser oder Wind und andere Medien zum endgültigen Ablagerungsort transportiert wird. Während des Transports kommt es zu einer Sortierung, z.B. nach der Größe oder dem spezifischen Gewicht des transportierten Materials. Außerdem erfolgt eine m.o.w. stetige Verkleinerung der Korngrößen durch gegenseitigen Abrieb. Nach einer groben Faustregel ist ein Sediment um so kleinkörniger und um so besser sortiert, je länger es transportiert wurde. Ausnahmen wurden schon gezeigt (Kap. 6.1). Kleinkörnigkeit bedeutet aber nicht immer eine lange Distanz zwischen Abtragungs- und Ablagerungsort. Derselbe Effekt kann auch durch stetige und lang andauernde Aufarbeitung z.B. im Brandungsbereich von Küsten bewirkt werden.

Klastische Sedimente werden nach der Größe ihres Kornbestandes unterteilt.

| Korndurchmesser in mm | Lockergestein (Sediment) | Trümmergestein (Sedimentit) |
|---|---|---|
| über 60<br>60–20<br>20–6<br>6–2 | Block<br>Grobkies<br>Mittelkies<br>Feinkies | Konglomerat (Einzelbestandteile rund bis gerundet), Breccie (eckig), Fanglomerat (eckig und gerundet) |
| 2–0,6<br>0,6–0,2<br>0,2–0,06 | Grobsand<br>Mittelsand<br>Feinsand | Sandstein, Arkose, Grauwacke<br>Quarzit (metamorph) |
| 0,06–0,002 | Schluff | Löß, Geschiebemergel (mit Sand, Kies, Blöcken) |
| unter 0,002 | Ton, Schlick | Mergel (kalkhaltig), Ton, Schieferton (diagenetisch verfestigt)<br>Tonschiefer (schwach metamorph) |

Blockschutt ist meist autochthon, am Ort seiner Entstehung abgelagert (Blockmeere). Ausnahme bilden glazial transportierte Blöcke (Findlinge) und fluviale Gebirgsschotter von Blockgröße. Die Lockergesteinsfraktionen vom Grobkies bis zum Feinsand entsprechen einem aquatischen Transport. Sie sind entweder fluvial oder stammen von Steilküstenbereichen. Kleinere Fraktionen sind entweder äolischen Ursprungs (Löß, Dünen z.T.) oder werden als Schwebfracht der Flüsse bzw. des Meereswassers transportiert. Der Rote Tiefseeton, der abyssische Meeresflächen bedeckt, ist dagegen ein Residualsediment, das sich aus den Rückständen des in tiefem und kaltem Meerwasser zerstörten karbonatischen Materials ansammelt.

Die geomorphologisch wichtigsten, weil im Deckgebirge weit verbreiteten und wenig resistenten klastischen Gesteine sind Tone und Mergel. Abgesehen von dem Residualsediment des Roten Tiefseetons ist Ton ein Ergebnis meist mariner oder limnischer Ablagerung von Flußtrübe. Er ist also festländischen Ursprungs, wurde aber von Gerinnen in Meeresbecken transportiert. Die Korngrößen der Tonminerale, aus denen Tone im wesentlichen aufgebaut sind, liegen unter 0,002 mm. Die Mineralkorngröße kann vom Grad der Verwitterung abhängen, die klimagesteuert sein kann. Sie wird aber auch von der primären Korngröße des Ausgangsgesteins gesteuert. Tone bestehen aus kleinsten Teilchen von Tonmineralen aller Arten, vom Montmorillonit bis zum Kaolinit und Hydrargillit, m.o.w. schichtig übereinandergepackt. Mergel enthalten dazu noch bis zu 40% Kalziumkarbonat. Sie können örtlich diagenetisch zu Steinmergeln umgewandelt sein und die morphologische Festigkeit von Kalkbänken besitzen. Sowohl Tone als auch Mergel werden durch Metalloxidbeimengungen vielfältig gefärbt. Tone können rot, braun bis grün werden. Mergel sind, insbesondere wenn bei ihrer Sedimentation Redoxvorgänge abliefen, schwarzgrau bis hellgrau. Anreicherung von Eisenkonkretionen schaligen Aufbaus (Geoden) sind häufig vorhanden.

Die diagenetische Verfestigung von Lockersedimenten zu Sedimentiten führt bei den Grobfraktionen zur Bildung von Breccien, z.B. aus Hangschutt oder Brandungsmaterial mit eckigen Bestandteilen. Gerundete bis runde Bestandteile der Grobfraktionen besitzen die Konglomerate, häufig verfestigte fluviale Sedimente, Deltaschotter u.a. Sie heißen auch Nagelfluhen. Aus eckigen und runden Trümmern gemischt sind Fanglomerate oder Fanger. Die Zurundung ist allerdings nicht allein eine Frage des Transportmediums, sondern auch des Ökosystems und damit der Transportweise. So sind Fanger häufig Sedimente der Trockengebiete.

Als Bindemittel wirken tonige, kalkige und kieselige Matrix. Unterschiedliche Festigkeiten und damit m.o.w. starke morphologische Resistenz etwa bei Sandsteinen beruhen hierauf.

Kieselige Matrix führt zu sehr widerständigen Gesteinen, tonige dagegen nicht. Konglomerierung bzw. generell die Verfestigung erfolgt häufig durch zirkulierende Porenwässer, aus denen Kalk oder Kieselsäure ausgefällt werden.

Auch mittelkörnige Sedimentite verdanken ihre morphologischen Eigenschaften z.T. dem Bindemittel. Sandsteine bestehen im wesentlichen aus Quarzkörnern. Der Quarzit ist schon metamorph. Der ähnlich resistente quarzitische Sandstein ist dagegen ein normal diagenetisch verfestigter Sandstein mit kieseligem Bindemittel.

Arkosen sind Sandsteine mit größtenteils tonigem Bindemittel, die zu über 25% Feldspatanteil besitzen und dementsprechend leichter verwittern als der nur schwer verwitterbare reine Quarzsandstein. Kalksandsteine stehen zwischen Kiesel- und Tonsandstein. Grauwacken werden als Sandsteine definiert, deren Körner nicht aus Quarz, sondern aus runden bis eckigen Gesteinsbruchstücken (Granit, Gneis u. ä.) bestehen und die außerdem einen gewissen, i. a. unter 50% liegenden Anteil von Feldspäten enthalten.

Zu den chemischen Sedimenten gehören alle Salze, die anorganisch aus der Eindampfung von Meerwasser oder in Trockengebieten als Salzkruste oder Exsudationskalke ausgekrustet, sedimentiert und verfestigt werden, z. B. auch Minerale wie Gips und Anhydrit. Sinter wurden aus übersättigten kieselsäurehaltigen (Kieselsinter) oder kalkhaltigen Wässern (Kalksinter, Travertin, volkstümlich in Süddeutschland Kalktuff) durch Wegnahme von $CO_2$ ausgefällt.

Auch viele der sedimentären Erzlagerstätten sind durch chemische Fällung entstanden, die vor allem im Mündungsbereich großer Flußsysteme in das Meer stattfindet, z. B. die Minette im Dogger Lothringens. Auch ein Teil der Karbonatgesteine ist anorganisch-chemischen Ursprungs. Oolithe (Rogensteine) z. B. entstehen durch kugelschalenförmige Anlagerung des gefällten Kalkes um einen Kristallisationskeim. Sie können sich in übersättigtem und bewegtem Meerwasser bilden. Andere Fällungskalke entstehen durch die Atmungsaktivität von Pflanzen, z. B. Phytoplankton. Kohlenstoff wird von allen Pflanzen zur Primärproduktion benötigt, kann aber nur in der Form von $CO_2$ aufgenommen und verwertet werden. In Zeiten phytoplanktischer Hochproduktion ist $CO_2$ allerdings zeitweilig im Wasser nicht ausreichend verfügbar. Da Kalk im Wasser stets als Kalziumhydrogenkarbonat gelöst ist, weil reines Kalziumkarbonat praktisch durch Wasser nicht gelöst werden kann, spaltet das Phytoplankton das Kalziumhydrogenkarbonat auf und gewinnt daraus $CO_2$. Das restliche Kalziumkarbonat fällt dann als See-Kreide oder ähnliches Sediment aus.

Organogene Sedimente, die aus den kalkigen Schälchen von Organismen bestehen, sind z. B. die Globigerinen- und Pteropodenschlämme der heutigen Ozeanböden. Als Gesteine sind sie aus der Kreidezeit bekannt. Aus kieseligen Schälchen bestehen der Diatomeen- und der Radiolarienschlamm. Verfestigt sind sie als Lydite, Kieselschiefer oder Radiolarite schon aus dem Erdaltertum bekannt und auch in der alpinen Trias vertreten.

Die Hauptmasse der Kalke ist ebenfalls organogen. Sie entstanden durch Anhäufung von Kalkschalen mariner Organismen oder durch Zerstörung organischer Skelettsubstanz zu Kalkschlamm. Durch Ionenaustausch zwischen den Ca-Ionen des Karbonatschlammes und den Mg-Ionen des Meerwassers entstehen in tropischen Flachwassergebieten Dolomite. Diese sind fossiller, dem Bildungsmilieu entsprechend.

Aus den Schalen größerer Organismen, vorwiegend Mollusken, bestehen die Lumachellenkalke und Terebratelbänke, die auf die Anhäufung von Schalenmaterial in bewegtem Wasser zurückgehen. Schöne Lumachellenbänke kennzeichnen den germanischen Muschelkalk.

Weit verbreitet sind Riff-Kalke, massige Gesteinskörper, die durch das Skelettwachstum von riffbildenden Organismen aufgebaut werden. Bekannt sind die Schwamm-Algenriffe des süddeutschen Weißjuras oder die Korallen-Algenriffe der ostalpinen Obertrias. Die Zerstörung von Riffen durch biogene und abiogene Vorgänge liefert den Karbonatschlamm, die Ausgangssubstanz weitverbreiteter geschichteter Kalksteinfolgen.

Morphologisch unwichtig, wenn auch von wirtschaftlicher Bedeutung, sind die Kaustobiolithe, brennbare organische Sedimentite, wie z.B. Kohle, Bernstein oder Torf.

Einige Sondergruppen der Sedimentite sind morphologisch wegen ihrer Resistenz wichtig. Kieselschiefer sind nicht metamorphe, sondern lediglich diagenetisch veränderte, dichte, harte, im Gegensatz zum Quarzit etwas sprödere Gesteine. Sie sind durch verschiedene Metalloxidbeimengungen gefärbt. Hierher gehören z.B. die alpinen Radiolarite, meist rot mit weißen Quälungen, da sie bei der Faltung zerbrochen, aber später wieder durch Quarzfällung verkittet wurden. Die Karneole des Buntsandsteins und die Lydite des Fichtelgebirges, durch Kohlepartikel schwarz gefärbt, sind „Kieselschiefer".

Silifizierte Gesteine entstehen möglicherweise unter bestimmten, wahrscheinlich semiariden bis ariden Klimabedingungen, weil dann die Kieselsäure an Land mobil wird und das Gestein als Gel durchtränkt und es ganz oder teilweise verdrängt. Terrestrische Verkieselungen finden sich im süddeutschen Keuper und in den mitteleuropäischen Tertiärquarziten (Braunkohlenquarzite, Zementquarzite, Knollensteine, Süßwasserquarzite). Auch vulkanische Dämpfe können, wenn sie reich an Kieselsäure sind, lokal zur Verkieselung der von ihnen beeinflußten Gesteine führen.

Bei den Flinten handelt es sich weniger um Gesteine als um m.o.w. rundliche Knollen aus $SiO_2$, die in sedimentäre Gesteine eingelagert sind (Feuersteine, auch Hornsteine nach der Rinderhörnern ähnelnden Bänderung durch verschiedenfarbige Metalloxidbeimengungen). Die Kieselknollen bilden sich frühdiagenetisch durch konkretionäre Ausfällung kolloidaler Kieselsäure aus Porenwässern. Die gelöste Kieselsäure entstammt dem Stoffbestand des Sediments. Lösung und Fällung von $SiO_2$ wird durch Schwankungen des pH-Wertes der Porenlösungen gesteuert.

Auch die Verwitterung der Sedimentite wird vom Gesteinscharakter geprägt oder doch mindestens mitgeprägt. Die Gruppe der Kalke besteht aus $CaCO_3$ mit wechselnden Anteilen von Tonmineralen, Eisen- und Manganoxiden. Kalke mit 95% $CaCO_3$ und nur 5% anderen Bestandteilen sind häufig. Bei fehlender Abspülung würden in Lösung gehende 100 m mächtige Kalke nur 5 m Residuallehm ergeben.

Alle Kalke einschließlich des metamorphen Marmors besitzen ungefähr die Härte 3, sind also relativ weich. Wegen ihrer Klüftung sind sie jedoch wasserdurchlässig (Kalk ohne Klüftung ist wasserundurchlässig!) und damit morphologisch resistent, zumindest in vielen Klimaten, vielleicht mit Ausnahme subpolarer Gebiete.

Gegen chemische Einflüsse verhalten sich alle Kalke prinzipiell gleich. Sie werden nach der Formel $CaCO_3+H_2O+CO_2$ in lösungsfähiges $Ca(HCO_3)_2$ umgesetzt, gelöst und, da der Vorgang durch Ausfällung von Kohlendioxid bei Druckentlastung (Sprudelflascheneffekt) oder Durchwirbelung umgekehrt ablaufen kann, auch wieder gefällt. Demnach verkarsten Kalke in humiden bis subhumiden Klimaten. Der gelöste Kalk fällt als Kalksinter in Höhlen (Decken- und Bodentropfsteine) oder in Talsohlen (Sinterpolster und -wasserfälle) wieder aus.

Das chemische Verkarstungsgesetz gilt grundsätzlich unter allen Klimaten. Die Lösungsintensität indes nimmt mit der Breitenabnahme zu. Karst existiert in allen Klimazonen, wenn auch z.T. eisplombiert als Vorzeitkarst (Eishöhlen der Kalkalpen). Klimaabhängig ist wegen verschiedenen Wasserangebots und Wärme Kalk in den Mittelbreiten bzw. den ariden Subtropen morphologisch resistenter als in den feuchtheißen Tropen, unter Trockenklimaten generell resistenter als unter Feuchtklimaten. Die Lösungs- bzw. Geröllfracht der jeweiligen Flüsse ist daher verschieden.

Unter subpolaren Klimaten kann Kalk wenig resistent sein, sofern er im Auftaubereich des Bodenfrostes liegt und zerfriert, d.h. durch den ständigen Frostwechsel in geologisch kurzen Zeiträumen rasch mechanisch verwittert, im Gegensatz etwa zu gemäßigten Humidklimaten, wo der mechanische Verwitterungsvorgang langsamer vor sich geht, und zu Trockenklimaten, wo der Kalk generell wegen der langsamen Aufbereitung durch Insolationsverwitterung morphologisch besonders resistent ist.

Dolomit, $CaMg(CO_3)_2$, geht schwer in Lösung. Der Hauptdolomit der oberostalpinen Lechtal- und der Allgäudecke weist keine Karstformen auf, im Gegensatz zu den Raxplateaus im Dachsteinkalk (Totes Gebirge, Eishöhlen im Dachstein). Auf der Alb bildet dolomitisierter Kalk (Frankenalb, östliche Schwabenalb: Wental) oft isolierte Felskuppen und Türme über karstkorrosiven Verebnungen. Lösungsrelikte sind dort häufig dolomitische Sande, auf der sonst sandarmen Schwabenalb früher zum Wandverputz gerne benutzt.

Biogene Verwitterung der Kalke z.B. durch Bohralgen und Bohrflechten ist für Oberflächenverwitterung wichtig.

In der mechanischen Verwitterung prägen sich strukturelle Unterschiede der Kalkgruppe zumindest teilweise durch. Schichtkalk ist grob bis fein geschichtet, oft fast schieferartig und meist sehr dicht. Die einzelnen Kalkschichten werden entlang der Schichtfugen durch Mergellagen von Zehntelmillimeter- bis Zentimeterdicke getrennt. Vertikale Klüfte tektonischen Ursprungs, auch hangparallele Abrisse, durchsetzen die Bänke ebenso wie Verwürfe. Sie sind, da sie bevorzugte Abflußrinnen des Wassers bilden, meist durch Lösung erweitert. Die Oberflächen sind ebenfalls angelöst und tragen Karren (= Schratten). Die Klufterweiterung kann an Kluftsternen bis zur Höhlenbildung von mehreren Kilometern Länge gehen. Die Schichtung innerhalb der Kalke, die Wechselschichtung mit Mergel, und die vertikale Klüftung prägen sich im Bild des Detritus aus. Schichtkalke zerfallen bei mechanischer Verwitterung plattig. Die Schichtung entspricht in ihrer morphologischen Wertigkeit der Schieferung schwach metamorpher Gesteine. Das Resultat ist nahezu dasselbe: Scherbenschutt, gleichgültig, ob in 3000 oder in 300 m NN, in Subtropen oder Außertropen. Wo die typische azonale Kalklösung mit A-C Profil des Bodens aus klimatischen Gründen wegfällt, liegt (klimatisch bedingt) kantiger

Scherbenkarstschutt, besonders in den Höhenzonen der Hochgebirge. Im Verwitterungsboden ist primär derselbe Schutt zu erwarten. Steinbruchwände zeigen direkte Übergänge von den anstehenden Schichten zum kantigen Scherbenschutt und weiter zum Scherbenschutt in Verwitterungsmatrix. Durch die in der Matrix (Rendzinen, Terrae fuscae, Terrae rossae) zirkulierenden Wässer werden die Scherben an den Kanten lösungsgerundet. Flußschotter sind es gleichwohl nicht. In Terrassenkörpern ist Schichtkalk meist kantenrund. Völlige Zurundung ist nur unter besonderen Klimaverhältnissen bei ursprünglich grobgeschichteten Kalken möglich (Juranagelfluh und Alpine Nagelfluh des Molassetrogs aus dem Jungtertiär). Pleistozäne Gerölle zeigen dieselbe ideale Zurundung nur ausnahmsweise. Ein gewisser Klimaeinfluß herrscht.

Bankkalk ist grob bis fein gebankt und ebenfalls meist dicht. Die Bankmächtigkeiten reichen von 50 cm bis über 2 m. Grobbankfazies, Riffkalkfazies, Biostromfazies, Muschel-, Schwamm-, Seelilien- und Placunopsisriffe, auch Korallenbänke können örtlich eingelagert sein. Da die Oberflächen der Fossilien Verwitterungsunstetigkeitsflächen bilden, besitzt Schutt von Terebratelbänken u. a. meist unregelmäßige Formen. Die normal geschichtete Bankfazies verwittert blockiger als der Scherbenschutt, gesteuert von der gröberen Schichtung (= Bankung) und dem Zurücktreten der Mergelfazies. Schotter dieser Fazies können unter bestimmten Klimaten drehrund werden. Verwitterungsschutt ohne Matrix besitzt meist eckige, durch Klüftung und Bankung vorgezeichnete Bruchflächen. Innerhalb einer Matrix werden auch hier die Kanten lösungszugerundet.

Riffkalke werden von Korallen, vor allem aber Kalkschwämmen „zoogen", ungeschichtet als Riff-Fazies aufgebaut (Biohermtypus). Im Jurakalk der Schwäbischen Alb besteht diese Fazies meist aus Schwamm-Algen-Riffkalken verschiedener Struktur (Bretterkalke usw.). Generell sind diese Fazien massig. Gleichwohl besitzen sie eine Struktur, die durch wechselndes Wachstum der Fauna bewirkt ist. Biohermfazies ist Klarwasserfazies warmer Meere. Schuttüberdeckung erträgt die Tierwelt nicht. Im Zentrum der Riffe ist das Wachstum am stärksten, weil die Lebensbedingungen am günstigsten sind. Deshalb wölben sich die Riffe über die gleichzeitig gebildete Normalfazies kuppelförmig auf. Gelegentliche Überdeckung mit Mergeln führt zum Erlöschen des Lebens. Deshalb zeigen die Riffe im Aufschluß meist schalige Struktur. Die einzelnen Riffschalen können Brett- bis Bankmächtigkeit besitzen. Völlig ungeschichtete Riffe existieren daneben auch. Gelegentliches Auftauchen über den Meeresspiegel führte zur Kliffbildung mit Brandungsschutt. Deshalb ist das Verwitterungsbild mannigfaltig. Im allgemeinen liefern Riffkalke blockigen Schutt, in Terrassenschottern kantenrunde bis gut gerundete Gerölle. Die Randbreccienverwitterung wird indes von den Größenordnungen der calcitverkitteten Einzelbruchstücke bestimmt. Im Anstehenden werden häufig die Mergelzwischenlagen ausgeräumt, was zu der eigenartigen Bretterkalkform führt. Massenkalk der süddeutschen Malmstufen, insbesondere auch der verbreschte Riesgries und die resedimentären Breccien, sind durch ihre aufgeprägte intensive Klüftung sehr lösungsanfällig und gegenüber der mechanischen Verwitterung vorgeprägt. Wo am Trauf oben Riffkalkfazies, in der Mitte dagegen Schichtkalke anstehen, ändert sich deshalb das Periglazialschuttbild in schöner Anpassung an das Ausgangsgestein. An der Lochen auf der Südwestalb liegt metermächtiger klein- bis mittelstückiger, eckiger „Bergkies" als periglaziale Fazies des Riffkalks. In gleichen Höhenlagen tauchen am Fuß der Dachschichtkalke des Dreifürstensteins scherbige Gesteinstrümmer auf, die periglaziale Fazies des Schichtkalks. Die intensive Frostverwitterung ist beide Male vom selben Klima ausgelöst. Die Schuttfazies indes divergiert. Alpine Bankkalke wie Dachsteinkalk und Wettersteinkalk liefern unter denselben klimatischen Verhältnissen eher scherbige, der Hauptdolomit feinstükkige, riesgriesartige, der Schlernriffkalk und der Dachsteinriffkalk eher grobblokkige Schuttfazies. Die Gesteinsunterschiede sind allerdings dort nicht so groß wie zwischen Bank-, Schicht- und Riffkalken der Alb. Dort liefern insbesondere die tithonen Liegenden Bankkalke (Zeta 1 = Ulmensiskalke) rezent und fossil Scherbenschutt großer Dichte und gleichzeitig Dünnplattigkeit.

Trümmerkalke, etwa vom Typus des tertiären Randengrobkalks, zeigen häufig in dichter, tonig-mergeliger und sandiger Matrix einzelne Gesteins- und Muschel- bzw. Austernschalentrümmer. Sie kommen auch anderswo in der Molasse des Voralpentrogs vor. Infolge der primären Resistenzunterschiede Matrix/Trümmer verwittern sie unregelmäßig, knolliglöcherig. Ähnliches läßt sich auch im Eozän der Île de France beobachten (Pariser Grobkalk).

Krustenkalke, fossil bekannt aus der Molasse der Alb, rezent aus den Subtropen, sind Exsudationskalke subtropisch-semiarider Genese. Der Albstein z.B. stammt aus dem Helvet (Untermiozän). Lamellenstruktur, brecciöser Charakter, Einbettung von Kalkknollen in stärker mergeliger Matrix ergeben ein sehr unregelmäßiges Schuttbild, das in erster Linie von Gesteinseigentümlichkeiten geprägt ist.

Die Verwitterung und die morphologische Wertigkeit der Sandsteine, Arkosen, Konglomerate, Fanglomerate und Breccien werden im wesentlichen vom Bindemittel mitbestimmt.

Toniges Bindemittel ist am wenigsten widerstandsfähig. Es führt mechanisch und chemisch zu raschem Zersatz. Die Quarzrestkörner bilden Sand, der je nach Verkittungsgrad aus dem Anstehenden abgegraben, aber auch aus dem Verwitterungshorizont entnommen werden kann (Stubensand aus km 4). Konkretionsbildung und Wabenverwitterung brauchen nicht klimatisch bedingt zu sein (Wilhelmy, 1958). Arkosen wie z.B. der Stubensandstein Schwabens (km 4) mit keuperzeitlich schon kaolinisierten Feldspäten können zu Laborirrtümern führen, weil der primäre Kaolinitanteil in das Verwitterungssubstrat mit eingeht und tropisch-wechselfeuchte Tiefenverwitterung vortäuschen kann, wo holozäner Hangschutt vorliegt.

Kieseliges Bindemittel nähert Sandsteinwiderständigkeiten denjenigen von Quarz und Quarziten an. Kieselsandstein (km 3s) ist eines der zähesten Keupergesteine, das häufig wie der ebenfalls zähe Rätsandstein (ko) Blockhalden bildet. Klüftung ist Voraussetzung. Kieseliges Bindemittel kann örtlich durch Silifizierung mit völliger Durchtränkung von Geröllkomponenten und Matrix entstanden sein. Auch in diesem Fall macht es aus normalen klastischen Sedimentiten aller Korngrößen quarzitähnlich reagierende Gesteine. Kluft- und Spaltflächen gehen durch die Gerölle. Das Material ist völlig einheitlich. Ein typisches Beispiel ist neben der Baniserie Südmarokkos der süddeutsche Stubensandstein (km 4), der allerdings nur örtlich verkieselt, dann aber sehr widerständig wird.

Konglomerate, wegen ihrer kalkigen Geröllbestandteile durch Zirkulationswässer häufig calcitverkittet, seltener kieselig, verwittern entlang der Kittflächen und geben häufig die Geröllkomponenten m. o. w. unversehrt frei. Wo Konglomerate im Hochgebirge anstehen, ist daher eine exakte Unterscheidung von Moräne, Periglazial- und rezentem Hangschutt meist unmöglich. Alle führen gerundete, selten gesprengte oder gekritzte Gerölle. Morphometrische Schotteranalysen ergeben generell aquatische Genese, was für die ursprüngliche Genese ja auch stimmt. Außerdem kann jedes aus der Nagelfluh neu gebildete Sediment eine bestimmte Korngröße nicht überschreiten. In jedes aus der Nagelfluh herzuleitende Substrat geht endlich zwangsläufig die Summenkurve der Nagelfluh mit ein.

Gleichmäßig körnig aufgebaute und geklüftete Konglomerate können Wollsackformen bilden, sofern sie wenig resistentes Bindemittel haben. Das Beispiel des unter submediterranen bis mediterranen Klimaeinflüssen verwitternden Montserratkonglomerats in Katalonien ist bekannt. Die Nagelfluhen der subalpinen Molasse des nördlichen Alpenrands, insbesondere an der Rindalphornkette im Hochallgäu zwischen Bodensee und Iller, weisen unter gemäßigten Höhenklimaten (Alpinstufe, bis 2000 m über NN) dieselben Wollsackformen auf wie der Montserrat, gleichgültig, ob im Anstehenden, auf Moränen oder auf subrezenten Bergstürzen.

Ähnliches wie für Konglomerate gilt für Breccien und Fanglomerate, nur daß eben die Schuttkomponenten teils eckig, teils gerundet oder nur eckig sind. Ihre Größe wird von dem Charakter der ursprünglichen Sedimentation gesteuert.

Schiefertone, d.h. diagenetisch verfestigte Tone, Mergel, Tone, Steinmergel usw. sind generell wenig widerständige Sedimente wechselnden Festigkeitsgrades, die im wesentlichen aus Tonmineralen aufgebaut sind und kaum mechanisch, sondern praktisch unter jedem außer aridem Klima chemisch verwittern. Daher bauen sie auch nur in ariden Klimaten einigermaßen stabile Hänge auf. In ihrem Verhalten gegenüber dem Exogenkomplex wird im wesentlichen die chemische Zusammensetzung mit wirksam. Tone sind grundsätzlich quellfähig. Quellfähige Tonminerale wie z.B. im Ornatenton des Oberen Braunen Juras Schwabens oder im Knollenmergel/Feuerletten (km 5) des Keupers nehmen ähnlich wie Anhydrit leicht Wasser auf. Sie quellen dann wegen der mit der Wasseraufnahme verknüpften Volumenvergrößerung und bilden Rutschhänge. Natürlich muß zusätzlich humides Klima herrschen. In ariden Klimaten ist ja sogar Steinsalz morphologisch stabil. Trifft beides zusammen, dann ist der jeweilige Sedimentit mechanisch unstabil, gleichgültig, ob Ornatenton und Knollenmergel in Süddeutschland unter gemäßigt humidem Klima oder Schuppentone (argille scagliose) im Apennin unter Mediterranklima. Rutschhänge, Buckelwiesen, in Italien Frane (Bergrutsche, Erdschlipfe) sind ohne und mit auslösenden Hanganrissen allenthalben anzutreffen. Hier steuert Gesteinstyp und nicht Klima. Dies beweisen im süddeutschen Keuper die unter den Knollenmergeln (die eigentlich Tone sind) anstehenden Bunten Mergel genau so wie die im Jura über den Ornatentonen folgenden Impressamergel. Mergel sind karbonathaltig und daher im Gegensatz zu Tonen sehr viel weniger bis gar nicht quellfähig. Sie bilden höchstens wegen der geringen Porengröße lokale Stauhorizonte. In ihnen sind standfeste Hänge unter denselben Klimaten, die Knollenmergel zum Quellen bringen, die ausnahmslose Regel.

Wichtig innerhalb der Sedimentite ist ähnlich wie bei den Magmatiten die Auswitterung resistenter Komponenten aus dem Anstehenden oder die Selektion aus Detritusmaterial. Hornsteine, Kieselschiefer u. ä. reichern sich durch selektive Verwitterung zu metermächtigen, praktisch nur aus kantigen Feuersteinsplittern und runden Originalfeuersteinen bestehenden Quarzschuttdecken an (Crailsheimer Ebene, Albuch, Härtsfeld; vgl. auch Brandungsterrasse von Helgoland mit Kreidehornsteinen). Die primäre Rundung der ausgeflockten Hornsteine täuscht oft fluvialen Transport vor, wo lediglich eine verwitterungsbedingte Vererbung durch Basisabtrag vorliegt. Da sich Quarz allenthalben so verhält, ist hier die Aussage, die Widerständigkeit und die Verwitterungs- bzw. Geröllformen seien gesteinsbedingt, am eindeutigsten und klarsten zu treffen.

Dem Morphologen sind solche Anreicherungen von Restschottern wichtige Anhaltspunkte zur Aufhellung der Flußgeschichte des jeweiligen Raums. Häufig lassen sich im Schotterrestbestand Leitgesteine für bestimmte Flüsse finden, z. B. Lydite für den Ur-Main (Fichtelgebirge) oder Keuperfeuersteine für die Ur-Brenz bzw. Glimmerquarzite für die Ur-Donau; sattsam bekannte süddeutsche Beispiele.

### 6.5.3 Metamorphite

Metamorphose heißt Gestaltwandlung. Bei Gesteinen wird die Metamorphose von der Diagenese (Entwässerung, Mineralvergrößerung, Verdichtung, Dolomitisierung) definitorisch unterschieden. Für die Metamorphose wird gefordert, daß neue, metamorphe Minerale entstehen. Dies ist nur bei sehr hohen Drucken und Temperaturen über 300 Celsiusgraden möglich. Metamorphose erfolgt also in tieferen Teilen der Kruste. Sie kann alle Gesteine erfassen. Aus Sedimentiten entstehen die sogenannten Parametamorphite (z. B. Paragneis). Die aus Magmatiten gebildeten Metamorphite werden Orthogesteine genannt (z. B. Orthogneis).

Die Voraussetzung der Metamorphose, hohe Drucke und Temperaturen, entstehen in der Kruste vor allem bei Belastungsdruck und Streß, d. h. bei gerichtetem tektonischem Druck, also bei Pressung und vor allem in großer Teufe. Insbesondere der gerichtete tektonische Druck führt dabei zu dem allen Metamorphiten eigenen schichtigen Gefüge, das als Textur bezeichnet wird. Die Texturflächen stehen senkrecht zur Streßwirkung.

Metamorphose erfolgt in der Kruste unter drei Bedingungen, bei regionaler, starker Absenkung, bei Gebirgsbildung und beim Aufdringen von Magma in die Kruste. Die beiden ersten Fälle werden als Regionale, der letzte als Lokale Metamorphose bezeichnet. Mineralogisch-petrologische Untersuchungen in den letzten 30 Jahren ergaben eine genaue Mineralfaziesabfolge von schwacher zu starker Metamorphose, weil sich bestimmte Minerale nur unter genau definierten Druck- und Temperaturverhältnissen bilden (Mineralparagenese).

Tone und Mergel erfahren bei der Metamorphose zunächst eine Texturänderung. Infolge der hohen Drucke ergeben sich Gefügeregelungen, die als Schiefer- oder Gneistextur bezeichnet werden. Dabei handelt es sich nicht um eine (primäre) Schichtung, sondern um eine (sekundäre, druckausgelöste) Schieferung oder Textur. Diese beruht darauf, daß sich unter der Einwirkung von Streß die blättchenförmigen, leicht spaltbaren Minerale, vor allem Glimmer und Chlorite, aber auch die prismatischen Minerale (Hornblende, Disthen u.a.) senkrecht zur Druckrichtung und lagenhaft anordnen. Daraus ergibt sich eine insgesamt lagenhaft-parallele Einregelung, und die Gesteine werden an den Texturflächen spaltbar. Was mit dem Begriff der Textur gemeint ist, zeigt am besten ein Vergleich von Granit mit Gneis. Chemisch handelt es sich praktisch um die gleichen Gesteine. In der Textur, nämlich dem ungeregelten Mineralgefügemuster der Granite im Gegensatz zum lagenhaften, schichtigen Bild der Mineralanordnung der Gneise zeigt sich der entscheidende, morphologisch höchst bedeutsame Unterschied. Daß beide Gesteinstypen aufgrund der texturellen Unterschiede auch unter gleichen Außenbedingungen verschiedenes Relief zeigen, ist empirisch nachweisbar, logisch verständlich und entscheidend für Landform.

Aufgrund steigender Drucke und Temperaturen ergibt sich gleichzeitig mit der Texturierung eine allmählich intensiver werdende Mineralumwandlung und daher bei den klastischen Gesteinen eine metamorphe Reihe Ton-Schieferton-Tonschiefer-Phyllite (bei reinen Tonschiefern als Ausgangsgestein) bzw. Glimmerschiefer (bei sandigen Tonschiefern als Ausgangsgestein) – Gneis. Der Ton ist die Anfangs-, der Paragneis die Endstufe der Metamorphose. In Tonschiefern ist häufig eine aus der primären Schichtung hervorgegangene, diagenetisch bedingte Schieferung vorhanden. Falls der Streß senkrecht auf sie wirkt, wird sie verstärkt. Dies ist aber nur selten der Fall. Meist entsteht eine Transversal- oder Querschieferung, bei der Schichtung und Schieferung nicht mehr zusammenfallen. Bei schwach metamorphen Gesteinen mit noch angedeuteter Schichtung wirkt dies im Aufschluß verwirrend. Bei hoch metamorphen Gesteinen vom Phyllit an ist die ursprüngliche Schichtung makroskopisch infolge der Mineralumwandlung meist nicht mehr feststellbar.

Über das Gneisstadium hinausgehende Metamorphosierungsvorgänge werden als Ultrametamorphose, das Anfangsstadium der Aufschmelzung als Anatexis bezeichnet. Voraussetzung dafür sind Drucke über 2000 bar und Temperaturen über etwa 700–1000 Celsiusgraden. Dann setzt ein Aufschmelzungsvorgang ein, der zunächst zu Injektionen, dann aber zum völligen Eingehen der Ausgangsgesteine in die Schmelze führt. Es entstehen zunächst, da noch ein Rest von Ausgangsgestein bestehen bleibt, die sogenannten Migmatite, bis schließlich wieder reines Magma entstanden ist. Dieses mag einen etwas anderen Chemismus besitzen als das Ausgangsmagma, aber es ist gleichwohl wieder irdische Schmelze geworden, aus der neue Magmatite entstehen können.

Die metamorphen Serien der Sedimentite, insbesondere der Tone, heißen Paragesteine. Auch Magmatite können metamorphosiert werden. Sie werden dann Orthogesteine genannt. Orthogneis, d.h. metamorpher Granit, ist wohl das am weitesten verbreitete Orthogestein. Im allgemeinen ist es von Paragneis nur schwer zu unterscheiden und besitzt auch dieselben oder doch nahezu dieselben Verwitterungseigenschaften. Nur ausgesprochen grobkörnige Orthogesteine verhalten sich wie Magmatite. Vulkanische Tuffe werden zu Amphiboliten metamorphosiert.

Q u a r z i t ist metamorpher Sandstein. Er besteht in der Hauptmasse wie sein Ausgangsgestein aus $SiO_2$. Daneben kann er aus dem Bindemittel bzw. der Matrix des Ausgangssandsteins stammende, ebenfalls metamorphosierte Gemengeteile enthalten, z.B. Glimmer (Biotit, Serizit; vgl. Glimmerquarzit des Aarequellgebiets, ein Leitgestein der pliozänen Donauschotter der Schwäbischen Alb), Feldspäte (Orthoklas, Plagioklas) und Schwerminerale. Wenn bei der Metamorphose eine gneisähnliche Paralleltextur entstand, so wird Quarzit auch Quarzitschiefer genannt. Bei der Metamorphose zu Quarzit erreicht die Umkristallisation der Sandsteine meist einen so hohen Grad, daß die ursprünglichen Sandstein- oder Konglomeratkörner zwar noch als Schemen erkennbar scheinen (Littermont/Saarland). Gleichwohl sind sie praktisch mit dem umkristallisierten Bindemittel identisch geworden, so daß die Bruchflächen beim Hammeranschlag durch die Körner gehen. Dies ist ein klares Unterscheidungsmerkmal zum Sandstein, der beim Anschlag in der Matrix der Quarzkörner spaltet, ebenso wie meist auch Konglomerate, sofern nicht extrem kieseliges Bindemittel vorliegt.

M a r m o r ist hochkristalliner, metamorpher Kalk. Es ist falsch, sedimentäre, durch Eisen- und Manganoxide verschieden gefärbte, gebänderte Kalke Marmor zu nennen.

Regionale Metamorphose erfaßt ausgedehnte Gesteinskörper. Im Devon des Rheinischen Schiefergebirges liegt in den Tonschiefern und Quarziten meso- oder schwachmetamorphes Gestein vor. Die übrigen Mittelgebirge Mitteleuropas wurden variskisch zwar in verschiedener Weise, aber jeweils voll metamorphosiert. Lokale Metamorphose, die zu derselben vom Ausgangsgestein abhängigen Gesteinsfazies führt wie die Regionale, ist dagegen örtlich auf den sogenannten Kontakthof eines aufdringenden Plutons beschränkt. Dort wird infolge der großen Hitzezufuhr vom Pluton aus und wohl auch wegen der beim Aufdringen entstehenden hohen Drucke das Randgestein metamorph verändert. Dieses wird dadurch meist widerständiger als der Pluton selbst.

Die für die Verwitterung grundsätzlich wichtigste Eigenschaft der Metamorphite ist die Schieferung. Sie führt bei überwiegend mechanischer Verwitterung zu einer plattigen Aufspaltung entlang der Schieferungsflächen. Deren Ursache ist das Eindringen von Wasser entlang der Unstetigkeitsflächen. Dabei beginnt eine Hydrolyse der Feldspäte und eine Hydratation (Kristall- bzw. Mineralauflockerung) der Glimmer. Mitgesteuert wird der Vorgang durch Oxidation und durch Bodensäuren. Die Verwitterung der hochmetamorphen G n e i s e, vor allem der Paragneise, hängt mit ihrer Wegsamkeit zusammen. Wegsam für Wasser sind sowohl die Schiefer- als auch die Kluftflächen. Paragneise aus tonreichem Sediment sind in der Regel leichter verwitterbar als tonmineral- und glimmerarme Gneise, denn die Tonmineralumbildung führt sehr schnell zu blättriger Aufspaltung und Umwandlung der Glimmerlagen. Die in den Schweizer Alpen häufigen Gspaltenhörner und Faulhörner liegen durchweg in schiefrig texturierten, tonmineralreichen Gesteinen vom Paragneis- bis

Glimmerschiefertypus. Dort tastet die Verwitterung besonders der nivalen und subnivalen Höhenstufen der Schieferung nach und blättert die Gesteine lagenhaft auf. Weniger tonmineralreiche Paragneise und Orthogneise (z. B. Matterhorn) zeigen diesen Verwitterungseffekt nicht. Es kommt also bei der Gneisverwitterung im wesentlichen auf den Gehalt an Feldspat- und Glimmerlagen an, weil nur in diesen die Verwitterung ansetzen kann. In alpinen wie voralpinen Schottern lassen sich beide Verwitterungsformen, d. h. einerseits blättrig aufgespaltene, andererseits noch durchaus massive Gneisgerölle fast stets beobachten. Die Umsetzung der Feldspäte und Glimmer in einfache Tonminerale führt zur Bildung von Residualkörnern aus Quarz, und zwar unter allen Klimaten der Erde. Die Sandbetten der von LOUIS in Tanganyika untersuchten Gerinne lassen sich aus dem dort vorherrschenden Gneistypus herleiten. Gneisblöcke zeigen praktisch nie Wollsackformen.

Glimmerschiefer, differenziert in Muskowitschiefer, Biotitschiefer, Granatglimmerschiefer, Kalkglimmerschiefer und Quarzglimmerschiefer mit besonders hohem Quarzgehalt verhalten sich bei der Verwitterung ihrem verschiedenen Chemismus entsprechend verschieden. Die für die Verwitterung grundsätzlich wichtigste Eigenschaft ist auch hier die Spaltbarkeit, die auf der Schiefertextur beruht. Sie ist beim Quarzglimmerschiefer wegen der widerständigen Quarzkomponenten am geringsten. Er ist auch gegen chemische Verwitterung relativ widerständig und bildet Restsande. Für Muskowit- und Biotitglimmerschiefer gilt das schon beim Granit Gesagte. Biotit verwittert leichter als Muskowit. Endprodukt der chemischen Verwitterung sind einfache Tonminerale vom Kaolinittyp. Generell gilt für chemische Verwitterung das schon für die Gneise Gesagte, nur daß die Glimmerschiefer etwas weniger widerständig, weil weniger stark metamorphosiert sind als die Gneise. Auch Glimmerschiefer bilden als Grobblöcke keine Wollsäcke; auch nicht unter Tropenklimaten. Dort spalten sie sogar besonders leicht auf.

Phyllit verhält sich ähnlich wie Glimmerschiefer. Die Zusammensetzung aus Serizit und Quarz (Serizitschiefer, Serizit ist besonders dichter Muskowit), das Hervortreten von Quarzlagen und -linsen im Quarzphyllit verleiht Serizitschiefern und Quarzphyllit eine geringfügig höhere Widerständigkeit als Kalkphylliten. Insgesamt sind die Phyllite infolge der weniger intensiven Metamorphose weniger verwitterungsresistent als Gneis und Glimmerschiefer, sie neigen zu stärkerer blättriger Aufspaltung. Bei chemischer Verwitterung verhalten sich Glimmerschiefer und Phyllite praktisch gleich.

Tonschiefer stehen am Anfang der metamorphen Gneisreihe und sind unter humiden Klimaten die am wenigsten widerständigen Paragesteine. Wegen ihrer schwachen Schieferung verwittern sie leicht mechanisch und chemisch zu Tonmineralen. In ariden Klimaten gilt dies natürlich nicht, ebensowenig wie bei Gneis und Glimmerschiefern sowie Phylliten. Sowohl zur mechanischen als auch zur chemischen Aufspaltung entlang der Schieferflächen ist ja Wasser notwendig. Die Neigung der aus intensiver Klüftung entstandenen Griffelschiefer wie auch der aus weniger klüftigen Schieferplatten bestehenden Schiefertafeln zum Zerbrechen sowie blättrigen Aufspalten war früheren Studentengenerationen aus ihrer Volksschulzeit meist noch in Erinnerung. Innerhalb der mitteleuropäischen Mittelgebirgsschwelle geben die

Dachschiefer und die Schieferplattenverkleidung der Hauswände ähnliche Hinweise. Blockverwitterung existiert natürlich nicht.

Sekundär verkieselter Tonschiefer unterliegt bei plattiger Spaltbarkeit eher den Verwitterungsregeln der Kieselschiefer. Es ist sogenannter Wetzschiefer. Das grob geschieferte Gestein wird wegen seines Kieselsäureanteils unter dem Namen Wetzstein in den Handel gebracht. Seiner Härte wegen können mit ihm Schneidinstrumente nachgeschärft werden. Eigentliche Schleifsteine sind meist feinkörnige, quarzitische Sandsteine. Der chemische Ausgangsbestand, Tonminerale, kann auch bei Tonschiefern unter außertropischen Klimaten Laboranalysen verfälschen, weil die primär enthaltenen Minerale das Verwitterungsbild beeinflussen können. Kontrollanalysen sind daher hier wie auch bei den feinklastischen Sedimenten notwendig.

Quarzit ist unter allen Klimaten der Erde extrem resistent. Dies beruht darauf, daß der Quarzit durch die Metamorphose zwar einerseits eine gewisse plattige Spaltbarkeit gewinnt, andererseits aber die Porosität des Sandsteins und dessen Unstetigkeitsflächen zwischen Bindemittel und Sandkörnern aus Quarz verliert. Gegen chemische Verwitterung ist er allerdings nur so lange resistent, als die Kieselsäure nicht unter besonderen Milieubedingungen mobilisiert wird. Physikalisch-mechanische Verwitterung kann Quarzit in scharfkantige Blöcke spalten, die sich nicht zurunden lassen. Die silurische Baniserie in Südmarokko besteht zwar nicht direkt aus metamorphen, aber doch aus diagenetisch so stark verfestigten Kieselsandsteinen, daß ihre Gesteinsresistenz derjenigen von Quarziten nahekommt. Aus ihr wurden an den Schichtstufen Südmarokkos Blockmeere scharfkantigsten Typs gebildet. Die Rinden der Blöcke lassen auf hohes Alter schließen. Rezente Insolationssprengung ist so gut wie nie zu beobachten.

Die hohe Resistenz ist quarzittypisch. Sie beruht auf der primären Härte des Silikats und darauf, daß es kaum Unstetigkeitsflächen gibt, an denen die Verwitterung ansetzen könnte. Als Geröll rundet sich Quarzit i. a. nicht gut; er bricht während des Transports wegen der Transportbeanspruchung immer wieder kantig. Der Widerständigkeit wegen darf es auch nicht wundern, daß besonders hohe Rumpfflächenniveaus innerhalb der mitteleuropäischen Bruchschollenschwelle in Quarziten liegen: Idarwald, Soonwald u. a. im Hunsrück, auch der Taunuskamm, im Harz der Acker-Bruchberg-Zug u. a. Sie wurden schon früh als Härtlinge, d. h. als strukturbedingte Formen innerhalb verschieden hoher Skulpturflächen bezeichnet. Angesichts der Widerständigkeit des Quarzits besteht auch heute noch kein Anlaß, diese Deutung aufzugeben.

Literatur:

Braun (1969); Brinkmann (1975); Brinkmann et al. (1967–1974); Cailleux (1952); Cailleux & Tricart (1963/65²); Cloos (1963²); Engelhardt (1973); Füchtbauer & Müller (1977³); Millot (1970); Ollier (1969); Pettijohn (1957³); Pettijohn, Potter & Siever (1973); Poser & Hövermann (1952); Schreiner (1965); Stäblein (1970, mit Lit.); Valeton (1955); Wagner (1960³); Wilhelmy (1958); Wilson (1975); Winkler (1967²); Zeuner (1933).

# 7 Vulkanismus, Plattentektonik und Landform

## 7.1 Plattentektonik und Vulkanismus

Schon bevor das Konzept der Plattentektonik aufgestellt wurde, war aufgefallen, daß Vulkanismus und Hochgebirgsbildung vielfach zusammenhängen. Vulkanisch höchst aktiv sind die pazifischen Ränder. Ihnen stehen allerdings die vulkanisch wenig aktiven eurasiatischen Gebirge gegenüber. Dies konnte zunächst nur unbefriedigend erklärt werden. Immerhin wurde schon um 1936 eine Differentiationsreihe der Magmen (Geologischer Stammbaum der Eruptivgesteine; vgl. CLOOS, 1963², S. 117) aufgrund relativer (!) Magmenhäufigkeit aufgestellt. Darin wird eine Kalk-Alkali-Reihe oder Pazifische Sippe (= Differentiationstendenz) mit Graniten, Granodioriten und Rhyolithen (Lipariten) von einer Mediterranen Kali-Reihe und einer Atlantischen Natron-Reihe unterschieden (Peridotite, Gabbros, Basalte). Aufgefallen war, daß die Pazifische Sippe (in der auch basische Gesteine auftreten) an die jungen Inselbögen und den pazifischen Kontinentrand Amerikas gebunden ist. Die Mediterrane und die Atlantische Sippe, in sich stark verwandt, bilden dagegen die charakteristische Magmenreihe der Bruchregionen der Erde. Plattentektonisch läßt sich dies heute besser erklären als noch vor 20 Jahren.

Die Pazifische Magmatitsippe tritt in plattentektonischer Sicht vorwiegend an den Konvergenzrändern vor allem des andinen und des Inselbogentyps auf. Dort wird ozeanische Kruste in die Tiefe transportiert und aufgeschmolzen. Aus der Schmelze tritt Material in Tiefen- und Oberflächenvulkanismus wieder zu Tage und baut dabei neue kontinentale Kruste auf, kurzfristig auch neues Relief. In den Konvergenzzonen, d.h. den Subduktionszonen, ist der Vulkanismus sauer (granitisch) und daher vorwiegend explosiv.

Daneben häufen sich Vulkane in Divergenzbereichen, d.h. am Kontinentalsockel und auf den Ozeanböden. Dort sind Ergüsse an das Aufreißen von Spalten gebunden. Gefördert wird basaltisches (basisches) Magma der Mediterranen und Atlantischen Sippe. Der Vulkanismus ist dort vorwiegend effusiv. Intermediäres Magma entsteht bei Einschmelzungsvorgängen.

Die drei Typen der basischen/kieselsäurearmen, der intermediären und der sauren/kieselsäurereichen Vulkanite besitzen eine verschiedenartige Aufdring- und Explosions- bzw. Effusionsmechanik. Daher divergieren die bei Vulkanergüssen entstehenden Formen. Die Ursache ist der verschiedene Chemismus. Die gesteinsbildenden Minerale haben verschieden hohe (experimentell ermittelte) Schmelzpunkte. Kieselsäure schmilzt bei etwa 1685 Celsiusgraden, saure Feldspäte (Plagioklase u.ä.) zwischen 1550 und 1200°, Orthoklase bei etwa 1150°, Glimmer bei 880°C. Allerdings kommt die Schmelze nicht mit den hohen Mineralschmelzpunkttemperaturen an die Oberfläche. In der Natur gemessene Werte sind bei CLOOS (1963², S. 124) referiert. Danach wiesen saure Laven am Ätna und am Vesuv 970–1200° Wärme auf. Basaltische Laven des Kilauea auf Hawaii besaßen an der Oberfläche 750°, in 4 m Tiefe 900°, in 13 m Tiefe 1200°C. Diese Meßwerte können jedoch nicht verallgemeinert werden. Der faktische Schmelzpunkt der Minerale in der irdischen Schmelze wird nämlich von den herrschenden Drucken, vom Milieu (in chemisch verschieden zusammengesetzten Schmelzen kann der Schmelzpunkt eines Minerals verschieden hoch liegen) und vom Gasgehalt beeinflußt. Vor allem der Gehalt an Wasser kann die Erstarrungstemperatur von Lava negativ beeinflussen. Stark $H_2O$-haltige Lava fließt am Vesuv noch bei Temperaturen von 900 °C. In praxi und als Faustregel ausgedrückt manifestieren sich die gekennzeichneten Schmelzpunktunterschiede darin, daß basische (basaltische) Magmen an der Oberfläche wärmer und flüssiger sind als saure (granitische).

Aus dieser Faustregel, die für den Anfänger genügen mag (mineralogische Lehrbücher führen hier weiter), leitet sich eine geomorphologisch wichtige zweite Regel ab. Basische Schmelze führt zu effusivem, saure zu explosivem, intermediäre zu gemischtem Vulkanismus. Jede Förderform erzeugt andere Vulkanformen.

## 7.2 Tiefenvulkanismus

Tauchen Plattenränder in die Asthenosphäre, dann wird Lithosphäre aufgeschmolzen. Sowohl Divergenz- als auch Konvergenzränder werden bei der Subduktion tektonisch stark beansprucht. Daher dringt Schmelze an den Zerrüttungszonen hoch. Sobald sie in der Kruste erstarrt, bildet sie Intrusionskörper (Tiefengesteinskörper, Formen des Plutonismus oder Kryptovulkanismus; kryptos = verborgen; s. o. Batho- und Lakkolithe). Diese bauen Relief der Kruste erst dann auf, wenn sie durch Denudation und Erosion aus dem umgebenden Gesteinsmantel herauspräpariert sind und damit (exogen) an die Oberfläche gelangen. Sie können dann als Härtlinge, wie z. B. die Quellkuppen des Drachenfels und der Wolkenburg im Siebengebirge bei Bonn aus Trachyt bzw. Andesit, oder der Peñon de Ifach bei Kap Nao über die Umgebung ragen, wenn die umgebenden Gesteine weniger widerständig sind als die Vulkanite. Umgekehrt können aber auch die beim Aufdringen durch Kontaktmetamorphose entstandenen Metamorphite des Kontakthofs widerständiger sein als der Plutonkörper. Sie überragen diesen dann als Kämme. Beide Formen sind, begrifflich scharf gefaßt, keine Vulkanformen, sondern Abtragungsformen in Vulkaniten/Magmatiten (vgl. auch 7.4 Abtragungsformen in Vulkaniten).

## 7.3 Oberflächenvulkanismus

Magma tritt entlang von Störungszonen der Kruste in Förderschloten und -spalten vor allem wegen Entgasung infolge von Druckentlastung an die Oberfläche der Kruste. Mit dem Gas zusammen wird Magma hochgerissen, ähnlich wie kohlensäurehaltiges Wasser bei plötzlichem Öffnen der Flasche und dabei eintretender rascher Entgasung des Sprudels aus der Flasche überschäumt. Die rasche Entgasung führt besonders beim explosiven Vulkanismus zu erheblichen Oberflächenerscheinungen.

Gase stiegen beim plinianischen Vesuvausbruch über 10 km hoch. Sie bildeten Glutwolken, in denen 79 n. Ztw. Admiral Plinius d. Ä. bei Stabiae (Castellamare di Stabia) umkam. Ähnliche Glutwolken erstickten, mit Geschwindigkeiten von 30 m/

sec. die Hänge hinabgleitend, 1902 bei der Explosion der Montagne Pelée auf Martinique in der Karibik die 26000 Einwohner der Stadt Saint Pierre in etwa 2 Minuten. Mitgerissene Magmenteilchen (Lapilli) und durchschlagenes Nebengestein wurden beim Vesuvausbruch 13 km, beim Krakatauausbruch 80 km, beim Besimjanny (1956) 45 km hoch in die Atmosphäre gerissen. Die bei der Krakatauexplosion in der Sundastraße ausgesprengte Gesteinsmenge wird auf 18 ckm geschätzt. Die meiste Asche fällt wieder zurück. Nach der Krakatauexplosion umkreisten jedoch in die Stratosphäre gerissene Aschen noch jahrzehntelang die Erde. Bei der Explosion des Laacher Vulkans ging die Verfrachtung von Aschen (die heute der Lößstratigraphie Leithorizonte bieten) über 10000 km weit. Die Krakatauaschen fielen auf ein Gebiet von etwa 830000 qkm. Die Kondensation des emporgerissenen Wassergases bewirkt Niederschläge; dadurch werden die Aschen aus der Atmosphäre gewaschen und gehen als Aschenregen (Pompeji 79 n. Ztw.) bzw. als Schlammströme (Herculaneum; zusammen mit Laven) nieder. Effusiver Vulkanismus ist oberflächlich weniger eindrucksvoll.

### 7.3.1 Effusive Tätigkeit und ihre Formen

Effusion heißt Ausfluß. Er ist im wesentlichen an leichtflüssige Magmen mit geringer Entgasung geknüpft und führt zur Bildung von Tafel- und Schildvulkanen. Tafelvulkane sind in ein präexistentes Relief eingelagerte Vulkanitdecken mit Mächtigkeiten von 1500 m bis über 3000–4000 m, die an Förderspalten und -schloten aufstiegen. Das riesige Columbiabecken der nordamerikanischen Kordillere ist in Ausdehnungen von nahezu 800 × 800 km von tertiärzeitlichen, also bei der Plattenkonvergenz entstandenen Tafelbasalten bedeckt, die durch Frazer River, Snake River und Columbia River aufgeschlitzt werden. Nahezu gleich groß ist das Gebiet des Dekkan-Trapps in Vorderindien. Auch das Hochland von Abessinien und Mittelsibirien besitzen Ergußdecken riesigen Ausmaßes. Das Basaltplateau Südbrasiliens zwischen Küste und Rio Parana umfaßt 1,1 Mio qkm und ist örtlich 1700 m mächtig. Island, Spitzbergen, Grönland, Südafrika (Karrubasalte/Drakensberg) tragen ausgedehnte Basaltdecken. Die Landformen sind i.a. jedoch nicht durch (vulkanische) Aufschüttung, sondern durch Abtragung entstanden. Es sind keine echten Vulkanformen s. str., sondern Abtragungsformen in Vulkaniten entwickelt. Die Förderung ist so alt, die Vulkanite sind z. T. so hoch gehoben, daß exogen längst das ursprüngliche vulkanische Aufschüttungsrelief verändert wurde. Aus ihm entstanden exogen bedingt Vulkan-Decken und -stufenländer oder Rumpftreppen.

Schildvulkane entstehen ähnlich wie Tafelvulkane, jedoch bei engeren, begrenzteren Spaltenausbrüchen. Sie ordnen sich meist m. o. w. konzentrisch um die Förderstellen. Die auseinanderfließende Lava baut flach gewölbte Schilde mit Hangwinkeln von 1–10° auf. Nach dem Vulkanismus der vom Tiefseeboden aufwachsenden Hawaii-Inseln mit ihren leichtflüssigen basaltischen Magmen, die geringmächtige Lavaschichten bilden und deren Ergüsse kaum von der Bildung pyroklastischer Gesteine (Tuffe, Tuffite) begleitet sind, werden die Schildvulkane auch als Hawaii-Typus des Vulkanismus bezeichnet. Der Mauna Kea mit dem Mauna Loa ist auf einer Basis von 120 × 90 km 8000 m hoch, davon 4000 m über NN. Die permischen und tertiärzeitlichen Vulkane Mitteleuropas, z.B. die Melaphyrergüsse des Saar-Nahe-Berglands, die Basaltergüsse der Rhön und des Vogelsbergs, dürften den Charakter von Schildvulkanen besessen haben. Bei letzteren wird allerdings auch intrusive, oberflächennahe Bildung diskutiert. Die reine Ergußform spiegeln indes auch sie nicht, denn auch sie sind wegen ihres hohen Alters längst zu Abtragungsformen in Vulkaniten umgewandelt.

Lavenentmischung, Änderung der Schmelztemperatur, Förderschlotverstopfung führen dazu, daß sich aus dem effusiven ein gemischter, effusiv-explosiver Strato- oder Schichtvulkan (Lava + Tuffe) entwickeln kann (Stromboli-Typus).

### 7.3.2 Explosive Tätigkeit und ihre Formen

Zähe, saure, allerdings örtlich auch basaltische Laven führen bei rascher Entgasung zu explosivem Vulkanismus. Die Bezeichnung ist eigentlich nur für Explosionsvulkane vom Vesuv-, Krakatau-, Montagne Pelée- oder Bandaisantypus ganz richtig. Die Unterordnung auch des Maarvulkanismus rührt von der veralteten Vorstellung, die Maarformen seien in ein- bis mehrmaligen Ausbrüchen kurzer Dauer (Typus Atombombenexplosion) aufgrund schlagartiger Entgasung gebildet worden. Dadurch bzw. durch die vorherigen Drucke sei die in den Schloten vorkommende Hochdruck-Kohlenstoff-Modifikation Diamant entstanden. Die Meinung wurde etwa bis 1930 vertreten.

Genauere Untersuchungen des Körnungsgrades der Lava-, Tuff- und Tuffitbestandteile zeigen meist eine gute Zurundung, die nicht schlagartig erworben sein kann. Auch die korrelaten Sedimente, d.h. die Decken-, Schlot- und Randtuffite, sind oft geschichtet, häufig in der Form des graded bedding. Deshalb wurde aufgrund von Untersuchungen am Schwäbischen Vulkan (Cloos 1941) die Vorstellung entwickelt, Maare seien zwar bei (geologisch) relativ rascher, tatsächlich aber doch über Tage und Wochen andauernder Entgasung entstanden. Die Entgasung erzeugte eine Art Sandstrahlgebläse. Dadurch lassen sich die Abrundung und die Kreuzschichtung des geförderten Materials erklären. Cloos (1941) deutete Maarhohlformen aufgrund kontinuierlicher Magmenentgasung aus der Restschmelze des tieferen Untergrunds (finale Entgasung). Die Schlote wurden nach Cloos durch ein Gas-Feststoff-Strömungssystem auf Spalten geschaffen. Das System wird heute als Fluidisationsprozeß bezeichnet. Er ist ein infolge kontinuierlich zunehmender Druckentlastung/Förderschloterweiterung zunehmend energiereicher werdender und dann schnell endender Vorgang. Feinkörnige Tuffe stehen am Anfang der Förderung. Dann folgt gröberes Tuffitmaterial, neben Schollen des durchbrochenen Gebirges. Dies weist auf Energiezunahme während der Förderung. Der Unterschied zum Sandstrahlgebläse besteht dabei nicht nur in der Energiezunahme. Bei der Fluidisation ist vielmehr auch ein Absinken druckentlasteter Schlotwandteile anzunehmen, die erhalten bleiben können oder aber bei der langsamen Absenkung im Gasstrom so lange zerkleinert werden, bis sie im zentralen Gasstrom aufsteigen und von ihm dann auch ausgeworfen werden können. Im allgemeinen werden heute

Maarvulkanismen als finale, am Ende der Restschmelzenentgasung stehende Vulkanismusformen angesehen, wo Magma nur noch langsam aufsteigen kann.

Explosivvulkanismus s. str. tritt bevorzugt in zwei Zonen auf. Hochexplosiver Vulkanismus ist überwiegend an ozanisch-kontinentale bzw. ozeanisch-ozeanische Krustenkonvergenz gebunden, also an die orogenetischen Zonen des andinen oder Inselbogentyps (Pazifikränder). Bei den oft schlagartigen Explosionen entstehen Aschen, Lapilli, Bimsstein, Glutwolken. Phreatomagmatische Erscheinungen, d.h. das Eindringen von Wasser als Grund- oder Meerwasser in Spalten auf Magmenkörper sind wohl an der Gasdruckbildung beteiligt. Folgen der Explosion Ergüsse, so sind sie meist sauer und daher zähflüssig.

An nichtorogene Bruchzonen der Erde gebundener Explosionsvulkanismus ist nicht eigentlich explosiv. Er führt zum Maartyp mit Fluidisationsförderung, also nicht zu schlagartiger Explosion. Erfolgt hier aus der Restschmelze Magmenförderung, so kann diese basaltisch (basisch) sein.

Der oberflächliche Formenschatz des Explosionsvulkanismus ist dem Fördermechanismus entsprechend verschieden. Maare sind offenbar typische Oberflächenformen vor allem finaler Vulkantätigkeit. Sie bestehen aus m.o.w. runden, bei jugendlichem Bildungsalter meist noch seegefüllten Hohlformen (Eifelmaare), die von Aschenwällen umgeben sind und wasserundurchlässige, daher stauende Sockel aus Tuffiten oder erstarrten Lavamassen besitzen. Die in die Tiefe setzenden Durchschlagsröhren sind, wie die Kimberlitpipes Südafrikas zeigen, schon nach wenigen 100 m spaltenförmig. Das Maar ist nur die oberflächliche trichterförmige Erweiterung der Spalte. Im Schwäbischen Vulkan zwischen Stuttgart, Reutlingen, Münsingen und Göppingen kommen neben rundlichen Pipeformen auch Basalttuffspalten vor. Im übrigen sind gerade die Alb-Maare wiederum keine reinen vulkanischen Bildungen, sondern Ausraumformen auf Schlotstielen, also Landformen in Vulkaniten, keine Vulkane. Aus Maaren können in einer Spätphase der Bildung Lavaströme ausfließen (Mosenberg bei Manderscheid/Eifel). Weiterer Wechsel von Lava- und Tuffit- bzw. Tuff-Förderung aufgrund eines Wechsels zwischen effusiver und explosiver Tätigkeit führt dann über den Aschenvulkan am Ende der Reihe ebenfalls zur Form des Schichtvulkans.

Kalderen sind vermutlich keine reinen Explosionsformen. Es hat den Anschein, als ob zumindest manche Kalderen auch Einsturzformen über unterirdischen, durch Förderung von Magma und spätere Kontraktion des erkaltenden Tiefengesteinskörpers gebildeten Hohlräumen seien. In Kalderen, im Prinzip also entweder Riesenkrater oder Rieseneinsturzformen über Plutonen oder beides, kann bei Neuaufleben der vulkanischen Tätigkeit erneut Lava aufsteigen und den Boden der Kaldera füllen. Weitere vulkanische Tätigkeit führt dann oft, wie z.B. bei den großen Seen Nordlatiums, zum Aufbau einer zweiten Vulkangeneration in der Kaldera. Aus dieser kann sich dann wiederum ein einziger großer Schichtvulkan entwickeln, das nach der Typenlokalität so genannte Vesuvstadium. Nach Tazieff (1970), Pichler (1970) u.a. sind Kalderen ziemlich grundsätzlich Einsturzformen über vulkanisch gebildeten unterirdischen Hohlformen. Diese Auffassung stützt sich z.T. auf die Unterschiede zwischen der Toskanischen Vulkanprovinz einerseits, der Romanischen und der Campanischen Vulkanprovinz Italiens andererseits. Die kaliumreichen Vulkanite der südlicheren Provinzen waren basischer und daher mobiler, besaßen also eine erheblich größere Explosionsenergie als die schwerer beweglichen toskanischen Vulkanite. Diese bildeten Ignimbrite (s. u.), d. h. Schmelztuffe, entstanden durch einen glutwolkenähnlichen Explosionsvorgang. Sie wurden in großen Mengen gefördert und hinterließen daher in der Teufe Hohlräume, über denen die Kalderen nachbrachen. Die Verknüpfung von Kalderenform und Ignimbriten ist in der Tat in Italien und beim Bolsener See, Lago di Vico, Lago di Bracciano, bei den Albaner Bergen, beim Somma-Vesuv, sowie bei der Gipfelkaldera der Roccamonfina da. Die toskanischen Vulkane Monte Amiata und Roccastrada förderten zwar anfänglich auch Ignimbrite (Monte Amiata), gingen jedoch später zur Staukuppenform über, förderten also zäheres Magma.

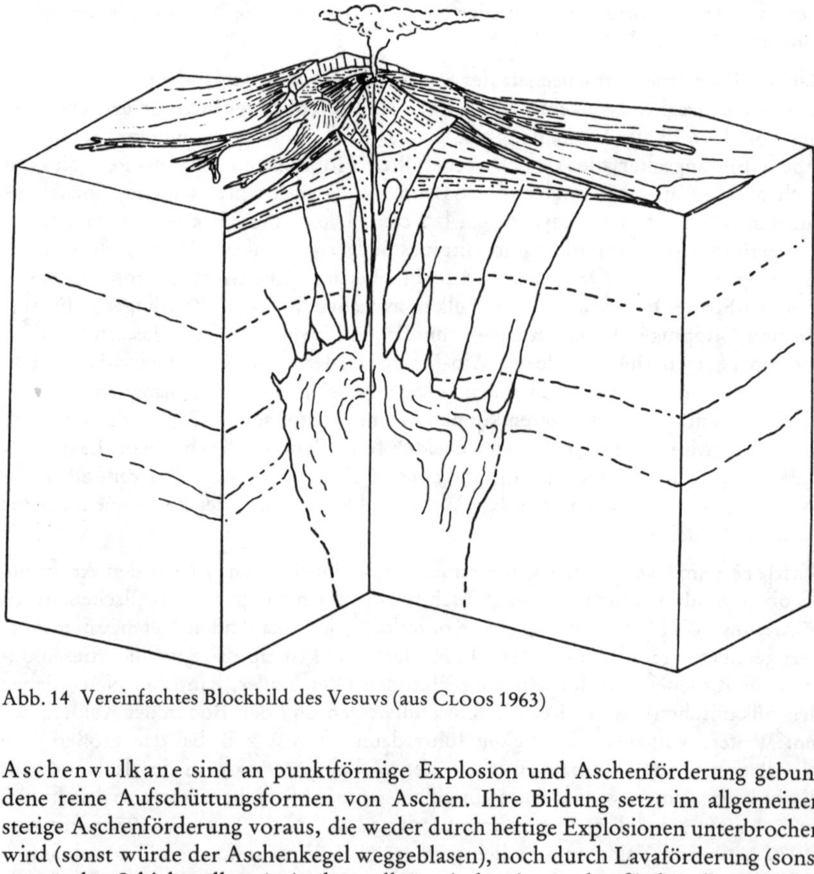

Abb. 14 Vereinfachtes Blockbild des Vesuvs (aus CLOOS 1963)

Aschenvulkane sind an punktförmige Explosion und Aschenförderung gebundene reine Aufschüttungsformen von Aschen. Ihre Bildung setzt im allgemeinen stetige Aschenförderung voraus, die weder durch heftige Explosionen unterbrochen wird (sonst würde der Aschenkegel weggeblasen), noch durch Lavaförderung (sonst entstünden Schichtvulkane). Aschenvulkane sind meist regelmäßig kegelig. Prototypen sind der 3776 m hohe Fuji-san (Fudschijama) W Tokio und der seit 1538 in der

Kraterlandschaft der Phlegräischen Felder bei Neapel entstandene Monte Nuovo (139 m). Der 1819 m hohe Bandai-san auf Hondo flog 1888 in die Luft; Aschenvulkane können also ausnahmsweise auch explodieren, und zwar phreatomagmatisch, durch Wasserzutritt.

Schichtvulkane (= Stratovulkane, gemischte Vulkane, Vesuvtyp) entstehen durch Aschenförderung mit Explosionen einerseits, Lavaförderung durch Effusion andererseits. Diese gemischte Tätigkeit führt zum Aufbau von Vulkanen mit stratifizierten, oft 30° und mehr Hangneigung erreichenden Kegeln. Die Ursachen des Wechsels von Explosion und Effusion sind mannigfaltig. Wenn der Förderschlot verstopft ist, d.h. eine zähe Staukuppe wie ein Kork den Förderschlot verschließt, dann können Gasexplosionen vom Typus des plinianischen Vesuvausbruchs 79 n.Ztw., des Krakatau (1883), des Cotopaxi und der Montagne Pelée auf Martinique um die Jahrhundertwende entstehen. Bei Zutritt von Oberflächenwasser erfolgen auch hier durch die blitzartige Verdampfung Explosionen vom Bandaisantyp. Der Wechsel Effusion/Explosion kann aber auch durch komplizierte, von Restschmelzenbestandteilen und durchschlagenen Gesteinen mitbestimmte Änderungen des Lavenchemismus bedingt sein. Der Vesuv änderte z.B. seine Förderung im Verlauf der letzten 2000 Jahre vor Ztw. von phonolithischen (problematische Ur-Somma) zu stärker sauren, allerdings gleichwohl noch phonolithischen Leucit-Tephriten/Alt-Somma, Jung-Somma und endlich zu noch stärker sauren tephritischen Leuciten (Pichler, 1970).

Im allgemeinen erfolgt zu irgend einem Zeitpunkt in der Entwicklung der aus Laven und Tuffiten aufgebauten Schichtvulkane eine Explosion (= Kalderaphase; Vesuv 79 n.Ztw; Krakatau 1883). Beim Vesuv geschah dies bislang wahrscheinlich dreimal. Bis 79 n.Ztw. war möglicherweise innerhalb einer Urkaldera (Ur-Somma) und einer Alt-Somma ein scheinbar erloschener Kegel aufgebaut worden. Dessen Spitze flog 79 n.Ztw. in die Luft. Die neue Kaldera, Jung-Somma nach der geringfügig niedriger als der Vesuvkegel (1277 m) aufragenden erhaltenen Nordinnenwand des Vesuvs, dem ehemaligen Jungkalderenrand Monte Somma (1132 m), wurde exzentrisch durch den nach 79 n.Ztw. aufgebauten neuen Schichtvulkan des Vesuvkegels in S und SO verdeckt. Am Nordrand liegt die Hohlform des Atrio del Cavallo, die Tiefenlinie zwischen innerem Jungkalderenrand und äußerem Sockelfuß des neuen Schichtvulkans. Über 90% der tätigen Vulkane sind Schichtvulkane.

Ignimbritdecken bestehen aus bei hohen Temperaturen verschweißten sauren Glutwolkenabsätzen. Daher rührt die deutsche Bezeichnung Schmelztuffe. Es sind dem Typus der Pyroklastika (klastische Vulkanite) zuzuordnende, überwiegend kieselsäurereiche, seltener intermediäre Gesteine, die durch explosive Eruptionsmechanismen entsprechend dem Glutwolkentyp entstanden, aber wie effusiv gebildete Basalte oft deckenartig weite Gebiete bedecken. Die Zusammenhänge mit der Bildung von Kalderen wurden schon gekennzeichnet. Infolge ihrer Widerständigkeit ähneln Ignimbritdecken häufig Basalt- oder Rhyolithplateaus. Allerdings sind sie im Gegensatz zu jenen homogener, nicht durch weniger widerständige Lagen getrennt und wegen der Fördermechanismen auch kaum geschichtet. Saure Gesteine vom Liparit–Rhyolithtypus (Zwischenlagen in den Basalten des Columbiaplateaus, Bozner Quarzporphyrplatte, Mittelamerika) verdanken ihre flächenhafte Verbreitung (über 4000 qkm um Bozen) möglicherweise mehr- bis vielmaligen Ignimbritausbrüchen, da ja saure Laven nicht zum flächigen Ausfließen, sondern vielmehr zur Bildung von Staukuppen neigen müßten. Die meisten bekannten Ignimbritdeckenkörper bilden Vulkandecken- und -stufenländer, sind also wegen ihres hohen Alters Abtragungsformen in Ignimbriten. Junge Ignimbritausbrüche (Alaska, 1912) besitzen noch die durch den Ausbruch geschaffene Form. Die flächige Ausdehnung der Ignimbrite trotz des sauren Charakters wird dadurch erklärt, daß die Glutwolkenabsätze kurz nach dem Ausbruch noch Temperaturen um 1000 °C besitzen und daher trotz des vom Chemismus bestimmten zähflüssigen Charakters bei geringen Hangneigungen laminar fließen können, nachdem sich die turbulente Ausbruchsbewegung beruhigt hat.

## 7.4 Abtragungsformen in Vulkaniten

Die Hegau„vulkane", der Schwäbische „Vulkan", die „Vulkane" der Mittelgebirgsschwelle von der Eifel bis zum Erzgebirge (dazu gehören Vogelsberg, Knüll, Rhön in Hessen), aber auch die „Vulkane" des Französischen Zentralplateaus (Cantal, Mt. Dore, Puy-de-Dome, um 1900–1500 m), die Euganeen, der Devils Tower in Wyo-

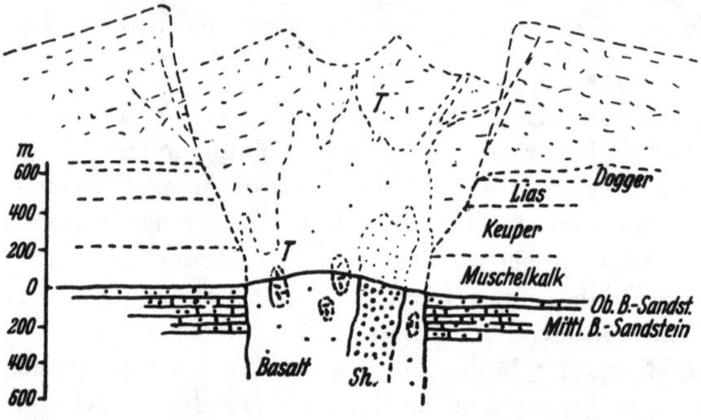


Abb. 15 Der Katzenbuckelschlot im Odenwald als Beispiel für eine Abtragungsform in Vulkaniten (aus Cloos 1963)
Da der Katzenbuckelschlot heute im Oberen Buntsandstein steht, in den Basalten, Tuffiten und Shonkiniten der Schlotfüllung indes auch Gesteine der Mittel- und Obertrias sowie des Lias und des Doggers vorkommen, muß die Landoberfläche vor dem Vulkanausbruch etwa 600 m über der heutigen gelegen haben, dies wird aus der Schichtmächtigkeit gefolgert. Über dem Dogger erst kann sich dann der Vulkan aufgebaut haben (gestrichelte Linien). Prinzipiell ähnliche Verhältnisse gelten für viele mitteleuropäische „Vulkane", die nichts weiter als Abtragungsformen in Vulkaniten sind (Hegaubasalt- und -phonolithstiele Twiel, Krähen, Stoffeln, Hewen u. a.).

ming/USA u.v.a. sind keine Vulkane, sondern Abtragungsformen in Vulkaniten. Ihre Form lehnt sich nur noch lose an die vulkanogene Vorform an, deren Schlote und Staukuppen Härtlingsstiele bilden. Diese werden durch Denudation und Erosion aus der weniger widerständigen Tuffithülle der Schlotumgebung herausgeschält. Die jungtertiären Vulkanformen des Hegaus z.B. lagen mindestens 800 m über den heutigen „Vulkanen“ Twiel, Krähen, Hewen usw. Zerschnittene Reste von Basaltdecken, örtlich auch denudierte Stiele, bilden die Randzonen von Vogelsberg, Knüll und Rhön. Die vor dem Albtrauf liegenden Schlotstiele sind heute Vollformen, weil der verkittete Basalttuff der Schlotfüllung aus der Umhüllung der wenig resistenten Braunjuramergel und -tone herauspräpariert wurde. Sofern dieselben Schlotstiele traufeinwärts liegen, bilden sich über ihnen Ausraumformen. Die Basalttuffe stauen Wasser, tragen deshalb Siedlungen mit Dorfteichen, sogenannten Hülben, und werden gegenüber der verkarstenden, daher widerständigeren Massenkalkumgebung ausgeräumt.

## 7.5 Bemerkungen zu einer Synthese

Cloos (1936; 1963²) u.a. versuchten, Chemismus des Ergußmaterials und Vulkanform/Fördertyp in eine sinnvolle Typenreihe zu bringen. Diese Reihe hat Modellcharakter. Die irdische Wirklichkeit ist differenzierter. Als große Synthese wie auch zur didaktischen Veranschaulichung ist Cloos' Modell aber heute durchaus noch nicht entwertet. Daher wird seine Abbildung hier wiedergegeben.

Literatur:
Cloos (1936; 1941; 1963²); Ollier (1969); Pichler (1970); Rittmann (1960²; 1963); Tazieff (1970).

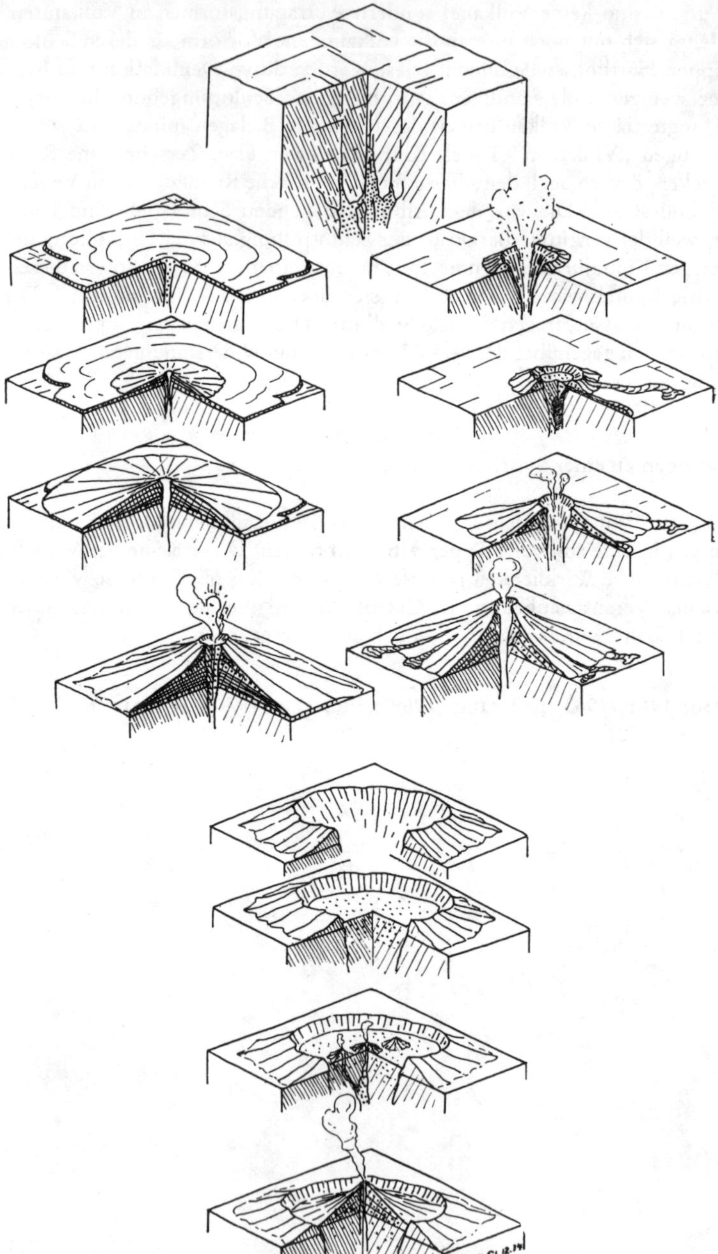

# 8 Tektonik und Landform

In der geologischen Fachsprache wird der Begriff der Tektonik nicht nur auf krustenstrukturelle Zustände, sondern auch auf krustenverändernde Vorgänge angewandt. Letztere lassen sich insofern in das Konzept der Plattentektonik einpassen, als sie meist entweder auf Pressung (Konvergenz) oder Zerrung (Divergenz) zurückführbar sind. Kombinationen beider Vorgänge existieren daneben.

## 8.1 Brüche und Flexuren

### 8.1.1 Begriffliche Voraussetzungen

Kluft ist ein Sprung im Gestein, an dem keine Bewegung erfolgte. Tektonische und Erstarrungsklüfte sind zu trennen. Klüfte im Kalk sind meist lösungserweitert.

Bruch = Verwerfung (früher auch = Spalte, z. B. Brombergspalte im Schönbuch N Tübingen; Otzbergspalte im kristallinen Böllsteiner Odenwald u. a.) ist ein Sprung im Gestein, an dem sich zwei Schollen vertikal gegeneinander bewegten. Steht der Bruch senkrecht, so erfolgte keine Raumveränderung. Sprunghöhe ist der Betrag der relativen vertikalen Verstellung, errechenbar aus der heutigen Höhenlage gleich alter, demnach ursprünglich in gleicher Höhe liegender Gesteinsoberflächen. Liegt z. B. auf der hohen Scholle (= nicht oder relativ schwach abgesenkt oder relativ stark aufgestiegen) die Oberkante einer Gesteinsschicht X in 500 m NN, auf der tiefen Scholle (= abgesunken oder zumindest relativ stärker abgesunken bzw. schwächer gehoben als die hohe Scholle) in 300 m NN, dann beträgt die Sprunghöhe des Verwurfs (relativ) 200 m. Wegen des endogen-exogenen Gleichgewichts ist in der Regel die morphologische Höhe einer bruchbedingten Form geringer als die tektonische Sprunghöhe. Die hohe Scholle wird abgetragen, die tiefe Scholle zusedimentiert. Zur Sprunghöhe negative morphologische Stufenhöhenbeträge (Bruchlinienstufen, s. u.) und ausgeglichene Sprunghöhen existieren allenthalben.

Prinzipiell wesentlich häufiger als senkrechte Brüche sind einfallende Verwerfungen. Die Sprunghöhenberechnung bleibt.

Abb. 16 Typenreihe der Vulkane (vereinfacht) (aus CLOOS 1963)
Oben: aufdringendes Magma mit Spalten. Links: Effusivreihe mit Übergang Tafelvulkan–Schildvulkan–Stratovulkan (Schichtvulkan, gemischter Vulkan). Rechts: Maarreihe („Explosivreihe") mit Übergang Maar–Maar mit Lavastrom-Stratovulkan. Unten: Kalderareihe mit Übergang Kaldera-gefüllte Kaldera-Sekundärvulkane-Vesuvtyp (Stratovulkan in Kaldera, beim Vesuv = Somma). Die Synthese erfaßt nur Grundtypen und ist außerdem 45 Jahre alt. Maarentstehung wird heute nicht mehr grundsätzlich explosiv gesehen. Über Kalderenbildung besteht keine Einigkeit. Gleichwohl erscheint die Blockbildreihe auch heute noch als geeignet, in das Grundverständnis des Vulkanismus einzuführen.

Abschiebung ist ein Bruch, an dem eine Scholle absank. Sie ist daran zu erkennen, daß die Verwerfung zur absinkenden bzw. abgesunkenen Scholle m.o.w. steil einfällt. Abschiebung ist immer die Folge von Zerrung. Wenn eine Scholle entlang einer schräg zu ihr einfallenden Abschiebung einsinkt, dann bewegt sie sich zwangsläufig horizontal von der stehengebliebenen Scholle weg. Das ist Raumausweitung.

Aufschiebung ist ein Bruch, an dem eine Scholle auf eine andere aufgeschoben wurde. Der Übergang zur Überschiebung fließt, jene ist meist steiler als diese. Die Verwerfung fällt unter die aufgeschobene (hohe) Scholle ein, also von der die Aufschiebung erleidenden (tiefen) Scholle weg. Dadurch erfolgt Raumeinengung. Ursache ist Pressung.

Flexuren sind Zonen steiler Gesteinsstellung, bei denen makroskopisch kein Verwurf festzustellen ist, also m.o.w. bruchlose Verbiegung in der Kruste. Mikroskopisch bestehen Flexuren in sprödem Sediment häufig aus Kleinstabschiebungsadditionen.

Verwerfungstreppen können antithetisch sein, wenn sie der Schichtneigung entgegen verworfen sind. Im umgekehrten Falle heißen sie synthetisch.

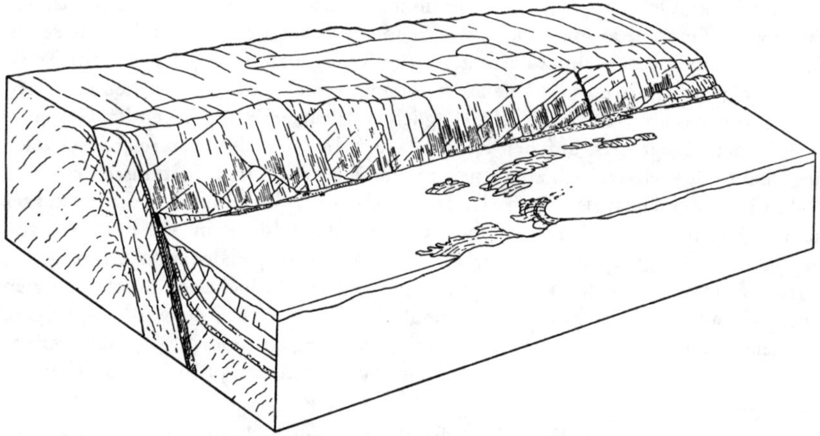

Abb. 17 Schemabild einer Bruchstufe (Grabenrand) mit gestaffelter Randverwerfung und lakustrer bis mariner Sedimentation auf der tiefen, Abtrag auf der hohen Scholle (aus Cloos 1963)

Bruchstufe ist die geomorphologische Bezeichnung für einen Steilhang, der aus einer Verwerfung exogen weiterentwickelt wurde. Wesentlich ist, daß die Bruchstufe den Verwurf positiv oder gleichsinnig spiegelt. Der Hang ist die m.o.w. oberflächlich veränderte, zu Tage streichende Verwerfung. Er fällt gleichsinnig mit der Verwerfung, auch wenn er die ursprüngliche Verwerfung heute spitzwinklig schneidet. Die Höhe des Hangs hängt von der Sprunghöhe und der syngenetischen Abtragung ab. Das morphologische ist auch das tektonische Hochgebiet, umgekehrt das morphologische Tief auch das tektonische.

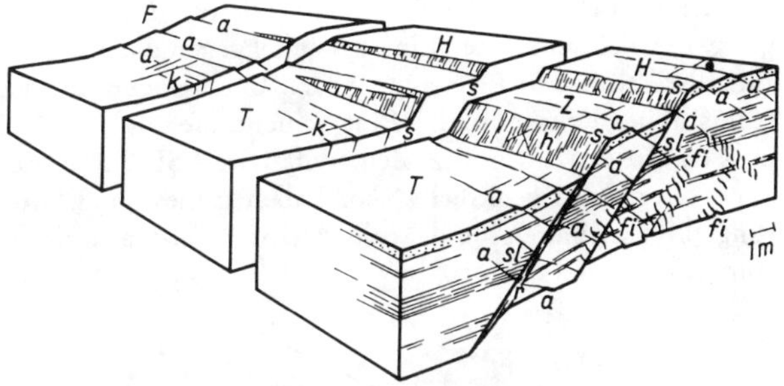


Abb. 18 Abstrahiertes Blockbild beobachtbarer Abschiebungen im Sediment (aus MACHATSCHEK 1973)
Die Abschiebungsbeträge nehmen von links nach rechts zu. Gleichzeitig entwickeln sich aus einer Flexur (F) zwei Abschiebungen, die Hohe Scholle (H), Zwischenscholle (Z) und Tiefe Scholle (T) trennen. Syn- und antithetische Abschiebungen (s, a) versetzen die Zwischenschollen verschieden (s. Text), und an den Schwächezonen treten Schichtschleppungen (sl), Harnische mit Striemen (h), Ruschelzonen (r), Fiederspalten (f) auf, Folgen der Materialbeanspruchung.

Bruchlinienstufe ist die geomorphologische Bezeichnung für einen an eine Verwerfung gegensinnig angelehnten Hang. Wenn die geologisch hohe Scholle schneller abgetragen wird als die geologisch tiefe Scholle, dann kann sich aus dem geologischen Hoch ein geomorphologisches Tief entwickeln, und umgekehrt aus dem geologischen Tief ein Formenhoch. Der Hang zwischen beiden ist dann zwar immer noch m. o. w. mit dem alten Bruch identisch bzw. an ihn angelehnt. Er blickt jedoch zum geologischen Hoch, also gegensinnig zur ursprünglichen Verwurfsform. Bruchlinienstufen können auch Geländestufen sein, in denen Gesteinswiderständigkeiten, die an Verwerfungen sprungbedingt wechseln, aus ursprünglichen Schnittflächen oder höher liegendem Relief exogen herausgeformt wurden (s. u.: Fildergraben).

Mylonitisierungszonen mit Fiederspalten begleiten als fein- bis grobbrecciöse, m. o. w. breite Ruschelzonen oder Zonen der Gesteinszerstückelung die Verwürfe. Die Zerstückelung entstand infolge der Beanspruchung (Stress) bei der Verwurfsbewegung. Morphologisch sind sie Schwächezonen bevorzugter Denudation und Erosion. Harnisch wird eine durch die Vertikalbewegung polierte Verwurfsfläche genannt. Harnische sind, so bald sie exogen freigelegt werden, kurzlebig, auch in widerständigem Gestein.

Schichtlagerung ist die gegenwärtige Endsumme aller Bewegungen, die eine beliebige Sedimentschicht seit ihrer Ablagerung erlebte. Sie kann verworfen sein, flexurartig eingemuldet (Schichtmulde, Synklinale, Syneklise), aufgebeult (Schichtsattel, Antiklinale, Antikline; griech. klinein = neigen) oder einfach schräg gestellt. Morphologisch wird Schichtlagerung besonders im Schichtstufenland wichtig. Gemessen wird das Fallen (Einfallen). Die Fall-Linie ist die Linie der stärksten Neigung, der Fallwinkel der Einfallswinkel gegen die Horizontale, die Fallrichtung die Einfallsrichtung, in Prozenten oder Winkelgraden und Kompaßrichtungen von N rechtsdrehend ausgedrückt. Eine Schicht, die mit einer Neigung von 25 m auf 1000 m nach SO einfällt, besitzt den Einfallswert SE 2,5% oder SE 1,5° bzw. 1°30'. Das Streichen wird senkrecht zum Fallen gemessen. Kluft-, Verwerfungs-, Schieferungsflächen, Falten- und Muldenachsen werden nach demselben Prinzip lagebestimmt.

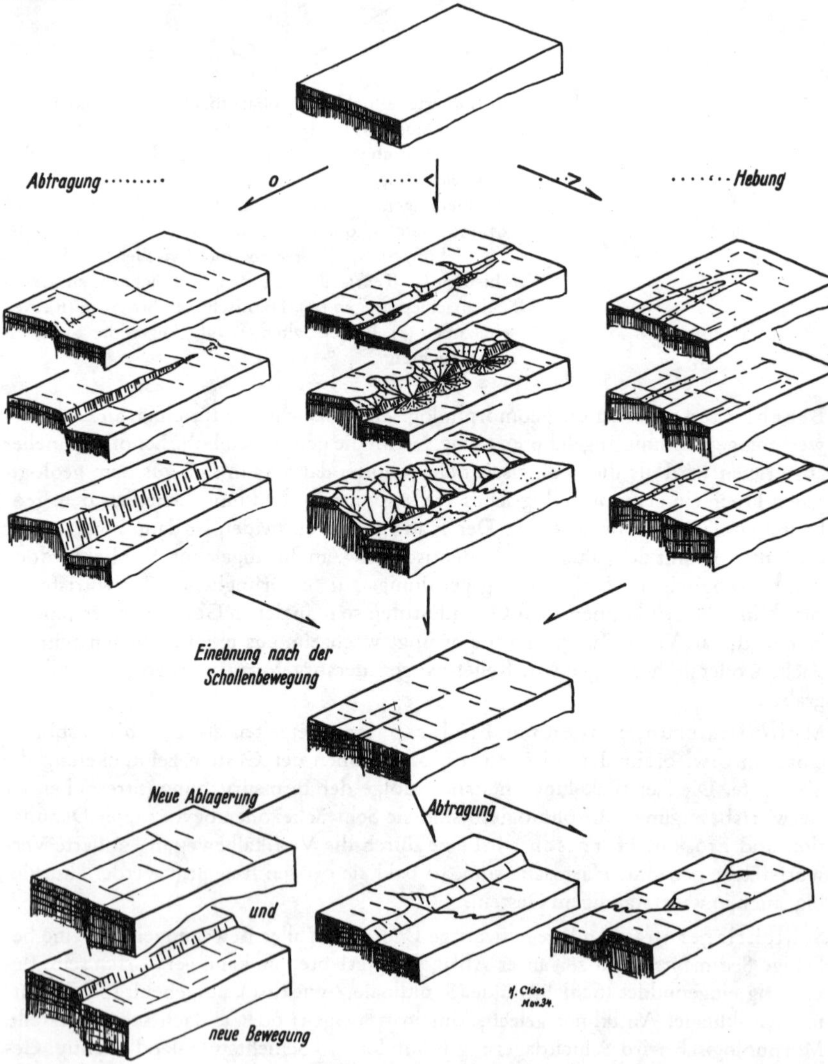

G. WAGNER baute, um die Zusammenhänge zwischen Schichtlagerung und Relief zu verdeutlichen, die Methode der Kartendarstellung in Schichtlagerungskarten aus (Bezeichnung z. T. auch = Streichkurvenkarten). Schichtlagerungskarten sind Isolinienkarten. Die Isolinien (= Streichkurven) verbinden die Punkte gleicher Höhenlage einer bestimmten Schichtgrenze (Schwarzjura/Braunjura; Buntsandstein/Muschelkalk, Muschelkalk/Keuper usw.). Wo die jeweilige Schicht zu Tage ausstreicht, wird die Höhenlage im Gelände gemessen oder der geologischen Karte entnommen. Wo die Schicht schon abgetragen ist, wird die theoretische Höhenlage der Schichtgrenze durch Addition der abgetragenen Schichtmächtigkeiten zu der Höhenlage noch erhaltener Schichten errechnet (z. B.: Im Gelände liegt die Oberkante Buntsandstein 750 m NN. Ermittelt werden muß die theoretische Höhenlage der Grenze Muschelkalk/Keuper. Der Muschelkalk ist im betreffenden Gebiet heute noch 250 m mächtig, wo er erhalten ist. Die theoretische Höhenlage der Grenze ergibt sich dann aus der Addition 750 m NN Buntsandsteinoberkante + 250 m Muschelkalkmächtigkeit = 1000 m NN). Wo die Schichtgrenze unter Tage einstreicht, wird ihre Höhenlage durch Subtraktion der Mächtigkeiten auflagernder Schichten gewonnen (z. B. Keuperhöhenlage 800 m NN, Keupermächtigkeit im betreffenden Gebiet 350 m; daraus Grenze Muschelkalk/Keuper 800 m – 350 m = 450 m NN). Im Schichtstufen- und Schichtkammland sollte kein Geomorphologe ohne Schichtlagerungskarten großen Maßstabs arbeiten. Schichtlagerungskarten sind keine topographischen Reliefkarten. Zwar sind ihre Isolinien (Schicht) Höhenlinien (Schichtisohypsen). Diese bilden aber nicht Relief, sondern Schichtoberkante ab, und zwar weithin theoretisch. Da sie aber erlauben, die Lagerung eines Sedimentkörpers dreidimensional zu erfassen, sind sie im Schichtstufenland unentbehrlich, weil dort das Relief in bestimmten Beziehungen zur Lage des Sedimentkörpers steht, in den das Relief eingeschnitten ist.

Abb. 19 Exogen-endogenes Wechselspiel am Beispiel einer Bruchstufe (aus CLOOS 1963)
Links: Es erfolgt keine Abtragung; Sprunghöhe und Bruchstufenhöhe sind jeweils gleich.
Rechts: Die Abtragung auf der hohen Scholle gleicht die Schollenbewegung aus. Eine Bruchstufe wird trotz Schollenverstellung nicht gebildet.
Mitte: Bei kräftiger Schollenbewegung wird die sich bildende Bruchstufe kräftig zerschnitten und wirft ihren Schutt auf die tiefe Scholle. Dabei wird die Bruchstufe zurückverlegt. Das Bild entspricht etwa den Rändern des Oberrheingrabens.
Unten: Nach Ausgleich kann die Bruchstufe neu aufleben (unten links) oder aber abgetragen werden. Liegt die Landoberfläche im Bereich der hohen Scholle in widerständigem Gestein, so entsteht eine bruchstufenkonforme Landform (unten Mitte). Liegt die Landoberfläche der hohen Scholle in wenig widerständigem, der tiefen Scholle in widerständigem Gestein, so kann die hohe Scholle schneller abgetragen werden als die tiefe. Es entsteht eine Bruchlinienstufe (Reliefumkehr; Blockbild unten rechts).

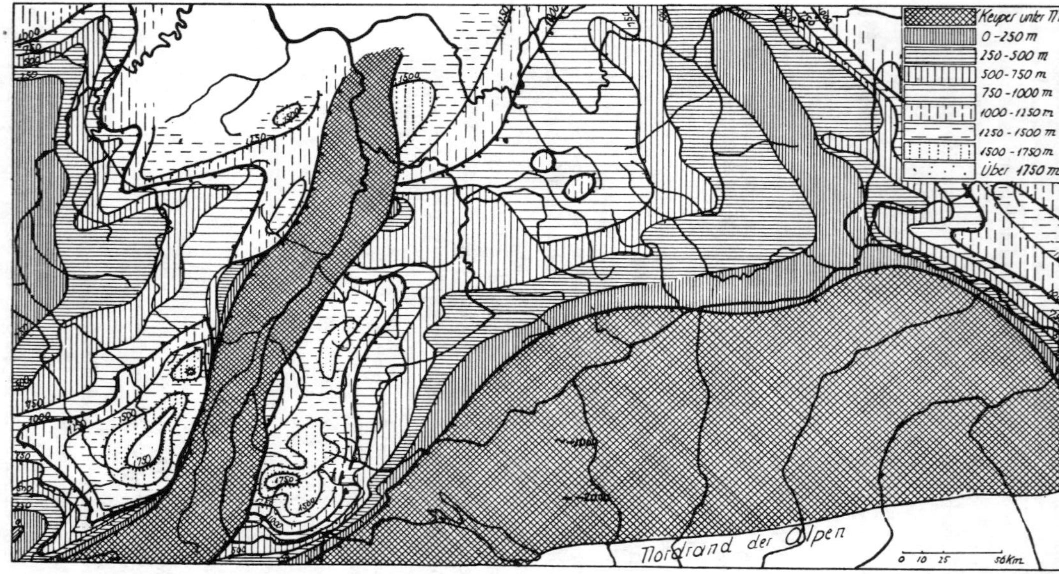


Abb. 20a Schichtlagerungskarte Süddeutschlands (aus WAGNER 1950)
Die Streichkurven (= Schichtisohypsen) sind auf die Grenze Keuper/Lias bezogen, d.h., sie verzeichnen deren theoretische (wo die Gesteine schon abgetragen sind) bzw. faktische Höhenlage (wo die Sedimentite zu Tage ausstreichen bzw. unter Tage liegen). Die Konstruktion von Schichtlagerungskarten ist im Text erläutert. Schichtlagerungskarten sind wie normale Höhenlinienkarten zu lesen. Die (theoretische) Höhenlage der Schichtgrenze von über 1750 m über NN im Schwarzwald und Wasgen zeigt ebenso wie die (an Hand von Bohrungen und Molasseüberdeckung ermittelte) tiefe Lage im Oberrheingraben und im Alpenvorland (Kreuzschraffur = Keuper-Oberkante unter NN), daß das Schichtgebäude des Deckgebirges zusammen mit dem Grundgebirge spiegelbildlich zum Oberrheingraben nach der Ablagerung der Sedimente noch erheblich verstellt wurde, und zwar im Süden mit enger Scharung der Schichtlinien kräftiger als im Nordteil der Karte. Gewölbe bilden sich in der Karte in lichten, tiefe Senken in dunkleren Schraffuren ab, z.B. die Kraichgausenke, die Molassesenke des Alpenvorlands, der Oberrheingraben. Die Karte ist für das Verständnis des Großreliefs Süddeutschlands grundlegend. Vgl. Abb. 20b.

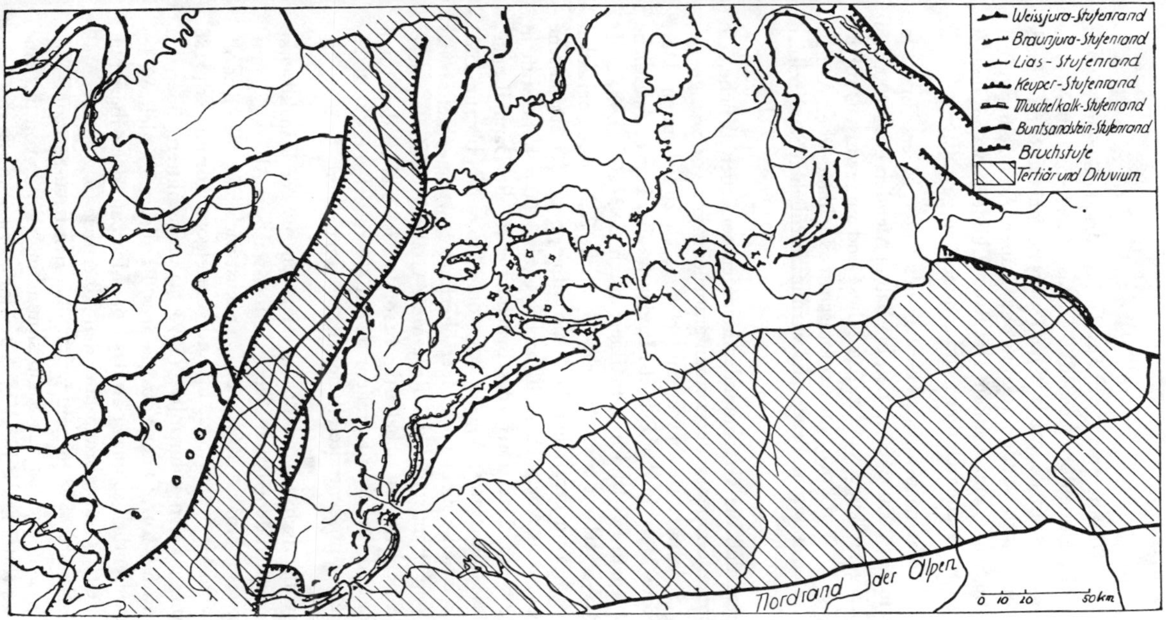


Abb. 20b Bruch- und Schichtstufen in Süddeutschland (aus WAGNER 1950)
Postkretazische (= tertiärzeitliche) Aufschüttungsgebiete sind schraffiert. Der Vergleich mit der Schichtlagerungskarte erklärt einerseits den Stufenverlauf und die Stufenfolge. Die Schichtstufen blicken gegen das Schichtfallen und verlaufen im Streichen. Sie folgen bei starkem Fallen schnell aufeinander (Südostrand des Schwarzwalds), bei schwachem Schichtfallen sind sie weit auseinandergezogen (Maingebiet). Einbeulungen des Schichtkörpers (Kraichgausenke z.B.) werden durch Vorgreifen der Stufen nachgezeichnet (Stromberg/Heuchelberg, Löwensteiner Keuperberge), Aufbeulungen drängen die Stufen zurück (Wasgen und Schwarzwald mit umlaufendem Streichen der Schichtstufen). Andererseits erklärt die Schichtlagerungskarte die Abdachung der Stufendachflächen (Schichtflächen), die mit der Schichtabdachung weitgehend konform geht, rechtsrheinisch vom Schwarzwald nach SO rasch, vom Odenwald nach O mäßig.

## 8.1.2 Gräben, Horste, Pultschollen

An der Sinaihalbinsel bei Ras Muhammad trifft aus der Südtürkei (Gaziantep), von N kommend, eine schmale, grabenförmige Senke (Totes Meer/−392 m NN) als Jordangraben auf eine ebenso schmale, von NW her (Suez) kommende Senke. Beide Senken sind keine Ausraumzonen, sondern tektonische Gräben. An mächtigen Brüchen ist der Mittelteil, die Senke, eingesunken. Die Brüche bilden, exogen überarbeitet, die Grabenränder. Die Grabenschultern sind gehoben, aufgewulstet.

Von Ras Muhammad an zieht nach SO der Graben des Roten Meers. Er ist im Mittel etwa 300 km breit und 2000–2600 m tief, bis Bab el Mandeb etwa 2000 km lang, und besitzt ziemlich geradlinige Ränder. Auch diese sind aufgewulstet, auf der ägyptischen Flanke 1500–2000 m hoch, im Äthiopischen Hochland über Asmara rund 4200 m über NN. Der arabische Bruchrand wird im nördlichen Saudiarabien 2600, im Jemen 3760 m hoch.

Tiefenlinienkarten zeigen, daß die Grabenränder keine einheitlichen Brüche sein können. Die aufgewulsteten Grabenränder werden grabeneinwärts von weniger tiefen Schollen begleitet. S Asmara ist dies besonders deutlich zu erkennen. Dort verengt sich nur das Rote Meer in der Bab-el-Mandeb-Straße. Der südwestliche Randbruch setzt sich auf dem Festland fort, markiert durch die 3400 m hohe Stufe des Ama Alaji, die fast N-S verläuft. So, wie der nordöstliche Randbruch bei Aden nach NO abbiegt und sich zum Persischen Golf hin öffnet, biegt der äthiopische Bruchrand bei Awash O Addis Abeba ebenfalls nach NO als 3400 m hohe Stufe in die Nordküste Somaliens ein. Das Innere des Bruchdreiecks, die Danakilsenke, besitzt basaltische Ergüsse und ist in sich gegliedert, von −116 m NN bis zum 2063 m hohen Mussa Ali. Sie ist eine nicht vom Meer überflutete, weniger tief als das Grabeninnere abgesunkene Randstaffel des Rote-Meer-Grabens. Weitere, meerüberflutete Randstaffeln begleiten sie schelfartig, besonders im Südteil des Roten Meeres, wo einige Inseln und vor allem Korallenriffe mit Meerestiefen bis zu 200 m vor den Bruchrändern liegen. Im Zentralteil ist der Graben am tiefsten.

Bei Addis Abeba, jungvulkanisch z. T. verdeckt, setzt sich aus der Danakilsenke nach SO, z. T. mit Seen ähnlich dem Toten Meer gefüllt (Zwai-See, Abaya-Chamo-See, Rudolf-See) eine etwas schmälere Bruchzone zunächst nach SW, vom Rudolf-See an nach S ziehend, vom Mt. Kenia (5200 m) und vom Ngorongorokrater (3188 m) begleitet, in Richtung auf den Kilimanjaro (5895 m) aufgesplittert, über den Natron-See bis zum Eyasi-See fort, O des Viktoria-Sees. Parallel zu ihr zieht W des Viktoria-Sees, ebenfalls wesentlich schmaler als das Rote Meer, aus der Albert-Nil-Senke kommend, ein zweiter Grabenbruch über den Albert-See (Ruwenzori 5119 m) zum Eduard-See (Karisimbi 4507 m) und weiter über den Kivu-See zum Tanganyika-See und zum Nyassa-See bis zur Sambesimündung, wo er von SO eine entlang des Sambesiflusses vom Elisabeth-See bis Vila Montes ziehende Grabenzone aufnimmt. Bruchzonen, beginnende Gräben, setzen quer durch die auf jeder Atlaskarte sichtbaren orographischen Tiefzonen der Ostafrikanischen Grabenzone: Luangwatal, Kilombero-Senke u. a. Annähernd parallel zum Roten Meer setzt bei Homs O Tripolis, etwa vom alten Leptis Magna nach SO, der Hon-Graben

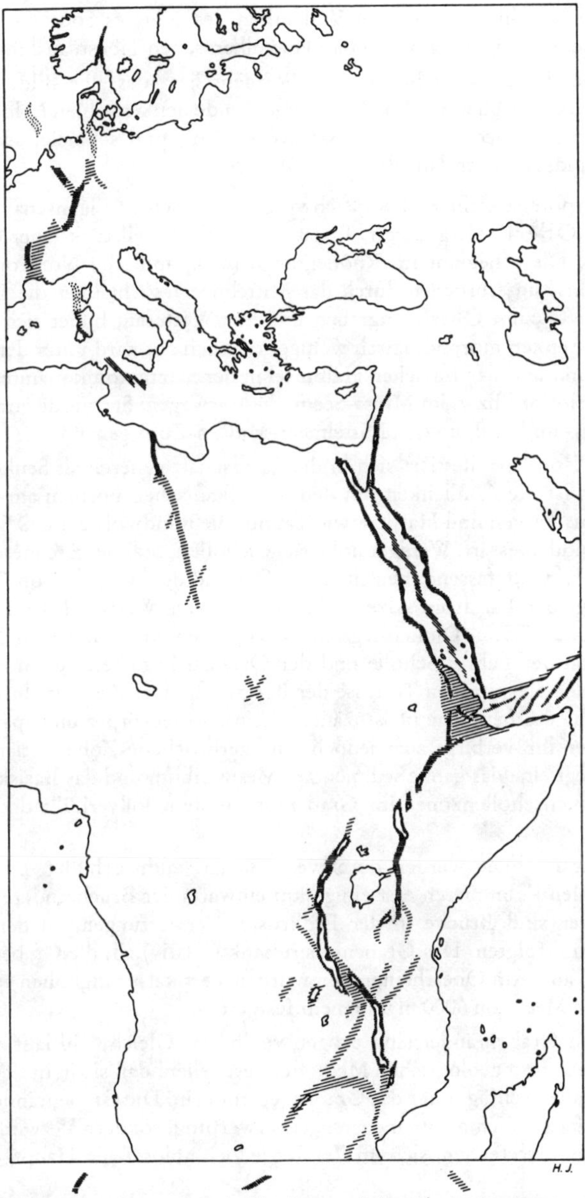


Abb. 21 Wichtige Grabenzonen der Alten Welt und ihre Genese im Rahmen der Plattentektonik (aus ILLIES 1970)
Eingezeichnet sind Kontinentale Gräben, Gräben auf Ozeanrücken (Rotes Meer), beginnende Grabenbildungsstrukturen und verschüttete Gräben.

quer durch Westlibyen, von den Vulkaniten des Jebel-es-Soda und des Jebel-el-Asued begleitet und schließlich unter dem vulkanischen Tibesti ausklingend.

Hier wie im Roten Meer herrscht im Formenschatz dasselbe Bild: aufgewulstete Senkenränder von über 3000 m NN, tief liegende Senkensohlen (Albert-See 619 m NN, Tanganyika-See 773 m, Nyassa-See 473 m), und schmale, senkenparallele, niedrige Randstaffeln entlang der (Bruch)Ränder.

Eine Zehnerpotenz kleiner, aber gleichwohl mit denselben Eigenschaften ausgestattet, ist der Oberrheingraben. Er ist das mittlere Teilstück einer europäischen Geofraktur. Diese beginnt im Rhônegraben (orographische Nordfortsetzung des Hon-Grabens, unterbrochen durch das Mittelmeer), zieht über die Burgundische Pforte nach O zum Oberrheingraben und zur Wetterau, bildet sich dann in den Hessischen Senken morphologisch weniger deutlich ab, wird unter dem Norddeutschen Tiefland und der Jütischen Halbinsel in der Salztektonik manifest, und endet im N im Oslofjord bzw. im Mjösa-See in Südnorwegen. Sie wurde von STILLE nach den Anfangs- und Endpunkten Mittelmeer-Mjösen-Zone genannt.

Auch diese Zone manifestiert sich in der Landschaft generell als Senke. Am Oberrheingraben ist die Ähnlichkeit mit den ostafrikanischen Formen am deutlichsten: im W bilden Wasgen und Hardt sowie Taunus die Randwülste, im O Schwarzwald, Odenwald und Spessart. Weniger hohe Randschollen, sedimentäre mesozoische und tertiäre Gesteine umfassend, begleiten den Ostrand des Wasgens von Gebweiler bis Weißenburg, der Hardt im Alzeyer Hügelland. Der Westrand des Schwarzwalds wird im S und W vom Dinkelberg und Markgräfler Hügelland, von den Breisgauschollen, von der Lahrer Scholle und der Ortenau begleitet, derjenige des Odenwalds von der pleistozänen Terrasse der Bergstraße. Der Zentralteil ist aufgeschüttet, eine ruhige Oberfläche pleistozäner Rheinschotterkörper und spätpleistozäner Auen. Unter ihr verbirgt sich jedoch eine zerbrochene Zone tertiärer Gesteine. Darunter liegt eine das ganze sedimentäre Mesozoikum und das Basiskristallin umfassende Bruchschollenzone. Im Grabeninnern steht lößverhüllt der vulkanische Kaiserstuhl.

Die Senkenrandzonen werden durchweg von Kristallin gebildet. Die kristallinen Randschwellen kulminieren erst einige km einwärts der Bruchränder. Die scharfen Grabenränder sind Brüche in der Erdkruste, Verwerfungen, an denen vertikale Bewegungen erfolgten. Das Grabeninnere sank (relativ) ab, die Grabenränder stiegen (relativ) auf. Am Oberrheingraben wurden Vertikalsprunghöhen von über 3000 m, am Roten Meer von 6000 m und mehr festgestellt.

Die heutigen Grabenränder sind exogen verändert. Gleichwohl läßt sich mit geophysikalischen und geologischen Methoden feststellen, daß sie in die Teufe konvergieren. Sie fallen schräg unter das Grabenzentrum ein. Die Grabenränder bilden wie das Innere der Gräben nicht eine einzige Verwerfung, sondern Verwerfungsscharen mit zwar hervortretenden, sich im Verlauf jedoch ablösenden Haupt- und Nebenverwürfen.

Die Verwerfungen werden von mittelhohen Schollen begleitet, am Roten Meer wie am Oberrhein. Die Tiefschollen sind entweder wassergefüllt oder waren es in der geologischen Vergangenheit. Daher ist der im Tertiär noch dem Tanganyika-See oder Toten Meer ähnliche Oberrheingraben (Kalisalze!) heute im Innern mit tertiären Sedimenten verhüllt, die auch noch bruchverstellt wurden, denn die Geofraktur kam bislang nicht zur Ruhe.

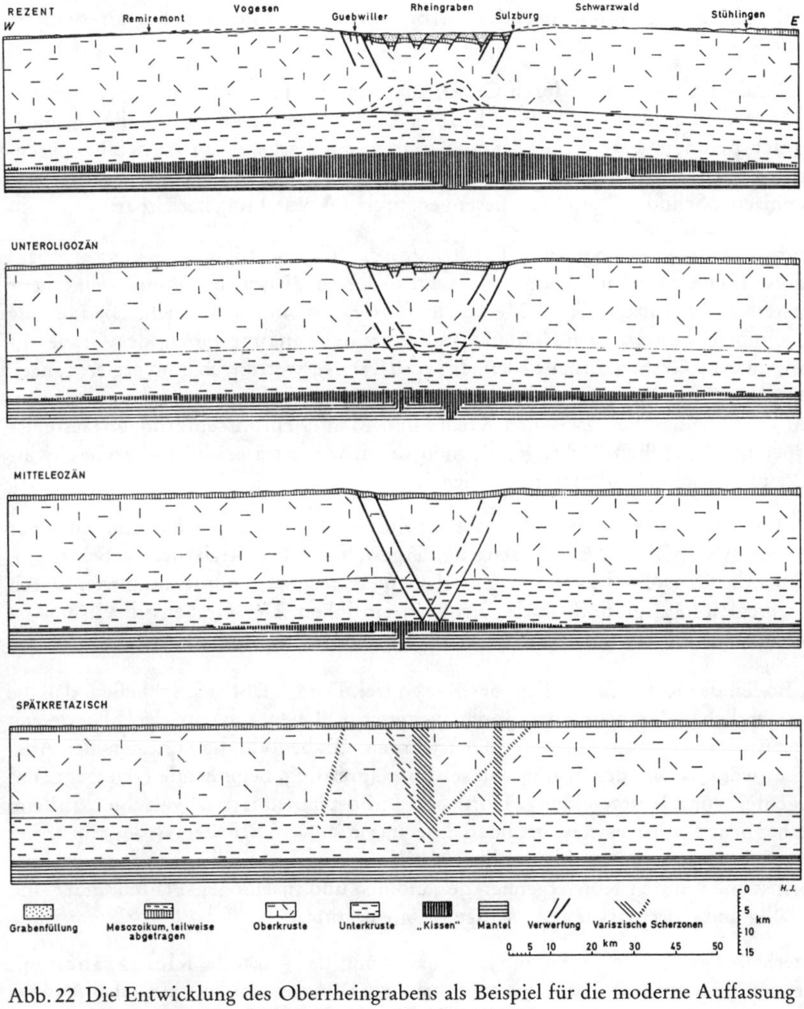


Abb. 22 Die Entwicklung des Oberrheingrabens als Beispiel für die moderne Auffassung von Grabenbildung/Taphrogenese (aus ILLIES 1970)
Die Profilserie ist von unten nach oben zu lesen. Spätkretazisch dürfte eine variskische Schwächezone vorhanden gewesen sein, die die Grabenbildung erleichterte. Vom Eozän an drang ein lakkolithisches Kissen zwischen Kruste und Mantel. Die Vergrößerung des Kissens führte zur Aufwölbung und Zerrung der Oberkruste und zum allmählichen Grabeneinbruch vom Oligozän an.

Gräben durchsetzen in kleinstem (Fildergraben bei Stuttgart, s.u.), größerem (Oberrheingraben) und größtem Maßstab (Ostafrikanische Gräben) nur Starre Massen, Kratone und paläozoisch-mesozoische Faltengebiete. In jungen Faltengebirgen existieren zwar auch Brüche, aber sie sind anderer Natur. Die Basin Ranges des nordkordillerischen Binnenbeckens, Gräben und Horste, liegen über starrer Unterlage.

Die Grabengenese wurde durch CLOOS ursprünglich mit Aufwölbung erklärt und im Modell verifiziert (vgl. 1963², S. 265). Eine weitgespannte Aufwölbung unbekannter Bedingung muß zur Zerrung führen, am stärksten im Aufwölbungszentrum. Dieses wird daher als Schlußstein des Gewölbes einbrechen. Begriffe wie Rheinischer Schild u.ä. sind aus dieser genetischen Vorstellung herleitbar.

Heute sieht die Geologie die Taphrogenese (Grabenbildung, KRENKEL 1922) anders. ILLIES (1967 u.ö.) u.a. haben auf neuen empirischen Befunden eine neue Vorstellung entwickelt. Zwei Merkmale der Gräben sind wesentlich. Die Hebung der Grabenschultern ist quantitativ größer als der Senkungsbetrag des Grabeninnern, und die Grabenkörper keilen, da ja die Randverwerfungen konvergieren, nach unten in der Kruste aus. Refraktionsseismische Untersuchungen ergaben, daß unter dem Oberrheingraben zwischen Kruste und Mantel ein kissenförmiger Gesteinskörper mit Erdbeben-Wellengeschwindigkeiten von etwa 7,5 liegt, der Geschwindigkeit innerhalb der ultrabasischen Schale.

Die Taphrogenese wird deshalb heute auf Zufuhr von Mantelmaterie von unten her zurückgeführt. Diese drang kissenartig dergestalt aus der ultrabasischen Schale ein, daß sie die Kruste hob, von der Unterlage quasi trennte, und damit zerrte. Durch Schweregleitung mußte dann das Zentrum einsinken. Der Grabenvulkanismus ist aufgedrungenes Kissenmaterial.

Im Boden des Roten Meers liegt das Kissen frei. Daraus läßt sich schließen, daß die ursprünglichen Grabenränder durch weiteren Aufstieg subkrustaler Materie seit ihrer Anlage weit auseinandergedrängt wurden. Grabenbildung kontinentalen Ausmaßes wäre danach der Beginn von sea floor spreading, beginnende Divergenz, das Gegenteil von Gebirgsbildung. Dort wird Lithosphärenmaterial verschluckt. Beim Grabenbruch wird es neu gebildet. Die meridionale Lage der Großgräben, der praktisch geotektonisch identischen Mittelozeanischen Rücken und deren Ausgleichszonen in den Konvergenzen der andinen und Inselbogen-Plattenränder sind auffällig und sprechen für gegenseitige Kompensation.

Innerhalb der Kruste liegen zahllose, i.a. wenig tief setzende Kleingräben mit Sprunghöhen um 100–200 m. Sie sind nicht auf Divergenzen kontinentalen Ausmaßes zurückzuführen, sondern auf lokale tektonische Bedingungen. Lineamente, langgezogene Störungszonen geringer Breite (3–5 km; z.B. Schwäbisches Lineament Ries-Elztal; vgl. SEIBOLD 1951) und weitere zahllose kleine und größere Verwurfszonen im Deckgebirge werden nach wie vor als nach oben durchgepauste Strukturen des Grundgebirges betrachtet. Sie entstanden häufig in der Alpidischen Ära, in Mitteleuropa vor den alpinen Faltungs- und Deckenstirnen, alt- bis jungsaxonisch.

Horste sind das Gegenteil von Gräben. Entlang von Flexuren oder Bruchscharen wurden Schollen über geologische Tiefzonen aufgepreßt. Das Rheinische Schiefergebirge, die Sudeten, der Thüringer Wald in Mitteleuropa sind flexur- und bruchbegrenzte Horste. In Afrika bildet das Äthiopische Hochland einen Horst. Horste können ähnlich wie Gräben, aber im umgekehrten Sinne, randlich von niedrigeren Bruchschollen begleitet werden.

Pultschollen sind an einer bis drei Seiten bruchbegrenzte Horste; die vierte Seite ist meist eine flexurartige Aufwölbung. Grabenschultern besitzen im allgemeinen Pultschollenformen: Wasgen mit östlichem, Schwarzwald, Odenwald und Spessart mit westlichem Bruchrand und entgegengesetzter Abschleppung unter das Deckgebirge des Oberrheinischen Systems. Dasselbe gilt für die Schultern des Rote-Meer-Grabens. Außerhalb von Grabenzonen wurden saxonisch auch Grundgebirgsschollen pultschollenartig gehoben. Der Harz besitzt einen Überschiebungsnordrand. Sein Schub verstellte das vorlagernde Deckgebirge.

Gräben bleiben tektonisch immer Gräben, ebenso wie Horste oder Verwerfungen tektonisch immer Horste und Verwerfungen bleiben. Sie können jedoch im Kristallin, vor allem aber in Sedimenten verschiedener Widerständigkeit beim Gesteinsabbau verschiedene Formstadien durchlaufen, und dies ist geomorphologisch sehr wichtig. Verwerfungen können morphologisch ausgeglichen werden. Bruchlinienstufen können sich entwickeln.

Der Zollergraben streicht NW–SO (herzynisch; vgl. Harznordrand; Gegensätze variskisch = SW–NO, z.B. Hunsrück/Taunus; rheinisch, SSW–NNO: Oberrheingraben) von Hechingen in den Zoller und über den Raichberg in den Albkörper bis zum Laucherttal. Die Randsprunghöhen betragen rund 100 m.

Als der Graben im Alttertiär entstand, waren vermutlich tektonische und morphologische Grabenform so identisch wie heute beim Oberrheingraben. Die Form lag in den Mittleren bis Oberen Malmkalken. Im Liegenden folgen Mittlere Malmmergel und Untere Malmkalke sowie -mergel.

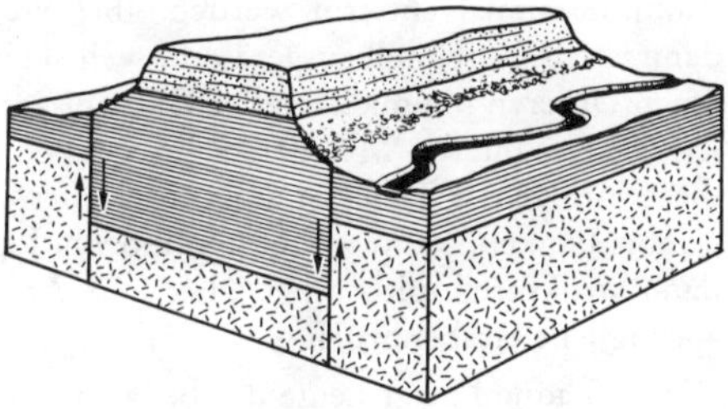

Abb. 23 Formwechselstadium eines Grabenbruchs (aus MACHATSCHEK 1973)
Die Unterkante der waagerecht schraffierten Schicht zeigt im Zentrum des Blockbilds eine Versetzung nach unten. Die geologische Struktur ist demnach ein Grabenbruch. Mit eingesunken ist natürlich auch die punktierte Schicht, die im Zentrum des Grabens einen Höhenrücken bildet. Auf den nicht abgesunkenen Grabenflanken ist diese widerständige Schicht wegen ihrer größeren Höhenlage schon abgetragen. Im Grabenzentrum blieb sie bislang erhalten und bildet wegen ihrer Resistenz einen Höhenrücken. Die Form spiegelt demnach die Struktur umgekehrt, d,h. das Formenbild entspricht dem umgekehrten Tektobild. Dies wird auch als Reliefumkehr bezeichnet (s. Text). Die Geländestufen, die von den seitlichen Ebenen zum zentralen Rücken hinaufführen, sind etwas durch Denudation zurückverlegte Bruchlinienstufen.

Die gegenwärtige Grabenform wurde durch schnelle Randabtragung der auf den Hochschollen liegenden Mittleren Malmkalke und der Mittleren Malmmergel bis auf die Oberkante der Unteren Malmkalke erzeugt. Da im Grabeninnern in tiefer Scholle die Mittleren Malmmergel von der Abtragung geschützt waren und außerdem der Verwurfsbetrag (=Sprunghöhe) geringer ist als die Mächtigkeit von Mittleren Malmkalken + -mergeln, wurde trotz der auch dort ansetzenden Denudation das Grabeninnere in Mittleren Malmkalken bislang weitgehend erhalten. Es ragt daher derzeit um 40–60 m über die Umgebung heraus, mit den typischen Kuppenformen der Deltakalke. Heute ist also, exogen bedingt, das tektonische Tief ein morphologisches Hoch. Die tektonisch hoch liegenden Grabenränder sind dagegen morphologisch tief liegende Schichtflächen der Unteren Malmkalke. Im Graben liegt als Vollform vor dem Albtrauf der Zoller, ein Zeugenberg.

Das theoretische Folgestadium kann wieder eine morphologische Grabenform sein. Die heute im Graben versenkten Mittleren Malmkalke können in der geologischen Zukunft einmal entfernt werden. Ihre wenig resistenten Liegendmergel werden dann ebenfalls schnell ausgeräumt, weil sie im Gegensatz zu den noch flächig erhaltenen Unteren Malmkalken der Grabenflanken nicht verkarsten. So wird die Oberkante der Unteren Malmkalke im Graben schnell entblößt werden können. Weil diese infolge der Tiefersetzung im Graben dann aber tiefer liegen wird als auf den Grabenflanken, kann wieder ein morphologische Grabenform entstehen. Diese ist dann strukturell mitbedingt, aber eine Abtragungsform im Graben, nicht der ursprüngliche Grabenbruch.

Dieses Stadium zeigt heute der benachbarte Fildergraben S Stuttgart. Seine Ränder sind Bruchlinienstufen. Sie stehen heute im relativ widerständigen Stubensandstein des Keupers (km 4) und tragen ein Dach aus Knollenmergeln und Unteren Liaskalken. Im Grabeninnern liegt, exakt um die Sprunghöhe von 120 m versetzt und damit gegenüber der Normallagerung um diesen Betrag zu tief, die Schichtfläche der Unteren Liaskalke. Der Grabenbruch sieht wie ein Graben aus, ist aber in Wirklichkeit eine exogen aus einem im Tertiär rund 400 m höher liegenden Urgraben weiterentwickelte Abtragungsform. Beweisend hierfür ist der Schlotstiel von Scharnhausen/Filder. Die Schlotförderung und der Grabenbruch stehen in ursächlichem Zusammenhang und gehören zeitlich in das Jungobermiozän. Im Scharnhauser Schlot wurden vor 90 Jahren erstmals eckige Trümmer aus Unteren Malmkalken gefunden. Sie können auch heute noch aus der basalttuffitischen Schlotfüllung gegraben werden. Eckige Trümmer aus hoch anstehenden, heute abgetragenen Schichten zeigen, daß zum Zeitpunkt der Grabenbildung über den Unteren Liaskalken der jetzigen Landoberfläche noch rund 400 m Sediment gelegen haben. Die heutige Landform ist also eine exogen-endogen bedingte Folgeform des Urgrabens aus dem Obermiozän, der ursprünglich 400 m höher gelegen haben muß. Der Vorgang des Formwechsels wird generell als Reliefumkehr bezeichnet.

## 8.2 Falten und Decken

Falten entstehen durch seitliche Raumeinengung. Es sind Pressungsformen, die im Gegensatz zu den an Divergenzrändern sich bildenden Raumausweitungsformen auf Konvergenzen an Plattenrändern beruhen. Einfache Falten entstehen bei geringer Raumeinengung. Wie bei den Gräben können sie direkt formbildend auftreten, sofern sie sehr jung sind. Im allgemeinen aber sind Faltenformen ähnlich wie ältere Grabenformen exogen aus einem Gesteinskörper verschiedener Widerständigkeit herauspräparierte Abtragungsformen, die endogen-exogen bedingt sind. Der Säntis (s.u.) und der Jura sowie die Französischen Kalkalpen u.ä. mögen hierfür als Beispiel dienen.

Geht nach der Entwicklung einfacher (Koffer) Falten die Raumeinengung weiter, so wird eine Falte in Schubrichtung überkippen können. Danach wird der dem Schub entgegengesetzte Faltenschenkel nicht mehr vom Schub beeinflußt. Der ursprünglich geschobene Schenkel wird jedoch weiterbewegt. Dabei wird dann der Mittelschenkel gezerrt und reißt schließlich ab. Der ursprünglich schubnähere Faltenschenkel wird über den Liegendteil der Falte geschoben; eine Deckfalte ist entstanden. Geht die Raumeinengung noch weiter, so können mehrere Zehnerkilometer umfassende Überschiebungen entstehen: Faltendecken. Das aus dem hangenden Faltenschenkel entwickelte Deckengebilde kann bei Bewegungswiderstand in sich erneut gefaltet werden und an der Stirn abwärts (Tauchdecke) oder aufwärts (Springdecke; Stirndigitation bei Aufsplitterung) gerichtet sein.

Der Bewegungsmechanismus ist im einzelnen noch weitgehend ungeklärt. Die Faltung spielte sich außerdem in einer Teufe ab, in der zähplastische Reaktionen der Gesteine erfolgten. Die Reihenbildung ist gleichwohl nicht sinnlos. Sie wird durch eine empirisch vorfindliche Reihung Schweizer Jura (autochthon/parautochthon, offene Falten) – Französische Kalkalpen (parautochthon, Faltenüberschiebungen) – Schweizer Kalk- und Zentralalpen (Faltendecken mit Einzelfältelung, z.B. Axenstraße, und Mehrfachfaltung, allochthon) nahegelegt. Die Faltungsintensität nimmt mit dem Stockwerksbau nach unten zu. Die tektonisch höher liegenden Helvetischen Decken zeigen geringere Verfaltungsintensität als die tiefer liegenden Penninischen Decken. Paradigma für eine Faltendecke mit weiter Überschiebung ist die vor über 90 Jahren entdeckte Glarner Doppelfalte, an der Basis Flysch, darauf überschoben Verrucano. Die Klippen, weit vor den heutigen Deckenstirnen liegende „Zeugenberge“, beweisen Mindestüberschiebungsweiten.

Auch hier gilt, sofern in Deckengebirgen Faltenformen auftreten, was bei Gräben und Falten gezeigt wurde: in den seltensten Fällen entstand der (tektonische) Bautyp zugleich mit der (geomorphologischen) Form. Sofern heute Falten in mehr oder weniger abgetragenem Zustand Landoberflächen bilden, wurden sie exogen aus einem gefalteten Gebirgskörper herausgeschält, und zwar wegen eines sedimentär bedingten Resistenzunterschieds.

Raumeinengung führt im Tiefenstockwerk der Faltung offenbar zu Faltendeckenbau. Dieser kennzeichnet z.B. die Westalpen. Im Oberbau, wo geringere Plastizität des Gesteins vorhanden war (Ostalpen), wurden Sedimente, z.T. mit kristallinem

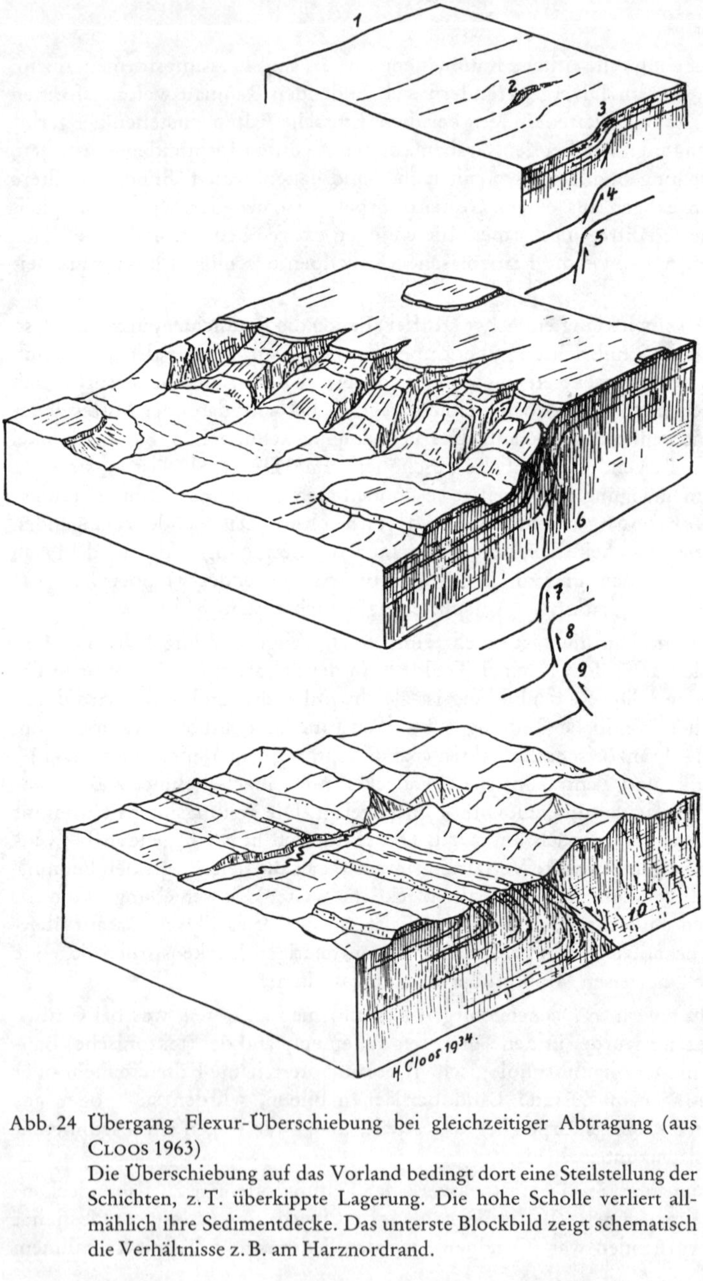


Abb. 24 Übergang Flexur-Überschiebung bei gleichzeitiger Abtragung (aus Cloos 1963)
Die Überschiebung auf das Vorland bedingt dort eine Steilstellung der Schichten, z.T. überkippte Lagerung. Die hohe Scholle verliert allmählich ihre Sedimentdecke. Das unterste Blockbild zeigt schematisch die Verhältnisse z.B. am Harznordrand.

Unterbau, oberflächlich abgeschoben (= abgeschert, daher Scherdecke) und m.o.w. brettartig übereinander geschoben. Mehrfach übereinander gestaffelter Deckenbau kann dann dadurch entstehen, daß die Scherdeckenstirn bei weitergehendem Schub gebremst wird, so daß im ursprünglich einheitlichen Scherdeckenkörper neue Überschiebungen aufreißen, an denen dann ursprünglich proximalere Bereiche auf distalere aufgeschoben werden. Auch Pilzfaltenbildung wird bei Schubhemmung diskutiert. Die vier Deckenstockwerke der ostalpinen Kalkalpen könnten so durch dreimaliges Abscheren aus einem ursprünglichen m.o.w. einheitlichen Deckenkörper entstanden gedacht werden.

Auch Scherdecken bilden nur in endogen-exogenem Zusammenwirken Relief. Die heutigen Deckenstirnen der Kalkalpen sind mit den ursprünglichen sicher nicht mehr identisch, denn diese liegen längst als Molasse und Nagelfluh im Vorland, schon während des Jungtertiärs abgetragen. Die Klippen um den Vierwaldstätter See und die Zusammensetzung der Molasse-Sedimente, in denen die Kreide relativ spät auftritt, also ursprünglich noch von Oberostalpin überlagert wurde, beweisen dies.

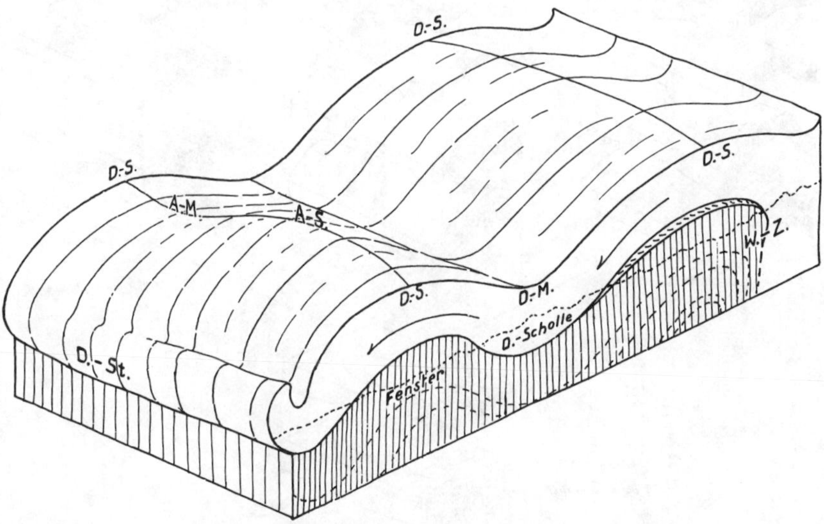


Abb. 25 Tektonische Decke und Krustenabtragung (aus Cloos 1963)
Die große Schubweite eines Gesteinskörpers über einen zweiten (Deckenüberschiebung) wird durch die verschiedene Schraffur angezeigt. W.-Z. = Wurzelzone, D.-S. = Deckensattel, D.-M. = Deckenmulde, D.-St. = Deckenstirn. Ist die Abtragung der Decke bei der punktierten Linie/Fläche angelangt, dann bildet die Deckenstirn eine Klippenzone. Die erste Deckensattelung ist bis auf die Liegenddecke durchsunken, und beide bilden ein Fenster. Die zweite Sattelung bildet wiederum ein Fenster mit der tieferen Decke. A.-M. = Achsenmulde, A.-S. = Achsensattel.

Tektonisch angelegte, exogen manifest gewordene Formen sind Fenster. Infolge einer Wellung wurde ein Deckenkomplex hochgeschaltet und im Wölbungszentrum abgetragen. Dadurch kommt dort der darunter liegende Deckenkomplex zu Tage. Die Tauern sind ein Fenster penninischer Decken, umrahmt von Ostalpin. Scherenfenster entstehen, wenn der Rahmen des Fensters von zwei verschiedenen, übereinander gescherten Deckenkomplexen gebildet wird, z. B. Engadiner Fenster (Silvretta-/Ötztalkristallin).

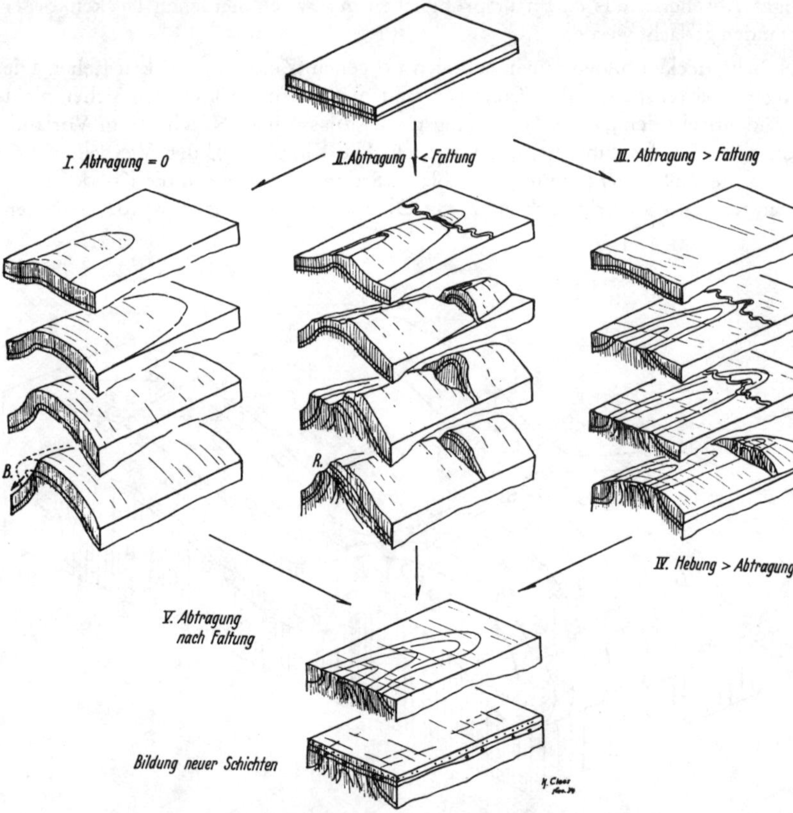


Abb. 26 Exogen-endogenes Wechselspiel am Beispiel einer Falte (aus Cloos 1963)
Wird die Abtragung = 0 gesetzt, so wird die Landoberfläche die Falte als rein tektonisch bedingte Form wiedergeben. Ist die Abtragungsleistung kleiner als die Auffaltungsleistung, so wird die Falte zwar aufgebrochen und zerschnitten (Klusenbildung, jurassischer Relieftyp), bestimmt aber auch als Zerstörungsform das Relief. Ist die Abtragungsleistung größer als die Faltungsgeschwindigkeit, so wird an der Erdoberfläche nie ein Faltenrelief auftreten. Der Faltenbau ist gleichwohl durch die Abfolge jung/alt = außen/innen zu erkennen. Unten: Diskordanz. Ein abgetragener Faltenkörper wird erneut zusedimentiert. Die Auflagerungsfläche der jüngeren Schichten ist eine Diskordanzfläche.

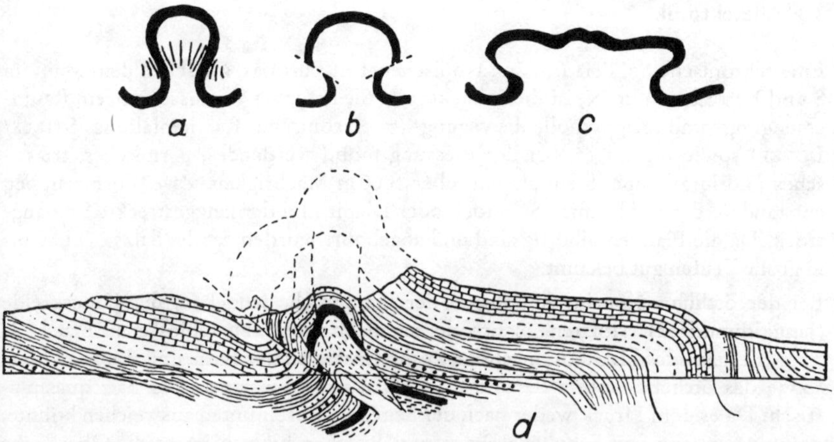


Abb. 27 Faltentypen (aus METZ 1967, Ferdinand Enke Verlag, Stuttgart)
a = Fächerfalte; b = Pilzfalte mit Abscherungen, c = Kofferfalte; d = Abgetragene Fächerfalte mit Überschiebungen. Das Abtragungsrelief ist strukturgestützt.

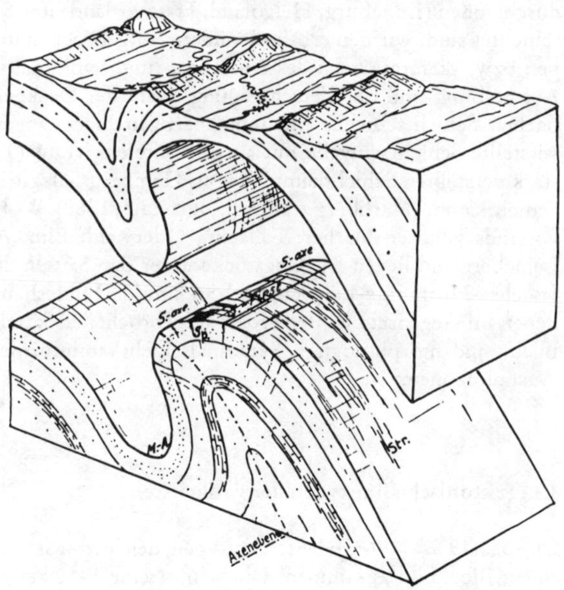


Abb. 28
Sattel und Mulde in ihren Beziehungen zur Erdoberfläche (aus CLOOS 1963)
Die tektonische Struktur (Unteres Blockbild) ist weitgehend eingeebnet (oberes Blockbild), gibt sich aber gleichwohl noch reliefwirksam zu erkennen. Über der Mulde liegen junge Schichten. Die Sattelränder mit den gepunkteten widerständigen Schichten zeigen ältere Schichten an der Oberfläche, die wegen ihrer Widerständigkeit als Schichtrippen aufscheinen. Das Blockbild macht in starker Vereinfachung die Verhältnisse z.B. am Säntis deutlich.

## 8.3 Salztektonik

Eine tektonische Sonderform im saxonischen Teil Europas, zwischen dem Main im S und Kap Skagen im N, ist die Salztektonik. Sie hat zwei Voraussetzungen, Raumeinengung und Kippschollenbewegung (= saxonische Rahmenfaltung STILLE/LOTZE) sowie mächtiges, bei der Pressung mobil werdendes, permisches, triassisches und jurassisches Steinsalz von über 1000 m Mächtigkeit. Zwei Formgruppen entstanden, der pilzförmige Salzstock oder Diapir und der langgestreckte Salzlangstock. Da die Flanken ölhöffig sind und abgebohrt wurden, ist der Salzstockbau bis in große Teufen gut bekannt.

Bei der örtlich schon im Keuper, in der Hauptsache jedoch in der Unterkreide (jungkimmerisch) erfolgten, örtlich derzeit noch nicht abgeschlossenen Bruchfaltung reagierte das bis 300 m mächtige Zechsteinsalz an der Basis und das triassische sowie das örtliche verbreitete und bis 1000 m mächtige jurassische Salz quasiplastisch. Da es dem Druck weder nach der Seite noch nach unten ausweichen konnte, drang es entlang von Schollengrenzen und Brüchen bis nahezu an die Oberfläche und schleppte dabei randlich das Deckgebirge mit auf.

Die geomorphologische Bedeutung der Salztektonik geht auf diese Aufschleppvorgänge zurück. Die aufgebeulten Deckgebirgsstrukturen, die häufig das Pleistozän durchstoßen (Lüneburg, Helgoland, Harzvorland) und wechselnd widerständig geschichtet sind, wurden erosiv-denudativ aufgebrochen und bilden lokale Schichtrippen bzw. -kammformen des Antiklinal- und Synklinaltyps. Je nach dem Grad der Aufwölbung und der Zerschneidung reicht der Deckgebirgsformenschatz von der flachen Schichtschwelle mit rampenartigen Flachhängen (Typus Dorm) über die versteilte Schichtschwelle mit ausgearbeitetem Trauf (Typus Asse), den mäßig bis stark versteilten Schichtkamm (Typus Hamberg/Salzgitter) zum stark zugeschärften Schichtkamm (Harliberg z. B.; vgl. BROSCHE, 1968). Wohl alle Strukturen des Harzvorlands gehören hierher: Fallstein, Oderwald, Elm, Asse, Hakel, Huy usw. Im Leinebergland liegen Salzlangstöcke unter den Sätteln der Sattel-Mulden-Folge Elfasachse-Hilsmulde-Leinetalsattel-Sackmulde-Hildesheimer Wald. Die Mulden, in denen im Gegensatz zu den erosiv aufgebrochenen Sätteln das Deckgebirge erhalten blieb, sind morphologisch Synklinalschichtkammformen. Die Sättel bilden heute Ausraumzonen.

## 8.4 Tektonische Bautypen der Erdkruste

CLOOS (1936[1], 1963[2]) faßte Bautypen der Erdkruste in didaktischer Absicht in einem Blockbild zusammen. Die Schnittreihe 1–10 zeigt zwar auch eine genetische Abfolge vom jungen Falten- und Deckengebirge zum starren Kraton. Dies ist indes nicht das Entscheidende. Das Blockbild macht vielmehr auch die Übergänge innerhalb der tektonischen Mannigfaltigkeit des Krustenbaus deutlich. Dies ist hier entscheidend. Der Exogenkomplex wurde von CLOOS aus Gründen didaktischer Klarheit eliminiert. Anfang und Ende der Reihe müssen heute in plattentektonischer

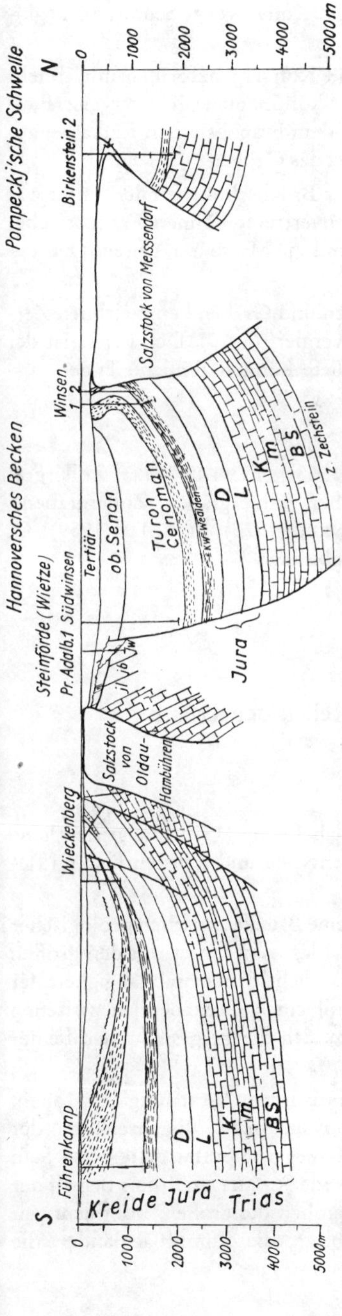


Abb. 29 Salzstocktypen im Norddeutschen Tiefland (aus METZ 1967, Ferdinand Enke Verlag, Stuttgart)

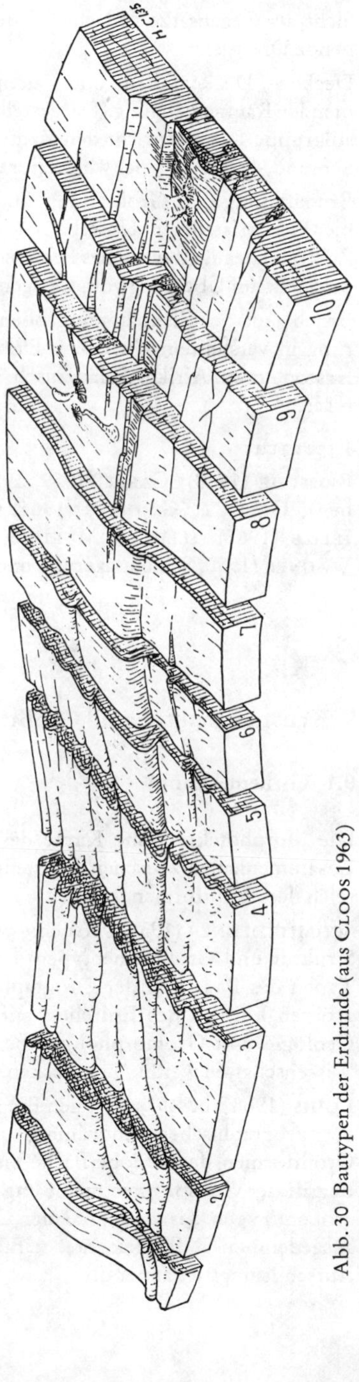

Abb. 30 Bautypen der Erdrinde (aus CLOOS 1963)

Sicht als Gegensätze gedacht werden. Schnitt 1 ist Konvergenz, Schnitt 10 beginnende Divergenz.

Decken-, Deckenfalten- und Faltenbau (1–4) sind Konvergenzformen mit abnehmender Raumeinengung. Dargestellt ist eine Folge kontinentaler Konvergenz. Baustilgruppe 1–2 entspricht den Zentralen Alpen, 3 dem Französischen Kalkalpenaußenrand, 4 etwa dem Schweizer Jura. Der Typus ist das Orogen.

Bruchfaltung und Großfaltung sind Bautypen der Bruchschollenländer, und zwar hier des kristallinen Unterbaus (5–8). Als Typenvertreter können Französisches Zentralplateau, Rheinisches Schiefergebirge, Böhmische Masse u. a. gelten. Der Typus steht am Übergang vom Orogen zum Kraton.

Bruch- und Schollenbau mit großen Einzelbrüchen und Gräben kennzeichnen Zerrung in versteiftem Unterbau. Die Bewegung divergiert (8–10). Der Typus ist der Kraton, etwa Afrika. Paläozoisch versteifte Gebiete können ähnliche Typen ausbilden.

Literatur:

BROSCHE (1968); CARLÉ (1959, 1955); CLOOS (1963[2]); ELWERT (1963, Zollergraben); GEYER & GWINNER (1964, Oberrheingraben, Fildergraben, Zollergraben); ILLIES (1967); ILLIES & MUELLER (1970); KRENKEL (1922); SEIBOLD (1959); G. WAGNER (1950, Schichtlagerung und Schichtstufenbild).

# 9 Krustenstruktur und Größtformen des Reliefs der Kruste

## 9.1 Vorbemerkung

Die Morphotektonische Kurve des Erdreliefs nach LOUIS (1979[4]) zeigt deutliche Zusammenhänge zwischen Krustengenese, Krustentypen und Krustenrelief im Bereich der Größtformen.

SCHMITTHENNER (1936) versuchte wohl erstmals eine Brücke zwischen geologischer Struktur und Großformentypen des Reliefs zu schlagen, wenn er mit den großen Typen des Baus und der Orographie die grundsätzliche Strukturabhängigkeit der größten Formen des Erdreliefs aufwies und damit einen Grenzbereich zwischen Geologie und Geomorphologie berührte, in dem sich die Fragestellungen beider Wissenschaften weithin überdecken.

LOUIS (1968[3]) beschritt mit den Fragen nach der statistischen Verteilung der Höhen, der geographischen Anordnung und den geophysikalischen Eigenschaften der Größtformen der Erdoberfläche einen ähnlichen Weg wie SCHMITTHENNER. Sein Begriff der Größtformen meint ungefähr dasselbe wie SCHMITTHENNERS Begriff der großen Typen des Baus und der Orographie, nämlich die großen, kontinentweit ausgedehnten Reliefelemente, z. B. die Hochgebirge, die Rumpfflachländer, die Aufschüttungstiefländer u. ä.

Innerhalb einer Darstellung der geomorphologischen Grundstrukturen der Erde erschien es sinnvoll, diesen Ansatz auszubauen und dabei an dem (idiographischen) Beispiel des Erdreliefs die (nomothetischen) Zusammenhänge zwischen (geologischem) Großschollentyp und (geomorphologischem) Größtformenschatz zu zeigen. Daß dabei abstrahiert werden mußte, wurde schon im Vorwort betont.

## 9.2 Die Kontinentalkerne oder Festlandskerne

Die sogenannten Kontinentalkerne (= Festlandskerne, Alte Massen, Kratone, Kratogene, Hochkratone) sind das älteste und offenbar auch stabilste Element der heutigen Kruste, mit wenigen Ausnahmen Reste der präkambrischen Kruste, im Präkambrium durch Faltung und Intrusionen versteifte, über 3 Mia Jahre alte, starre Blöcke. Sie befinden sich infolge ihres hohen Alters im Stadium des Massenausgleichs und erleben gegenwärtig mit Ausnahme schneller eisisostatischer Vertikalbewegungen (wie z.B. in Skandinavien) nur mehr säkulare Bewegungen. Festlandskerne werden sie genannt, weil die jüngeren Krustenbestandteile randlich an sie angefügt wurden, im Zuge jüngerer, postkambrischer Gebirgsbildungsphasen.
Die Sockel der Kontinentalkerne bestehen aus hochmetamorphem Kristallin mit Granitintrusionen, die selbst wieder metamorphosiert sein können. Wo diese Sockel frei zu Tage treten, ist die Bezeichnung Schild üblich. Örtlich, z.B. in Südamerika oder in Afrika, ist eine stärkere epirogenetische Wellung vorhanden. Solche Kratonteile werden als Kontinentalschwellen bezeichnet. Alle Kristallinteile sind Rumpfland. Da die Sockel randlich von Schelfmeeren des Postkambriums überflutet wurden, liegt heute auf den Schild- und Schwellenrändern häufig postkambrisches, teilweise diagenetisch umgewandeltes Sediment, das wegen der vor der Sedimentation erfolgten Sockelversteifung nicht mehr gefaltet, sondern nur mehr schwach verstellt wurde. Diese Teile der Kontinentalkerne heißen stabile geologische Schelfe. Morphologisch sind es Schichttafelländer.
Wegen der Sockelversteifung werden die Kontinentalkerne nicht mehr gefaltet, höchstens epirogenetisch gewellt, vor allem jedoch in Grabenbrüchen zerrissen, die heute als neu sich bildende Plattengrenzen aufgefaßt werden.

### 9.2.1 Die Kontinentalschilde oder Rumpfflachländer

Kontinentalschilde im geomorphologischen Sinne sind die flachen, meist nur wenig randlich aufgebeulten Kristallinrümpfe der Kontinentalkerne vom Typus des Kanadischen (Laurentischen) oder des Fennoskandischen (Baltischen) Schilds. Die Nordkontinentschilde sind im Zentrum z.T. rezent marin überflutet, vermutlich vor allem deshalb, weil sie durch Eiserosion und Eisauflast während der pleistozänen Kaltzeiten im Zentrum so stark abgetragen bzw. in den Mantel gedrückt wurden, daß ihre Oberfläche unter das Niveau des postglazialen Meeresspiegelanstiegs (= heutiges NN) geriet. Die Mulden und Wannen am Grunde von Hudsonbay und Ostsee deuten jedenfalls darauf.

Wo das Kristallin freiliegt, dehnen sich auf den Schilden in verschiedenen Höhenlagen und häufig in mehrere, durch Stufen getrennte Niveaus gegliederte, ausgedehnte Abtragungsebenen aus. Diese kappen den Gesteinskörper. Sie werden daher als Rumpfflächen (Skulpturflächen), den Kristallinkörper schneidende Landoberflächen bezeichnet. Die Schilde bilden daher ausgedehnte Rumpfflachländer. Die Rumpfflächen sind prinzipiell uralt angelegt. Wo auf dem kristallinen Sockel postkambrische Sedimente wechselnder Widerständigkeit aufliegen, streicht allenthalben die Grundgebirgsoberfläche ohne Knick, weitgehend ungestört, unter die aufliegenden Sedimente ein. Die uralte Anlage der Skulpturflächen bedeutet nicht, daß sie später nicht weitergebildet wurden. Die Schilde der Nordkontinente wurden pleistozän eisüberfahren. Auf den Tropenschilden herrscht offenbar derzeit aktive Rumpfflächenbildung im humiden, Umformung zu Sandschwemmebenen im arideren Bereich.

### 9.2.2 Die Kontinentalschwellen oder Großfalten

Kontinentalschwellen heißen diejenigen Teile der kristallinen Kontinentalschilde, die trotz ihrer Versteifung stark gehoben wurden. Schwellen dieser Art sind an den meisten Gondwanakernen der Südkontinente festzustellen. So sind z. B. das Hochland von Guayana wie das Brasilianische Hochland, in Afrika die großen Randschwellen des zentralen und des südlichen Teils (Südafrikanische Randstufe, Angolaschwelle u. a.) wie auch das bruchtektonisch herausgehobene Hochland von Äthiopien Kontinentalschwellen. Ähnliches gilt für die Ost- und Westghats Vorderindiens. Australien dagegen ähnelt wieder einem Schild. Sein Zentrum liegt derzeit allerdings über NN und wird daher terrestrisch zusedimentiert, ähnlich wie Teile der Ergs in der eingemuldeten Sahara.

Jessen (1943) versuchte die Herauswölbung, die den Kristallinsockel wie das auflagernde Sediment gleichmäßig erfaßt (Brasilianisches Hochland), im wesentlichen dadurch zu erklären, daß Ozeanboden (kalt) und Kontinentalrand (warm) eine verschiedene Wärmebilanz im Magma erzeugen, so daß Konvektionswalzen entstehen, die die Kontinentalränder hochwölben. Heute, im Zeitalter der Plattentektonik, müssen zumindest die an ehemaligen Plattendivergenzen liegenden Randschwellen der Südkontinente als fossilierte, noch aufgewölbte ehemalige Grabenbruchränder aufgefaßt werden. Für Teile der Binnenschwellen (Randschwellen des Ost- und Zentralafrikanischen Grabens) könnte eine ähnliche geophysikalische Erklärung diskutiert werden.

Auch die Schwellen tragen im Kristallin Rumpftreppenformen. Wo Sedimente oder sehr widerständige Kristallinpartien in die Schwellen einbezogen sind, treten auch strukturgestützte Formen auf (Südafrikanische Randschwelle; vgl. Obst u. Kayser, 1949).

### 9.2.3 Die Schichttafelländer oder stabilen geologischen Schelfe

Die Schichttafelländer werden bei LOUIS (1968[3]) auch als stabile geologische Schelfe bezeichnet. Die teils marine, teils terrestrische Sedimentauflage der kristallinen Rümpfe beweist, daß diese in der geologischen Vergangenheit durch Veränderungen ihrer Höhenlage zum Meeresspiegel, also durch isostatische Kontinentalblockbewegungen und/oder eustatische Meeresspiegelveränderungen, mehrmals unter den Einfluß mariner Überflutung gerieten, in der Vorzeit also Schelfe bildeten, oder aber terrestrisch zusedimentiert wurden. Das Einstreichen der Kristallinoberfläche als Rumpfebene unter die Sedimente beweist, daß die gefalteten Sockelbereiche der Sedimente schon zu Flachländern abgetragen waren, als die erste Sedimentation im Altpaläozoikum begann. Zwischen Sockelversteifung und Sedimentationsbeginn schiebt sich also eine mehr oder weniger lange Zeit der Sockelabtragung, eine geologisch-petrographische zeitliche Diskordanz (Zeitlücke). Ähnliche Diskordanzen, also Schicht- bzw. Ablagerungslücken innerhalb des sedimentären Oberbaus beweisen daneben, daß die Kontinentalkerne in der geologischen Vergangenheit zeitweilig tief lagen und dann durch marine oder terrestrische Transgression zusedimentiert wurden. Zeitweilig wurden sie auch über den damaligen Meeresspiegel gehoben, so daß die Ozeane regredierten und der sedimentäre Oberbau abgetragen wurde. Trans- und Regressionen können mehrmals wechseln. Es gibt aber auch Fälle kontinuierlicher oder annähernd kontinuierlicher Sedimentation vom Kambrium bis ins Karbon (Coloradoplateau u.a.) bzw. bis in das Tertiär (Südafrika, Sahara u.a.).

Die Schichttafeln bilden den Oberbau des kristallinen Sockels oder Grundgebirges, das sogenannte Deckgebirge.

Die Sedimente sind in der Regel wechselnd widerständig geschichtet. Je nach Alter und Auflast mehr oder weniger diagenetisch verfestigte, aber generell wenig widerständige Tonschiefer, Mergel und Tone bilden das Liegende und Hangende von widerständigen Kalken, Quarzsandsteinen und Sandsteinen in mehr- bis vielfachem Wechsel. Exogen bedingt werden diese Widerständigkeitsgegensätze morphologisch wirksam. In wenig widerständigen Sockelschichten mit darauf auflagernden widerständigen Deckschichten erheben sich gegen die kristallinen Rümpfe gewandte Schichtstufen unterschiedlicher Höhe und Gliederung, je nach dem Aufbau des Deckgebirges. Stufeneinwärts schließen sich ausgedehnte Landoberflächen an, die sich weitgehend mit den Oberflächen der widerständigen Schichten decken und diese nur mit sehr spitzem Winkel schneiden, wenn überhaupt. In Trockengebieten sind Land- und Gesteinsoberflächen praktisch konform. Auch die an die Gesteinsstruktur angelehnten und durch sie mitbedingten Landoberflächen sind Abtragungsflächen. Dennoch sind sie, daher die Bezeichnung „Schichtflächen", „Schichttafeln", „Schichttafelländer", etwas grundsätzlich anderes als die das Kristallin überziehenden Kappungs- oder Rumpfflächen, denn sie sind im Gegensatz zu diesen an den Schichtbau angelehnt. Da sie generell in den Hangendbereichen widerständiger Schichten liegen, ist dies auch leicht zu erklären, denn in jedem Klima geht die Abtragung in wenig resistentem Gestein schneller vor sich als in resistentem.

Dadurch wird zeitweilig die Oberfläche einer widerständigen Schicht als Landoberfläche freigelegt. Da auch sie weiter denudiert wird, ist die leichte Diskordanz, d.h. der Schnittwinkel zwischen Gesteins- und Landoberfläche zu erklären. Hier kennzeichnet sich der Faktor Zeit: die Distalbereiche der Flächen sind älter als die Proximalzonen vor den Folgestufen. Gelegentliches Überstreichen der Landoberfläche aus widerständigen in wenig widerständige Schichten, wie es generell am Stufenfuß, örtlich aber auch im Stufenkantenbereich auftritt, spricht nicht gegen die Annahme einer Strukturanlehnung der Landform. Der Faktor Zeit läßt nicht erwarten, daß überall auf der Erde voll ausgeformte Stufenlandschaften auftreten.

Die Schichttafelnatur der sedimentären Oberkruste der Festlandskerne hängt mit ihrer geringen Neigung (= flachen Schichtlagerung) zusammen.

### 9.2.4 Die Verbreitung der Kontinentalkerne

Die Kontinentalkerne der Nordhalbkugel beginnen mit Laurentia. Sein kristalliner Teil streicht im Kanadischen Schild mit dem Archipel und Grönland zu Tage. Die Kristallinoberflächen liegen zwischen 500 und 1100 m (Labrador). Die Masse ist im Zentrum eingebeult und von der Hudsonbay überflutet. Diese wird in etwa 1000 km Mittelabstand von der Glintseezone Bärensee – Sklavensee – Athabascasee – Winnipeg/Winnipegosissee – Oberer See – Michigan/Huronsee – Erie/Ontariosee umrandet. Dort streicht die kristalline Rumpfoberfläche unter wenig jüngeren altpaläozoischen Sedimenten ein, vor deren Stufen ein Teil der langgestreckten Seen Kanadas als Glintseen liegt. Die Stufen durchziehen auch die Großen Seen zwischen USA und Kanada und werden dort in Landzungen und Inselketten sowie Wasserfällen sichtbar. Der Niagarafall z.B. fällt über den silurischen Niagarakalk vom Erie- zum Ontariosee (174 m/74 m NN). Erie- und Winnipegosis-See liegen auf, Ontario- und Winnipegsee vor Schichtstufen. Einwärts schließen sich bis zur Kordillere Schichttafelländer an, die Prärien in devonischen, flachlagernden Schichten, westlich des Mississippi und des Missouri die Great Plains nach erneuten Stufenanstiegen in kreidezeitlichen Sandsteinen, die bis zum Fuß der Rockies reichen. Die Mississippisenke unterhalb St. Louis ist eine tektonische Muldenzone am Kernrand. Unter dem Oberbau der Sedimenttafel reicht der Kontinentalkern bis an das Felsengebirge nach W und an den Appalachenfuß nach O. Die ganze Zone, gleichgültig, ob das Kristallin sedimentär überdeckt ist oder nicht, wird demnach zusammengefaßt als Urkontinent Laurentia bezeichnet.

Ähnliches gilt für das nordeuropäische Fennosarmatia. Der Baltische Schild, ganz ähnlich eingebeult wie der Kanadische und in der Einmuldung von einer Schelfsee überflutet, der Ostsee, streicht im Kristallin in Finnland und Schweden zu Tage, etwa bis zur schwedischen Reichsgrenze gegen Norwegen und in Höhen zwischen 100–400 m in Finnland, zwischen 100 m bis nahezu 2000 m in Schweden. Von der südlichen Ostseeküste an wird das Kristallin nach SO sedimentär überdeckt und bildet das flachreliefierte Schichtstufen- bis -tafelland der Osteuropäischen Tafel zwischen der Pripjet-Polessie und dem Ural, der Ostsee, dem Schwarzen Meer und dem Kaspisee. Die Waldaihöhen wie der Estnische Glint bilden den nordamerikanischen Schichtstufen ähnliche Formen. Der Kristallinblock ist unter dem sedimentären Oberbau in mehrere epirogenetisch bedingte Großfalten bzw. Großblöcke zerlegt und tritt in der Wolhynisch-Podolischen Platte zu Tage. Im Block von Woronesch, im Timanrücken ist Sediment gewölbt. Die Schichttafelnatur beruht auf dem Schichtfallen zum Zentrum (Moskauer Syneklise = Schichtmulde).

Angaria oder Angaraland bildet in Zentralsibirien den dritten Urbestandteil der Nordkontinente. Das Kristallin streicht nur an wenigen Stellen Mittelsibiriens zu Tage. Im allgemeinen ist es von flachlagerndem sedimentärem Altpaläozoikum sowie von Ergußtafeln mit Tuffitzwischenlagen überdeckt. Auch dort existieren innerhalb der Taiga Schichttafel- und Vulkantafelländer in 800–1000 m Höhe. Das Gebiet wird daher als Sibirische Tafel bezeichnet.

Sinia, die sogenannte Chinesische Masse, wird geologisch als Paraplattform bezeichnet. Sie unterscheidet sich dadurch von den anderen Massen, daß sie postkambrisch noch von mehreren mesozoischen Orogenesen durchbewegt wurde und sich erst im Jura versteifte. Die Masse umfaßt Westkorea, die südliche Mandschurei und Tieflandchina zwischen dem Huang-He-Bogen und dem (kaledonischen) Wu-y-Shan-Gebirge sowie den Untergrund des Roten Beckens von Szechwan. Der kristalline Untergrund ist meist sedimentär verhüllt. Ein großer Teil der Masse liegt tief. Er bildet die sogenannte Nordchinesische Paraplattform mit sedimentärem Oberbau. Der Südteil, die Südchinesische Paraplattform, wird im wesentlichen mit dem Chang Jiang (Yang-tse) nach N abgegrenzt. Weil er stärker gehoben ist, wurde dort in Metamorphiten, Intrusiva und Vulkaniten das Südchinesische Bergland ausgebildet, das den Typus einer Rumpfscholle repräsentiert.

Präkambrisch gefaltete Massen sind auch in die Zentralasiatische Hochgebirgsschwelle eingelagert. Dort bilden sie weite Beckenzonen. Die Masse des präkambrischen Tarimbeckens ist die Basis des Tarim- und des Gobi-Trockengebiets in 1000–2000 m Höhe über NN. Das Dsungarische Becken wurde zwar erst variskisch versteift, bildet aber dennoch wegen seines Tektobaus zwischen Tian-Shan und Altai ein ähnliches Becken wie die Gobi. Das Tibetmassiv, wiederum präkambrisch versteift, baut das weite Hochland von Tibet auf, z. T. von kretazischen Sedimenten bedeckt, und alpidisch in Höhenlagen von 5000–7000 m geschaltet.

Das südliche Mittelgebirge von Vietnam zwischen der Küste bei Saigon und Da Nang am Eingang zum Tonkingolf ist ebenfalls eine Paraplattform, die einer mesozoisch gefalteten Geosynklinale einverleibt wurde. Ostasien ist insofern von den übrigen Festlandstypen unterschieden, als weder ausschließlich typische eugeosynklinale Faltungsgebiete im Sinne STILLES noch typische Festlandskerne vorhanden sind. Die variskisch gefaltete Tafel der Dsungarei, das Tarim- und das Tibetmassiv sind dabei verhältnismäßig steif. Die übrigen Massen erlebten dagegen bis zu vier Faltungen. Sie wurden im Präkambrium, erneut in der kaledonischen, der variskischen und schließlich in der mesozoischen Faltungsära durchbewegt. Daher weicht ihr Bau von demjenigen der echten Kratone ab. Davon rührt auch die tektonische Bezeichnung Para(Neben)tafeln. Schwach metamorpher Unterbau mit 3–4 km mächtiger Sedimentdecke können typisch sein. Die Landform entspricht dann generell den Bruchschollengebirgen, mit Sedimenttafeln, Rumpfflächen in gehobenen Kristallinhorsten (Shantung) und junger Aufschüttung über abgesenktem Untergrund. Prinzipiell ist jedoch auch dort die für die Kratone typische Konvergenz von Landform und Krustenbau da.

Vorderindien ist als Indische Masse ein Gondwanasplitter. In den Tiefländern von Indus und Ganges, alpidischen Vorsenken, sind Muldengebiete sedimentär überdeckt und bilden Aufschüttungstiefländer. Im Hochland von Dekkan, teilweise durch die Rumpfstufen der West- und Ostghats treppenförmig gegliedert, ist der Nordwestteil ein Ergußtafelland in kilometermächtigen Trappdecken (= Plateaubasalten). Der übrige Schild trägt im Kristallin wegen seiner relativ starken Heraushebung (6000 m–2000 m) Rumpftreppen, die offenbar zumindest örtlich bruchtektonisch von den Küstentiefländern abgesetzt sind.

Der größere Teil der Kontinentalkerne liegt als Gondwanaland auf der Südhalbkugel. Die Brasilianische Masse zwischen der Kordillere, dem südamerikanischen Coloradofluß und den Llanos des Orinoko sowie der Brasilküste ist epirogenetisch gewellt. Die erste Beule (Großschwelle) bildet das kristalline Bergland von Guayana (Guayanaschild, umgekehrte Schildform), das mit Höhen von nahe 3000 m allerdings die Berglandbezeichnung zumindest örtlich zu Unrecht trägt. Es ähnelt vielmehr einem Mittelgebirge mit Rumpfflächen, da es keine eiszeitliche Vergletscherung erlebte, auch wenn seine absolute Höhenerhebung Hochgebirgshöhenlagen Europas entspricht. Die südlich anschließende Mulde des Amazonasbeckens ist epirogenetischen Ursprungs und mit tertiären Sedimenten des Vor-Amazonas gefüllt. Aus ihr erhebt sich als zweite Schwelle, pultschollenartig von W aus der Chaconiederung nach O zur Küste ansteigend, das Brasilianische Bergland (Brasilianischer Schild), im Sao-Francisco-Oberlaufgebiet und um die Hauptstadt Brasilia durch sedimentäres, schichtstufenbildendes Jungpaläozoikum und Kreidesediment überlagert. Ähnliche, allerdings vulkanische Schichttafeln mit den berühmten Wasserfällen des Iguaçu bilden die kristallinüberdeckenden Ergußtafeln Südbrasiliens zwischen Rio Grande, Parana und der Küste. Am Andenostfuß ist eine zentrale, sedimentär gefüllte Senke entwickelt, die im Bereich der Patagonischen Tafel (Jura und Kreide) Schichttafelcharakter besitzt.

Den ehemaligen Kern Gondwanalands bildet Afrika mit Arabien, mit Ausnahme des alpidischen Atlas, des kaledonisch-variskischen Antiatlas und der variskischen Kap-Falten. In Nordafrika und Arabien ist der kristalline Rumpf in Höhenlagen um 150–500 m weitgehend sedimentär überdeckt. Dort liegen Schichttafel- bis Schichtstufenländer. Eine leichte epirogene Wellung gliedert einzelne Teilbecken aus den Schichttafeln (El-Djouf = Taoudennisenke mit der Tanezrouft, Westlicher Großer Erg = Becken von Béchar, Östlicher Großer Erg = Ghadamesbecken, Edeien Ubari und Edeien Murzuk = Fezzan, Syrte mit den Schichtstufen des Jebel Nefusa und des Jebel es-Soda, Kufrabecken, Ägyptisches und Arabisches Stufenland). Die Sedimenttafeln stoßen, z. B. in den Tassili sowie im Jebel Bani, Jebel Quarkziz, in der Hamadastufe u. a., als Schichtstufen bzw. Schichtrippen gegen die teils kristallinen Schwellen, teils vulkanischen Gebirge des Hoggar, Aïr, Tibesti, Darfur und des Antiatlas ab, von denen meist Fußflächen herabziehen.

Kristallinschwellen wie die Mauretanische und die Guineaschwelle, die Angola- und die Süd- bis Ostafrikanische Schwelle, schließlich die Randschwellen des Rote-Meer-Grabens (Es-Said, Äthiopien, Al Hijaz und Jemen) und die Querriegel der Zentralafrikanischen und der Lundaschwelle tragen Rumpfflächen- bis -treppencharakter (Sudanische Rumpffläche u.a.). Dazwischen eingelagerte Senkungsbecken mit kambrosilurischer bis kretazischer und tertiärer Sedimentfüllung besitzen zumindest weitgehend wiederum den Charakter von Schichttafel- bis -stufenländern, oder doch von Aufschüttungsgebieten: Kongobecken, Kubangobecken, Kalaharibecken mit den südwestafrikanischen Stufenländern z.B. im Fischflußgebiet.

In Ostafrika ist das ehemalige zentrale Gondwanaland durch eine riesige Bruchzone zerrissen, vermutlich eine beginnende Plattendivergenz mit aufgewölbten Kristallinrändern, Vulkanismus und eingesenktem, z.T. jungsedimentär verfülltem, z.T. noch Seen tragendem Grabeninnern. Das Grabensystem beginnt mit dem Roten Meer, das die ursprünglich einheitliche saharosyrabische Scholle heute trennt. Nach NW zweigt der Suez-, nach NO der Jordangraben bis nach Kleinasien ab. An der Enge von Bab-el-Mandeb, wo die Danakilsenke eine vom Meer nicht überflutete, etwas höher als die Grabensohle liegende Teilstaffel bildet, knickt der etwa 2000 km lange Rote-Meer-Graben rechtwinklig nach NO in den Golf von Aden. Es existiert jedoch auch eine Südfortsetzung. Drei schmale, z.T. bajonettförmig gegeneinander versetzte Grabenbrüche sind für die Großformen Ostafrikas wesentlich. Die westliche (ihr aufgewölbter Westrand wird als Zentralafrikanische Schwelle bezeichnet) zieht vom Albertsee über den Tanganyikasee zum Nyassasee und zur Sambesimündung, rund 2800 km lang. Zu ihr gehören als wichtigste Vulkane der Ruwenzori und die Virungazone. Die mittlere Störungszone, Gräben und ostgewandte Brüche, entwickelt sich aus den abessinischen Gräben und der langgestreckten Rudolfsee-Senke, zieht O am Viktoriasee vorbei durch das Salzpfannengebiet der Serengeti, im Bogen zum Usagaragraben und über das Ruahatal zum Nyassasee. Zur ihr gehören der Keniaberg und der Ngorongorokrater. Der Kilimanjaro sitzt extern. Die östliche Störungszone setzt Somalia vom Hochland ab und bildet die große ostafrikanische Randstufe. Auch sie zieht über das Kilomberotal zur Störungsbündelung am Nyassasee.

In einem riesigen Horst wurde Äthiopien auf 2000–4000 m Höhe gehoben und weithin von Ergußtafeln überdeckt.

Madagaskar ist eine von Afrika gelöste Pultscholle mit steiler Ostabdachung im Kristallin, flacherer Westabdachung im Sediment. Dort liegen wiederum Schichtstufenlandschaften.

Den letzten freiliegenden Gondwanasplitter – Antarktika ist eisbedeckt – bildet Australien. Der West- und der Nordteil sind kristalline Randschwellen. Die daran O anschließenden Wüsten zeigen vorwiegend jungsedimentäre Überdeckung und Senkenform (Amadeus- und Officarbecken). Der aufgewölbte Zentralteil (MacDonell und Musgrave Ranges) mit seinen Inselbergen (Ayers Rock) zeigt, wie der Westteil im Kristallin, Rumpflandformen. Der Ostteil bis zum paläozoischen Faltengebirge der Dividing Range ist wiederum eine große Tieflandschüssel mit jungsedimentärer Füllung (Artesisches Becken, Murraybecken), umrahmt vom Darling

Range Pluton (1100 m) im W und von der Ostrange (2200 m), entwässert vom Darling River.

In Australien ist also wenigstens teilweise wieder Schildnatur entwickelt. Wenn Schichtstufenländer im Gegensatz zu anderen Gondwanateilen häufiger fehlen, so liegt dies vor allem an der Senkennatur. Die Senken bilden rezente Aufschüttungstiefländer.

## 9.3 Die Bruchschollenländer oder labilen geologischen Schelfe

Die Rumpfschollen- und Schichtstufenländer, bei LOUIS (1968[3]) auch Bruchschollenländer oder labile geologische Schelfe genannt, bilden den zweiten, gegenüber den Urkontinenten erheblich jüngeren Krustenbestandteil. Drei paläo- bis mesozoische Faltungsphasen fügten sie an die Urkerne an.

Die kaledonische Phase zu Ende des Altpaläozoikums (Silur) bildete vor rund 590 Mio. Jahren auf den Nordkontinenten die Appalachen N der Hudson-Ontario-Senke, die nach manchen Autoren allerdings auch variskisch sein sollen. Die Falten Ostgrönlands, die Kernteile des Norddeutschen Tieflands mit dem Brabanter Massiv, Spitzbergen, Norwegen, Schottland, Wales und Nordirland sowie, auch hier in der Zeitstellung etwas divergierend, der asiatische Kisilrai und der Altai, der Sajan und der chinesische Nan-Shan (vielleicht variskisch) gehören wohl ebenfalls in diese Ära.

Die variskische Faltung am Ende des Paläozoikums vor rund 250 Mio. Jahren (Karbon) bildete einen zweiten, gleichartigen Schollenbestandteil. Variskische Faltungsräume umfassen (s.o.) auf den Nordkontinenten möglicherweise die Appalachen S der Hudsonsenke sowie den Unterbau des Mississippitieflands und der Golfküstenebene. In Europa wurden die Iberische Masse, England, der Sockel West- und Mitteleuropas bis zum Rand der osteuropäischen Tafel und der Ural in dieser Phase konsolidiert. In Asien entstand der Sockel Westsibiriens sowie der gesamte nichtkaledonische Nordrand Zentralasiens (Turansockel, Pamir, Tian-Shan, Alatau, Tarbagatai, Jablonowyj- und Stanowoigebirge), auf der Südflanke der Tarimscholle Karakorum, Altin-Tagh, Nan-Shan, Kun-lun-Shan und chinesischer Quin-ling-Shan.

Auf der variskisch schon starren Südhalbkugel ist nur ein Teil des patagonischen Sockels, die südafrikanischen Kap-Falten und die erste Aufrichtung des nordafrikanischen Anti-Atlas, dessen Faltungsalter noch ungeklärt ist (präkambrisch, altkaledonisch), sowie die Great Dividing Range Ostaustraliens der variskischen Ära zuzuordnen.

Die mesozoische, spät entdeckte Faltungsphase ist auf Ostasien beschränkt und leitet dort die alpidische Ära ein. Die Faltung erfolgte zeitlich wohl im oberen Jura und in der Unterkreide, vor 150 Mio. Jahren. Hierher gehört, z. T. mit Innenmassiven vom Typ der alpidischen Kordillerenmassive, der ostsibirische Gebirgsbogen mit Werchojansker, Tschersker, Kolyma- und Anadyrgebirge (um 2000–3000 m;

Korjakengebirge und Kamtschatka sind alpidisch), sodann der Sichote-Alin (um 2000 m) am Ostrand der Mandschurei, und endlich nach neuerer Auffassung der früher ebenso wie Ostsibirien für alpidisch angesehene Bereich der meridionalen Stromfurchen Hinterindiens (um 2500 m) einschließlich Malakkas und Zentralborneos, begrenzt vom Hochland von Tibet im N, von der Irawadifurche im W (die Arakan-Patkai-Kette Burmas ist alpidisch) und der Südchinesischen See im O.

Trotz gleichem Grundtyp der Tektogenese liegen heute die genannten Faltungszonen in unterschiedlichen orographischen Höhen. Senkungszonen unter 100 m NN (Norddeutsches Tiefland), Mittelgebirge bis 1500 m (Mittelgebirgsschwelle), in Zentralasien aber auch Hochgebirge mit 4500 m (Altai) bis 7700 m Höhe (Pamir, Kunlun-Shan) prägen den rezenten Formenschatz. Dies ist jedoch lediglich eine Frage der Vertikalbewegung, also ein ebenfalls endogen bestimmter Unterschied.

Im Prinzip zeigen die genannten Faltungszonen nämlich dasselbe Verhältnis von Deck- und Grundgebirge wie die Urkontinente. Nach jeder Gebirgsbildung erfolgte eine Einrumpfung. Auf den kristallinen Sockel transgredierten Meere oder terrestrische Sedimente, in Mitteleuropa beispielsweise über das variskische Grundgebirge das ganze Jüngstpaläozoikum (Perm) sowie das Mesozoikum (Trias, Jura, Kreide).

Der Unterschied zu den Urkontinenten besteht prinzipiell nur darin, daß die paläozoischen Schelfstrukturen in der Erdneuzeit kräftigere und räumlich intensivere Vertikalbewegungen erlebten als die schon versteiften Urkontinente. Die paläozoischen Faltungsgebiete wurden meist alpidisch durch Brüche in einzelne Krustenstücke zerlegt, sogenannte Schollen. Diese wurden zum Teil gehoben, so daß dort heute der kristalline Unterbau (Grundgebirge) zu Tage streicht. Teilweise wurden sie jedoch auch abgesenkt und mit Sediment verfüllt, das dann in der anschließenden alpidischen Ära zwischen den kristallinen Hochschollen gepreßt und leicht schräggestellt oder bruchgefaltet wurde, so daß Schichtstufen- bis Schichtrippenländer entstanden.

Wegen der spät an die paläozoisch-mesozoische Faltung und Rumpfbildung anschließenden, differenzierten alpidischen Vertikalbewegungen werden die Kristallinteile als Bruchschollenländer, die zerbrochenen Sedimenttafeln als labile geologische (gemeint = ehemalige) Schelfe bezeichnet (LOUIS, 1968[3]). Im einzelnen ist also auch dort eine auf der paläogeographischen Entwicklung beruhende geomorphologische Differenzierung nötig.

### 9.3.1 Die Bruchfaltengebirge und Bruchgebirge

Bruchfaltengebirge und Bruchgebirge sind zwei in ihrem Tektobild etwas verschiedene, im Formenbild jedoch annähernd gleichartige Schollentypen. Die Bruchfaltengebirge (CLOOS, 1963[2]) weisen eine ungefähr gleichwertige Beteiligung von Faltung und Brüchen an der Endogenform auf. Die ursprünglichen paläozoischen Decken- bis Faltenkörper, die schon in der Permzeit oder endkretazisch wieder eingerumpft waren und von Sedimenten überdeckt wurden, stiegen alpidisch wieder auf, wurden dabei entmantelt, falls sie je von Sediment bedeckt waren, was nicht für alle Schollen dieses Typs gesichert ist, und in den Rumpfschollenformen denudativ weitergebildet. Der Aufstieg an Brüchen und Flexuren war auch mit Raumeinengung und damit Pressung sowie auch Zerrung/Ausweitung verknüpft. Die Salztektonik Norddeutschlands gibt hierfür das anschaulichste Beispiel. Als Bruchgebirge werden diejenigen Mittel- bis Hochgebirge bezeichnet, die an Brüchen herausgehoben, dabei aber nicht bruchgefaltet wurden. Dabei kann eine sedimentäre Scholle genau so ein Bruchgebirge bilden wie eine vorher gefaltete, versteifte (Block von Woronesch, Wolhynische Platte). Übergänge zwischen beiden Typen sind möglich.

In geomorphologischer Sicht ist der tektonische Unterschied zu vernachlässigen. Bruchfalten- und Bruchgebirge zeigen, wenn der kristalline Unterbau zu Tage tritt, den morphologischen Charakter von Rumpfschollen bis Rumpfschwellen, sind also in ihrem Oberflächenformenbild weitgehend den kristallinen Schilden verwandt. Dabei ist es unerheblich, ob in den Schollen am Rande der sedimentären Auflage die präsedimentäre Auflagerungsfläche hervortritt, in Süddeutschland z.B. die prätriadische Rumpffläche, die im Schwarzwald und Wasgen am Fuße der Buntsandsteinstufe auf kurze Distanz faßbar wird, oder aber ob jüngere, tertiäre Flächenreliefs ausgebildet sind. Die Kappungsebene, Schnitt- oder Rumpffläche, ist stets das Normale.

In Europa gehören zu diesem Rumpfschollentyp die Iberische Masse, die Rumpfmassen Kaledoniens, Irlands, Wales', der Penninen, der Bretagne, des Französischen Zentralplateaus, der mitteleuropäischen Mittelgebirgsschwelle mit dem ardennisch-rheinischen Westflügel und dem erzgebirgisch-sudetischen soweit bayrisch-oberpfälzisch-böhmischen Ostflügel. Die Rumpfschollen sind hier nicht allein durch übereinandergestaffelte Rumpfflächen getrennt, sondern auch durch Brüche in verschiedene Höhen gestellt: inner- und außersudetischer Randbruch, erzgebirgischer Südbruch, Bruchrand der böhmischen Masse bis zum Thüringer Wald, Harznordbruch u.a. Auf dem Balkan gehören die Thrakische Masse, im Mittelmeer Korsardinien zu diesem Schollentyp.

### 9.3.2 Die Schichtstufenländer

In die vertikal mobilen Bruchschollengebirgszonen sind immer wieder Senkungsfelder eingelagert, in denen sich an der Krustenoberfläche Reste der primär sedimentär aufgelagerten jungpaläozoischen bis tertiären Sedimentdecke erhielten. Diese tektonischen Tiefenzonen, in denen die Grundgebirgsoberfläche gegenüber dem heutigen Meeresniveau bis zu −3000 m und mehr versenkt sein kann, sind als mesozoische Schelfe – nicht als rezente Senken – heute Schichtstufenländer, allerdings wiederum mit der Ausnahme, die schon für Teile der Sahara (Ergflächen mit Dünen) und Inneraustralien (junges Senkungsfeld mit noch andauernder Aufschüttung) angeführt wurde. Falls die Senkung seit dem Mesozoikum bis heute noch im Gange ist, sind über potentiellen Schichtstufenländern, d.h. über paläozoischem bis mesozoischem Sockel noch pleistozäne Aufschüttungen erfolgt (z.B. Oberrheingraben in Mitteleuropa), und dies ändert den Formenstil in Richtung zu Aufschüttungstiefländern.

Die Schichtstufen- sind wie die Schichttafelländer faziell differenziert. Ihre Schichten sind wechsellagernd widerständig. Sie gehören typologisch zur großen Gruppe der Schichttafelländer; die Schichtstufenländer der Blockschollengebirge entsprechen den Schichttafelländern der Kratone. Aus tektomorphologischen Gründen, nämlich wegen der Bruchfaltung und der Schräglagerung, weicht ihr Formenbild von demjenigen der Schichttafelländer jedoch etwas ab.

Die Form der Schichtstufenländer folgt Grundregeln, die in der Gesteinsgliederung und in der Schichtlagerung der Oberkruste begründet sind. Der Landformentypus wird daher fast generell als petrographisch-tektonisch bedingtes Relief bezeichnet. Dies ist eine etwas schiefe Ausdrucksweise für einen an sich richtigen Sachverhalt. Dabei wurde nie gemeint, daß tektonische und petrographische Struktur Landform für sich allein und aus sich formten, von ganz kurzfristigen Ausnahmen wie Sprüngen an der San Andreas Fault in Kalifornien abgesehen. Schichtstufenländer sind wie Schichttafelländer Abtragungsformen. Sie unterscheiden sich von den Kristallinschollen nur dadurch, daß die exogene Dynamik aus dem Sedimentkörper wegen dessen besonderer Natur eine bestimmte, mit dem Krustenbau zusammen-, ja von ihm abhängende Landform herausarbeitet. Hierfür sind verschiedene Ausdrucksweisen üblich. Die Landform kann als surface structurale, als strukturbedingt, strukturgesteuert, strukturabhängig, strukturangepaßt usw. bezeichnet werden, als Akkordanzform u. ä.

Schmitthenner, der „klassische" Schichtstufenmorphologe, faßte die Regeln der morphologischen Gestaltung im Schichtstufenland in zwei grundsätzlich wichtigen Aufsätzen zusammen (1954, 1956). Blume (1971) hielt den neueren Erkenntnisstand fest. Durch Mortensen u.a. wurden Differenzierungen des Formenbilds nachgewiesen, die meist durch Wirkungen verschiedener Exogenkomplexe (Klimawandel usw.) hervorgerufen werden, aber auch tektonische Ursachen haben können. Zweifellos gibt es eine klimazonare Differenzierung des Bildes von Schichtstufenlandschaften, aber eben als Differenzierung eines Grundtyps.

Die von Schmitthenner aufgestellten Grundregeln des Baus und Bilds wurden durch diese neueren Erkenntnisse nicht umgeworfen. Die Modifikationen stören das (abstrakte) Gesamtbild Schmitthenners also nicht.

Eine Frage allerdings ist noch nicht endgültig beantwortet. Sie lautet, ob bei grundsätzlicher Richtigkeit der Auffassung Schmitthenners über Bau und Bild auch seine genetischen Vorstellungen heute noch als richtig angesehen werden können, oder ob eher wieder an eine Rückkehr zu einer Herausarbeitung aus einer Ausgangsfläche gedacht werden muß. Vorläufig scheint die Frage so entschieden zu sein, daß keine der beiden Auffassungen allgemeine Gültigkeit beanspruchen kann. Es gibt Hinweise für eine einzyklische Entstehung mancher Stufenlandschaften im Sinne Schmitthenners, aber auch Hinweise auf Reste von Ausgangsflächen im Sinne von Davis. Auf generelle Gültigkeit des einen oder des anderen Ansatzes zu pochen ist vorläufig wenig sinnvoll, denn die Formenentwicklung wird ja auch klimagesteuert. Über klimabedingte Differenzierung der Schichtstufenbildung ist aber vorläufig noch kein abschließendes Urteil möglich.

Die endogene oder strukturelle Grundvoraussetzung für die Entwicklung von Schichtstufenländern ist eine vertikal wechselnde Lagerung widerständiger und wenig widerständiger Sedimente. Dabei ist es relativ gleichgültig, ob diese alt und damit diagenetisch stark umgewandelt sind oder aber jünger und damit weniger stark verfestigt (paläozoische Baniserie des marokkanischen Südens/Mesozoikum Europas). Widerständigkeitsgegensätze bleiben immer erhalten, auch bei starker Diagenese.

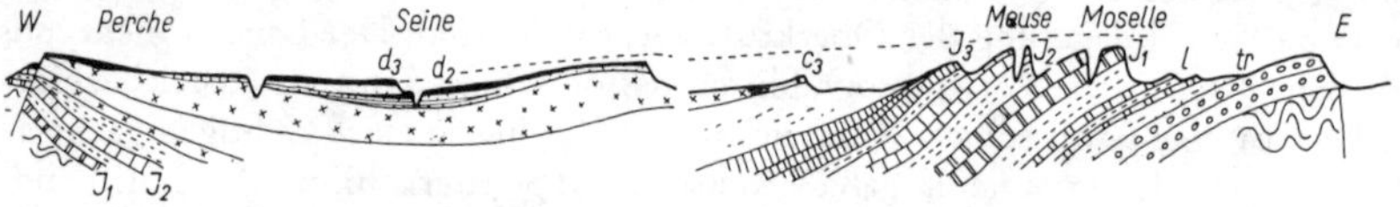


Abb. 31 Synklinal-Schichtstufenland des Pariser Beckens (aus MACHATSCHEK 1973)
Nordfrankreich liegt über einer riesigen, mehr als 2000 m tiefen Mulde des Grundgebirges. Über dem Grundgebirgsrumpf blieb eine Wechselfolge widerständiger und wenig widerständiger Sedimentite erhalten, und zwar so, daß die Schichten vom Muldentief unter Paris nach allen Seiten m. o. w. gleichmäßig ansteigen (tr = Trias, l = Lias, J1 = Dogger, J2/J3 = Malm, c3 = Kreide, d2/d3 = Mitteltertiär). Am Ostrand des Profils liegt der Oberrheingraben, am Westrand die bruchmodifizierte Stufe der Perche. Die Entwicklung der Schichtstufen entspricht genau den im Text aufgezeigten Regeln. Mit geringfügigen Änderungen (nach N sind in der Schwelle des Artois Schichtenstufen – noch – nicht entwickelt, nach S sind sie gegen das Zentralplateau aufgebeult) läßt sich das Profil auch N–S lesen. Der Ostteil des Profils ist noch auf der Schichtlagerungskarte Abb. 20 a + b abgebildet. Der rechte Profilteil von der Maas an nach O läßt sich als Antiklinalstufenland lesen: die Zeichnung muß hierfür nur durch die spiegelbildlichen Stufen Süddeutschlands ergänzt werden.

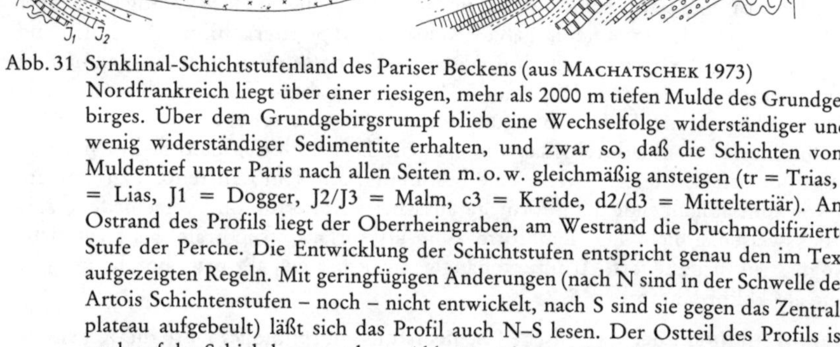


Abb. 32 Schematisches Profil des englischen Schichtstufenlands N der Themse von NW nach SO (aus MACHATSCHEK 1973)
Das Grundgebirge von Wales (8-Kristallin) taucht nach O und SO unter jüngeres Deckgebirge wechselnder Widerständigkeit, das zur Mulde von London absinkt. In den wenig widerständigen Sedimentiten von Trias und Lias (7 + 6) ist der subsequente Ausraum des Severn entwickelt. Der Doggerkalk (5) bildet die erste Schichtstufe (Cotswold Hills) mit relativ starkem Schnittwinkel zwischen Land- und Schichtoberfläche. Für DAVIS wäre dies ein Grund zu der Annahme gewesen, die Stufendachfläche sei aus einer Peneplain herausgearbeitet worden. SCHMITTHENNER würde hier argumentiert haben, der traufnahe Bereich sei durch das Rückwandern der Chiltern-Stufe älter als der Bereich am Fuß der Chiltern Hills, deshalb länger der Denudation ausgesetzt, und daher sei die Landoberfläche in den Tragkörper hineingearbeitet. Oxford liegt in der Subsequenzzone der Oxfordmergel (4) und des dort wenig widerständigem Malms (3). Die Chiltern Hills sind die Stufe der Oberkreidekalke (2). Das Schichtmuldentief ist mit Alttertiär gefüllt (1). In der Fortsetzung des Profils schlösse nach rechts (SO) die Aufwölbung des Weald (Antiklinalstufenland) mit den Stufen der North und South Downs an.

Die zweite Voraussetzung wird durch die Einlagerung in Bruchschollenländer geschaffen. Sie ist ebenfalls endogen bzw. strukturell. Die Schichten wurden durch die Bruchfaltung postsedimentär aus der ursprünglichen söhligen (schwebenden, flachen) Lagerung leicht schräg verstellt. Ihre Neigung liegt heute bei Schichtstufen zwischen 1 bis höchstens 10% (etwa 5 Winkelgrade). Verstellt wurden sie durch den Aufstieg der unter dem Deckgebirge liegenden Grundgebirgsrumpfschollen. Das süddeutsche Stufenland zwischen Main und Donau wurde durch die Hebung von Odenwald und Schwarzwald nach O bis SO schichtgeneigt. Sein Spiegelbild, die lothringische Stufentreppe im Osten Frankreichs, dacht sich tektonisch nach SW bis W ab, bedingt durch den Aufstieg der Ardennen, des Nordpfälzer Berglands mit der Hardt und des Wasgens (Vogesen).

Wenn diese Voraussetzungen bestehen, so existieren im Deckgebirge in aller Regel Landstufen, die an die faziellen Einheiten angelehnt sind. Jeweils eine wenig widerständige Liegendschicht bildet den Sockel einer Landstufe, eine widerständige Hangendschicht dagegen ihr Dach. Die Stufenhöhe und die Ausdehnung des Stufendachs (= Stufenfläche) hängen dabei primär mit der Mächtigkeit der beiden Schichtkomplexe zusammen, aus denen die Stufe besteht. Über deren Gesamtmächtigkeit kann die relative Stufenhöhe nicht anwachsen. Wenig mächtige, rasch wechselnde Mergel-, Ton-, Kalk- und Sandsteinlagen führen zu Kleinstufenbildung. Mächtige Komplexe stufentragender Schichten führen, beispielsweise in Süddeutschland am Stufenrand der Alb, zu relativen Stufenhöhen von 250–300 m. Im Bruchschollengebiet des Antiatlas im marokkanischen Süden, z.B. in der Draa-Oase um Zagora, erreichen die mächtigen Baniserien relative Stufenhöhen von über 500 m bis 800 m, z.B. im Jebel Kissane, im Jebel Tagounite und im Jebel Bani.

Die Anlehnung des Reliefs an den Schichtbau, d.h. an die petrographische oder lithofazielle Gliederung, nicht an die Zeitstufen (biostratigraphische Einheiten), die im Deckgebirge der geologischen Karten in der Regel ausgewiesen wird, ist grundsätzlich wichtig. Einige Beispiele mögen dies verdeutlichen.

Der süddeutsche Keuper wird, weil er wenig Fossilien führt, im allgemeinen nach lithofaziellen Einheiten in ku (Unterer Keuper = Lettenkohle), km 1–5 (Mittlerer Keuper, vom liegenden Gipskeuper bis zum hangenden Knollenmergel/Feuerletten fünf Schichtkomplexe) und in ko (Oberer Keuper = Rät) gegliedert. Dabei erhält, von neueren geologischen Karten großen Maßstabs abgesehen, beispielsweise km 4 (Stubensandstein) eine einheitliche Farbe = Zeitangabe. Bei der geomorphologischen Aufnahme oder Landschaftsinterpretation muß aber bedacht werden, daß diese Färbung die lithofazielle Gliederung des petrographisch nicht einheitlichen Stubensandsteins unterdrückt. Er bildet nämlich nur im äußersten Südwesten Württembergs einen einheitlichen Sandsteinkomplex, und damit nur eine Stufe. In Mittelwürttemberg ist er schon durch eine wenig resistente Mergellage gegliedert, so daß zwei Stufen entstehen: obere Bunte Mergel + unterer Stubensandstein, Fleins + oberer Stubensandstein. In Nordwürttemberg, insbesondere in der W Heilbronn liegenden isolierten Strombergmulde, ist der Stubensandstein in örtlich 3–5 resistente Horizonte gegliedert; er allein bildet dort eine drei- bis fünffache getreppte Großstufe.

Ähnliches gilt für den Buntsandstein Südwestdeutschlands. Im Nordschwarzwald ist er trotz bedeutender Mächtigkeitszunahme nach N einheitlich und bildet eine Stufe. Im Odenwald wird er durch weniger resistente Schichten in zwei resistente Hauptkörper gegliedert und bildet dort zwei Stufen. In der Pfälzer Haardt dagegen herrscht eine fünffache Abfolge wenig resistenter Sockel- oder Tragkörper und resistenter Dachkörper. Dort ist die Buntsandsteinstufe dann fünffach getreppt, mit weitem Ausstrich der einzelnen Treppen.

Eine weitere, hierher gehörende Feinheit ist durch das Auskeilen von Fazies bedingt. Km 2, der Schilfsandstein, bildet nur in der resistenten Flutfazies Stufen. In der Normalfazies ist das ganze Schichtglied wenig resistent und auch wenig mächtig. Die Stufe fehlt dort im Keupertrauf. Ähnliches gilt für den Kieselsandstein (km 3 s), der als 20 cm mächtige, wenig resistente Zwischenlage der Bunten Mergel im Nekkarquellgebiet überhaupt keine morphologische Bedeutung hat, während er in Nordwürttemberg, etwa am Hohenloher Keupertrauf, in großer Mächtigkeit und mit quarzitischem Bindemittel ausgedehnte Landstufen aufbaut. Entsprechendes gilt natürlich für das Auskeilen wenig resistenter Fazies. Etwa bei Crailsheim geht der schwäbische in den fränkischen Keupertrauf über: Frankenhöhe, Steigerwald, Haßberge. Im fränkischen Keuper sind, weil er beckenrandnah abgelagert wurde, grobklastische Sedimente die Regel. Die Mergel fallen weithin aus. Dementsprechend bilden dort liegender Blasen- und hangender Burgsandstein, weil sie keine wenig resistente Zwischenschicht besitzen, trotz stratigraphisch verschiedenen Alters eine petrographische Einheit und damit auch nur eine Landstufe. Entsprechendes gilt etwa auch für die Argonnen, eine Sandsteinlinse im lothringischen Stufenland. Das Gestein bildet nur da, wo die entsprechende Zeiteinheit als Sandsteinfazies vorliegt, eine Stufe. Diese verschwindet, wo der Sandstein in Mergeln auskeilt.

Fazielle Einheiten also, im Liegenden wenig, im Hangenden stark resistent und von einem Grundgebirgssattel weg abgedacht, bilden Schichtstufen. Die Stufenränder steigen aus dem wenig resistenten Sockel mählich konkav bis zu oft senkrechten Wänden in Kalken, weniger steilen in Sandsteinen. Die Resistenz der Schichten bedeutet nicht unbedingt mineralische Härte. Sie kann auch durch Wasserdurchlässigkeit bedingt sein und ist bei gleichem Gestein nach Klimaten z. T. verschieden. Im Bereich der Oberkanten der resistenten Schichten stößt der obere Teil des Stufenrands an der Stufenkante mehr oder weniger scharf als Traufstufe, Traufstufe mit Walm oder Walmstufe (Terminologie bei BLUME, 1971 mit Lit.) gegen die stufeneinwärts anschließende Stufen(dach)fläche ab. Diese liegt in der zur Folgestufe distalen Zone des Stufenrands oft direkt an der Oberkante der widerständigen Schicht. Ebenso oft ist sie aber auch mehr oder weniger tief in sie hineingearbeitet.

Im Mittelbereich der Stufendachfläche ist in allen Fällen Landoberfläche und Schichtoberfläche praktisch identisch. Dies läßt sich damit beweisen, daß dort die Zeugenberge primär sedimentär aufsitzen. Sie liegen vielfach in Schichtmulden oder Gräben und bezeugen eine ehemals weitere Ausdehnung der Stufen, nicht nur der Sedimente. Ihre Liegendsedimentmächtigkeit entspricht nämlich genau der Mächtigkeit der entsprechenden Stufenrandschicht. Das widerständige Hangende wurde häufig während langer Zeit denudativ mächtigkeitsreduziert oder durch

Hangverschneidung abgetragen. Doch kommen in Traufnähe auch praktisch nicht reduzierte Hangendserien vor. Süddeutsche Zeugenberge liegen örtlich bis zu 25 km vor den anschließenden Traufen, so der Asperg, der Strom- und Heuchelberg, der Staufen. Daher müssen Stufen als Stufen verlegt werden können. Indes besitzen nicht alle Schichtstufen Zeugenberge. In Trockengebieten kommen geschlossene und aufgeschlitzte Stufenränder gleichermaßen vor.

In dem zur Folgestufe proximalen, d.h. an ihrem Fuß liegenden, jungen Endbereich der Stufendachfläche ist diese oft in die Liegendschichten der Folgestufe hineingearbeitet. Sie überstreicht dort die nur mehr in geringster Mächtigkeit anstehenden, ursprünglich auf der ganzen unteren Stufendachfläche sedimentär aufgelagerten Sockeltone oder -mergel der Folgestufe. Es gibt allerdings sowohl aus humiden als auch vor allem aus Trockenklimaten Beispiele dafür, daß die Stufendachfläche vom distalen bis zum proximalen Bereich praktisch mit der Oberkante der widerständigen Stufendachschicht (Stufenbildner) identisch ist.

Stufendachfläche kann also als Landoberfläche definiert werden, die mit spitzem, örtlich gegen 0 Winkelgrade tendierendem oder diesen Wert erreichenden Winkel die Oberkante eines widerständigen Sedimentkörpers schneidet oder ihr folgt. Da Sedimentkörper im allgemeinen eine primär ebene Oberfläche besitzen, erklärt sich der Flächencharakter der Landoberfläche zwangslos. Riffkalkfazies sind von dieser Regel ausgenommen. Ihre sedimentäre Oberfläche ist nicht primär flach, sondern kuppig. Wenn Riffkalkstotzen infolge ihrer Widerständigkeit aus der sie einst umgebenden, lagunären Stillwasserfazies exogen herauspräpariert werden, ergeben sich (Schwäbische Kuppenalb) daher wellig-hügelige Landoberflächen mit z.T. erheblicher, 100 m übersteigender Reliefenergie. Da gerade auf der Kuppenalb die Landoberfläche den Schichtkörper schneidet, denn am Stufenrand stehen Riffkalke in nur 50 m, in Donaunähe 40 km weiter S in bis zu 200 m Mächtigkeit an, ist sie keine Stufendachfläche in dem gekennzeichneten Sinn, sondern ein Sonderfall, der als Tafelrumpf bezeichnet werden muß, weil er im Gegensatz zu den Faltenrumpfflächen der Grundgebirgsschollen nicht in einen gefalteten Kristallinkörper, sondern in einen flach lagernden Sedimentkörper hineingearbeitet ist.

Terminologisch herrscht ein gewisser Wirrwarr. In Süddeutschland meint der aus dem Dialekt entnommene Name des Albstufenrands als d e r Trauf alle Schichtstufenränder. In der übrigen deutschen Literatur heißt lediglich die Stufenkante d i e Trauf. Stufendachflächen werden je nach Geschmack als Landterrassen, Stufenflächen, Schichtflächen, Schnittflächen, Akkordanzflächen oder Hangendmergelausraumzonen bezeichnet, was sie ja genetisch auch sind. Die Landoberfläche der Weißjura-Beta-Stufe Schwabens (ox 2) heißt dann Weißjura-Gamma-Ausraum (ki 1).

Die Stufenränder (= Schichtkopfausstriche) weisen gegen das tektonische Hochgebiet, letztlich gegen das Kristallin, und damit gegen das Schichtfallen. Sie verlaufen mit einiger Konsequenz rechtwinklig zum Fallen, im Schichtstreichen. Die Unterkanten der resistenten und wasserdurchlässigen Schichten besitzen in Humidklimaten Quellhorizonte, denn die wenig resistenten Liegendschichtkörper stauen.

Die Stufenflächen neigen sich, bei geringem oder fehlendem Schnittwinkel mit der Schichtneigung praktisch konform, bei stärkerem Schnittwinkel etwas weniger als die Schichtoberkanten, aber gleichwohl auch dann noch auffällig, von der Stufenkante zum Fuß der Folgestufe.

Schichtsättel und -mulden bestimmen den Traufverlauf im Kleinen. Über Sätteln sind die Traufe eingebogen. Über Mulden und in Gräben springen sie vor. Sattelstrukturen im Süddeutschen Stufenland sind die Backnanger Bucht und die Traufbögen des Keupers und der Jurastufen um den Fränkischen Schild. In Mulden stoßen die Muschelkalkränder des Kraichgaus bis an den Oberrheingrabenbruchrand, die Keuperstufen des Strom- und Heuchelbergs über den Neckar nach W. Im Fildergraben S Stuttgart mit Sprunghöhen der Randbrüche von über 100 m greifen die Liasschichtflächen des Albvorlands weit nach N auf die Keuperschichtstufe jenseits des Neckars. Im allgemeinen liegen auch die Zeugenberge in m.o.w. deutlichen Muldenzonen: Asperg vor dem Keuper; Staufen, Rechberg, Stuifen, Teck, Achalm, Zoller vor der Weißjurastufe Schwabens. Das Prinzip gilt generell. O Zagora in Südmarokko wird die Baniserie von einem schmalen, langgezogenen Grabenbruch gequert. Darin liegt als Zeugenberg der Jebel Zagora rund 20 km vor der O anschließenden, erheblich durch Wechsellagerung getreppten Großstufe des Jebel Tagounite in der altpaläozoischen Baniserie, in der hauptsächlich quarzitische Sandsteine starker Diagenese die Stufen bilden. Obwohl die Trockengebietsstufen am Jebel Tagounite und am anschließenden Jebel Kissane Fußflächenterrassen besitzen, die auf pleistozäne Draaterrassen eingestellt sind, sind auch dort die Grundregeln SCHMITTHENNERS verwirklicht.

Achterstufen (MORTENSEN ) sind im Schichtfallen entwickelt und bislang in zwei Trockengebieten nachgewiesen (Llano Estacado/USA; Patagonien). Daher werden neuerdings die gegen das Schichtfallen gewandten Stufenränder als Frontstufen bezeichnet. Wenig sorgfältiger Umgang mit MORTENSENS Begriff führte dazu, daß derzeit nahezu jede Schichtstufen-Talwand im Schichtfallen (Filstal der Alb, Molassestufen zur Donau zwischen Sigmaringen und Ulm) falsch als Achterstufe bezeichnet wird.

Großräumig betrachtet werden zwei Grundtypen von Stufenländern unterschieden, die idealtypisch gemeint sind, realiter aber ohne Grenzen ineinander übergehen: Antiklinal- und Synklinalstufenländer.

Das Antiklinalland ist in der Mitte aufgebeult und besitzt dort häufig einen Grundgebirgsdom (= Sattel, Antiklinale). Die Sedimente fallen vom Zentrum weg. Die Stufen sind gegen die Antiklinale gewandt und umstreichen sie, d.h. die Stufenränder blicken nach „innen“. Als Idealtyp einer solchen Antiklinalstufenlandschaft wird das von GRADMANN (1931) so benannte, im Zentrum durch den Oberrheingraben gestörte „Oberrheinische System“ betrachtet. Die Westflanke der Antiklinale, d.h. die Westabdachung des Wasgens, bildet die mit den Stufen nach O gewandte lothringische Schichtstufenlandschaft. Die Ostabdachung der Schwarzwald-Antiklinalhälfte ist das süddeutsche Stufenland vom Main bis zum Oberrhein. Typenbeispiele lassen sich häufen. Fast alle Stufenränder der Sahara sind gegen die drei Beulen Hoggar, Tibesti und Aïr aufgewölbt und gegen sie gewandt. Die „Uplifts“ (Aufbrüche) im O der USA (Kentucky, Nashville) und vor dem mittleren Felsengebirge (Black Hills an der Grenze Süd-Dakota/Wyoming) sind Antiklinalstufen- bis -rippen- oder -kammländer. In die englisch-französische Synklinale ist die kanalüberschreitende Antiklinale des Weald mit den umrahmenden Downs eingelagert, die sich jenseits des Kanals in dem kleinen Pays de Boulogne fortsetzt. S Amiens liegt, umrahmt von einwärts blickenden Stufen, das Pays de Brie.

Das Synklinalstufenland wird von zwei Antiklinalen eingerahmt. Seine Stufen sind natürlich auch den Beulen zugewandt, blicken indes vom Zentrum der Stufenlandschaft gesehen nach „außen". Das zwischen Harz und Thüringer Wald eingespannte Thüringer Becken ist ein Beispiel für diesen Typus, ebenso wie das Pariser Becken, das auf dem Rücken der lothringischen Stufenlandschaft aufsitzt, wegen der Heraushebung der Bretagne und der Normandie gegen diese eine Stufe bildet (Perche), im übrigen aber den Kanal quert und, als Großlandschaft betrachtet, in das südostenglische Stufenland übergeht, dessen Antiklinale von den Penninen gebildet wird. Der Nordteil des Stufenlands wird von der Schwelle des Artois gebildet. Dort taucht die Sedimenttafel ohne Stufenbildung unter die Aufschüttungen des belgisch-niederländischen Westflügels des Norddeutschen Tieflands ab, ähnlich wie die süddeutsche Tafel unter den Molassetrog. Auch das ägyptische Stufenland, im Zentrum vom Nil durchflossen, bildet zwischen der Kristallinschwelle des Said SW des Roten Meers und den Oasenzonen von Kharga und Farafra prinzipiell ein Synklinalstufenland, ähnlich wie die Edeien Ubari und Murzuq in Libyen.

Wenn die Großzusammenhänge gesehen werden, so ist die gekennzeichnete Trennung Anti-/Synklinalstufe etwas müßig. Da die Ergstufen Libyens (Tassilistufen) gegen den Hoggar gewandt sind, können sie auch als Antiklinallandschaftstyp aufgefaßt werden. Wird das ägyptische Stufenland mit dem arabischen zusammengesehen, so ist es die Westflanke des Roten-Meer-Sattels, das arabische Stufenland dagegen die Ostflanke. Das System könnte im GRADMANN'schen Sinne als „Rotes-Meer-System" bezeichnet werden. Es bildet strukturell eine genaue Analogie zum Oberrheinischen System, nur daß eben der zentrale Grabenbruch noch meereserfüllt ist. Das süddeutsche Stufenland ist nach O in der Frankenalb antiklinal zur Oberpfälzer und Böhmischen Scholle aufgebeult, zumindest im Nordteil also auch als Synklinalstufenland auffaßbar. Die Stufenbildung nach SO unterbleibt von Schaffhausen bis Regensburg, weil auf dem stark zu den Alpen abfallenden Dach der Alb das Molassetertiär aufliegt. Dort erfolgte keine Aufwölbung, und daher existiert auch im Gegensatz zur Frankenalb keine O- bzw. SO gewandte Stufe. Die Schichtlagerung ähnelt derjenigen der Schwelle des Artois. Geschlossene, eindeutig dem Anti- bzw. Synklinaltyp zuzuordnende Typenvertreter sind meist klein. Im übrigen bestätigt die örtlich mangelnde Stufenbildung, wird sie im Zusammenhang mit der Schichtlagerung und der Fazies gesehen, die SCHMITTHENNER'schen Regel und spricht gegen die Auffassungen, Schichtstufenländer seien modifizierte Rumpflandschaften im Sediment.

STINGL (1979) meint, die Frage sei nicht entscheidbar, ob Schichtflächen strukturangepaßte Flächen im Sinne SCHMITTHENNERS seien, d.h. eben denudativ und erosiv freigelegte und nur mehr gering denudierte Oberflächen von Resistenzkörpern, oder ob es sich um nicht schichtangepaßte Landoberflächen, also um Rumpfflächen im Sinne BÜDELs handle.

Dem kann widersprochen werden. Mit geologischen Feldmethoden, deren Anwendung auch Geomorphologen nicht verboten ist, können Unterkanten und Leitbänke von Resistenzkörpern festgelegt und dann deren Oberkante sinnvollerweise im Streichen eingemessen und so exakt gefaßt werden. Die Ausstrichmächtigkeit muß dann nur noch mit der faktischen Gesamtmächtigkeit verglichen werden (die tunlichst in der Nachbarschaft unter primär sedimentärer Überdeckung zu ermitteln ist, wo noch nichts abgetragen sein kann). Dann läßt sich leicht feststellen, ob Landoberflächen in Resistenzkörper hineingearbeitet sind oder aber diese lediglich m.o.w. spitzwinklig überstreichen. Wo unmittelbar an Stubenkantenbereichen, in Südwestdeutschland beispielsweise im Mainhardter Wald Lias über Stubensandstein, Zeugenberge höherer Stufen aufsitzen, kann das Problem noch leichter geklärt werden, denn dort ist die primär sedimentäre Auflage und damit der Schichtflächencharakter der tieferen Landoberfläche in deren distalem Teil evident. Letzten Endes lassen sich auch Ausstrichflächen und Gesamtmächtigkeit von Stufendachkörpern mathematisch in Beziehung setzen (G. WAGNER 1927, DONGUS 1974).

### 9.3.3 Die Schichtkammländer

Großräumige Verbiegungen innerhalb der Bruchschollenländer bilden mäßige Schrägstellungen der eingelagerten Sedimentkörper. Mit starker Zerrung und Pressung, starker vertikaler Mobilität und tiefreichenden Überschiebungen von Grund- und Deckgebirge verknüpfen sich steilere Schichtstellungen im Deckgebirge, meist über 15%, d.h. über 8–10 Winkelgraden. Eine einfache Rechnung ergibt, daß bei einer solchen Schichtneigung die Oberkante einer 150 m mächtigen Schicht, die 150 m über NN liegt, nach 1000 m unter NN, d.h. unter Tage einstreicht.

Flächen im Sinne der Stufendachflächen existieren dort nicht. Eine 15% geneigte Fläche ist ein nicht einmal besonders flacher Hang. Trotz gleichen Sedimentaufbaus können also bei Schichtneigungen über 10–15 Winkelgraden im Deckgebirge keine Stufenlandsformen entstehen. Vielmehr bildet sich ein der Schichtstufenstirn entsprechender, aus wechselnd widerständigen Sedimenten mit resistenter Hangendschicht aufgebauter Stirnhang, der mit mehr oder weniger zugefirsteter Kante in einen im widerständigen Decksediment liegenden, theoretisch der Stufendachfläche entsprechenden Rückhang übergeht. Die Stufenkante der Stufenlandschaft ist als Grat- oder Kammlinie zwischen zwei je nach dem Schichtfallen annähernd gleich geneigten, lediglich von verschiedenen Sedimenten getragenen Hängen entwickelt.

Dieser Extremtyp des Stufenlands, der Gegensatz zur Schichttafel mit söhliger Lagerung der Schichten, wird als Schichtrippen- oder Schichtkammland bezeichnet. Prinzipiell gelten auch für ihn zumindest einige der von SCHMITTHENNER aufgestellten Regeln der morphologischen Gestaltung im Stufenland. Die Vorderhänge sind als Rippenstirnhänge gegen die Aufwölbungszonen und damit gegen das Schichtfallen gewandt. Die Rückhänge sind entweder als Schnitt- oder als mit dem Schichtfallen konforme Schichtflächen entwickelt, wenn auch stark zertalt. Quellhorizonte existieren ebenfalls. Einige Formkorrelate des Schichtstufenlands fallen allerdings aus. Zeugenberge fehlen. Achterstufen existieren nicht. Außerdem können Rippenstirnen nicht über weite Strecken zurückgetrieben werden, weil infolge der starken Schichtneigung sofort eine starke Erniedrigung erfolgt. Schichtstufen werden ja dreidimensional zurückverlegt, d.h. wegen der Schichtneigung bei gleichzeitiger Erniedrigung, der distale Stufenflächenbereich liegt ja höher als der proximale. Die exogene Dynamik kommt bei Schichtrippenstirnen wegen Gefällsabschwächung und wegen des Einstreichens unter Tage sehr schnell zur Ruhe.

Das klassische Gebiet der Schichtkammverbreitung in Mitteleuropa ist das Weserbergland zwischen Göttingen und der Porta Westfalica S Minden einschließlich des Harzvorlands. Stille hat diesen Landschaftsraum als Gebiet der Saxonischen Rahmenfaltung bezeichnet, die tektonischen Verhältnisse der Bruchschollentektonik als germanotyp im Gegensatz zur alpinen Deckentektonik. Der Begriff s a x o n i s c h ist aus der Lage in Niedersachsen zu erklären. R a h m e n f a l t u n g wurde geprägt, weil das Rheinische Schiefergebirge im W, der Harz und der oberflächlich kaum aus den Sedimenten des Norddeutschen Tieflands aufragende Grundgebirgsaufbruch des Flechtinger Höhenzugs NW Magdeburg als Pressungsrahmen für die tertiäre-kretazische Stauchung (alpidische Faltungsära), in einer seit Beginn der Trias nachweisbaren, mit jungpaläozoischen, meso- und neozoischen Sedimenten gefüllten Mulde zwischen Rheinischer und Böhmischer Masse wirkten.

Enggescharter Sattel- und Muldenbau kennzeichnen das Gesamtgebiet. Die Sättel sind meist mit Salzdom- oder -langstockaufstiegen verknüpft. Über den Sätteln sind Antiklinalrippenländer entwickelt (Osning/Egge-Weser-/Wiehenrippe mit Bückeberg, Harrl, Deister; Elfas; Vogler; Leinetalsattel zwischen Elze und Kreiensen; Hildesheimer Wald; Asse; Fallstein; Oderwald; Hakel; Huy u.a.). Die Mulden tragen heute Synklinalrippenform. Das Paradebeispiel ist die Ithmulde, die vom widerständigen Korallenoolith des Juras umrandet wird (Ith, Selter, Duinger Berg, Rethberg). Unter ihr kommt zumindest örtlich die Muschelkalkrippe zum Vorschein (Külf), und über dem tektonischen Muldentief sitzen diskordant die beiden Kreidestufen (umlaufend unterkretazischer Sandstein-Hilsrippe, Zentrum in Oberkreide: Idtberg). Die jenseits des Leinetals liegenden Sackberge (Sackwald, Siebenberge) zeigen eine ähnliche Struktur. Bei generell tieferer und schrägerer Muldenlage ist der Bau etwas einseitiger, der Ostrand weniger gegliedert als der Westrand, was indes auch für die Stufenlandschaft bei ungleicher Verbiegung gilt.

Daß die Schichtkammländer zur großen Gruppe der strukturgesteuerten Formtypen gehören, läßt sich örtlich zeigen, wenn flach geneigte Stufenländer allmählich im Streichen steiler gestellt werden und dann in Rippenformen übergehen. Auch hier kann der südmarokkanische Jebel Bani als Beispiel dienen. Er ist O der Trauflücke von Foum Zgouid als die Aufwölbung des Antiatlas bogenförmig umstreichende Schichtstufentreppe entwickelt. W der Siedlung erhält er steilere Schichtneigung und nimmt damit die Form eines Schichtkamms an, der nahezu geradlinig 300 km weit nach SW bis zur Küste bei Tantan durchzieht. S des Draa folgt der ähnlich gebaute Jebel Quarkziz. Erst die eigentliche, in tertiären Sedimenten stehende Hamadastufe besitzt durchgehend flache Lagerung und entsprechende Form.

Schichtrippenländer existieren in allen Bruchschollenzonen der Erde, klimatisch formmodifiziert, aber stets den aufgezeigten Grundregeln der Gestaltung folgend.

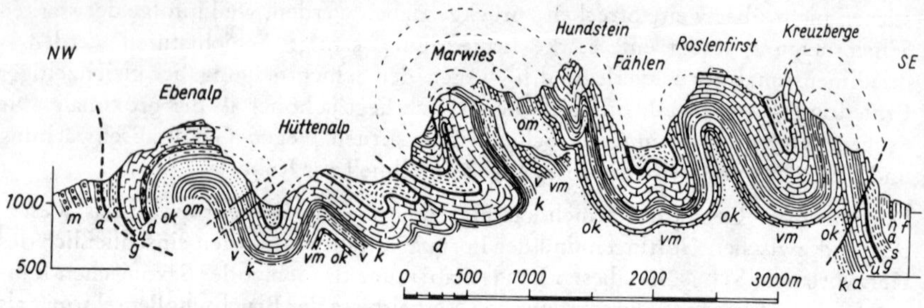


Abb. 33 Hochgebirgsschichtrippen als strukturgestütztes Abtragungsrelief (aus MACHATSCHEK 1973)

Der Schnitt ist ein Teilprofil des Säntis aus HEIM (1921/22), der Sachverhalt seit HEIMS Säntisarbeit (1905) bekannt. Im Liegenden stehen die insgesamt wenig mächtigen und in allgemeinen auch wenig resistenten Schichten der helvetischen Oberkreide an (Valanginienmergel und -kalke, Öhrlimergel und -kalke, Drusbergschichten usw.). Darüber liegt der wegen seiner Verkarstungsfähigkeit resistente, über 300 m mächtige Schrattenkalk. In seinem Hangenden folgen dann wieder wenig mächtige und wenig resistente Mergelschichten (Leistmergel, Seewerschichten u.a.). Die „endogene Rohform", d.h. hier der Faltenbau, ist durch die gestrichelten Linien angedeutet. Sie ist exogen zerstört, aber noch in der Abtragungsruine erkennbar, und beeinflußt wegen der verschiedenen Widerständigkeit der zu Tage streichenden Schichten das Gebirgsrelief. Den Nordwestsattel bildet die Ebenalp, eine aufgebrochene Kofferfalte mit dem Schichtfallen (NW) entgegengewandter (SO) Schichtstufe im Schrattenkalk, deren Liegendes von den Liegendmergeln der Schrattenkalke aufgebaut wird. Der Ausraum der Hüttenalp fällt mit einer Schichtmulde zusammen. Den Gipfelkomplex Marwies-Hundstein bildet ein gedoppelter Schrattenkalksattel, der erosiv aufgebrochen ist, so daß zwei Schichtrippen (Grate) entstanden. Die Alpe Fählen ist ein Ausraum der Hüttenalp fällt mit einer Schichtmulde zusammen. Den Gipfelkomplex liegen. Der Roslenfirst ist über einem Schrattenkalksattel ein genaues Spiegelbild der Ebenalp. Das Liegende seiner Schichtstufe bilden die Drusbergschichten. Die O anschließende Schichtmulde entspricht der Alp Fählen, ist nur nicht so tief ausgeräumt. Die Schrattenkalkrippe der Kreuzberge wiederum ist ein Gegenstück zum Hundstein.

Natürlich wird hier kein Geomorphologe sagen, die Form des Säntis sei durch Faltung entstanden. Sie ist vielmehr eine (exogen bedingte) Abtragungsform in gefaltetem, wechselnd widerständigem Sediment. Ohne die endogenen Voraussetzungen der Wechselwiderständigkeit und der Faltung ist indes die Form auch nicht erklärbar. Das Relief ist also hier exogen ausgeprägt, aber in seiner Form endogen mitbedingt.

### 9.3.4 Die Vulkandecken- und -stufenländer

Sedimentähnliche Wechsellagerung von wenig widerständigen Vulkaniten des Tuff- bzw. Tuffittyps mit widerständigen Lavadecken vom Rhyolith- bis Basalttyp gibt einen ähnlichen, wechselwiderständigen Oberkrustenbau wie eine normale sedimentäre Abfolge. Dementsprechend bieten auch die Abtragungsformen in erloschenen Vulkangebieten oft ein den Schichttafelländern ähnliches Formenbild. Die geomorphologische Forschung ist hier allerdings noch nicht so weit, daß eindeutige Aussagen möglich wären. Es gibt verschiedene Deutungen. Eine genauere geologische Landesaufnahme würde hier wahrscheinlich manches klären können. Typenbeispiel in Mitteleuropa ist die Platte von Baumholder im Nordpfälzer Bergland. Über sedimentärem Rotliegenden des ehemaligen Saar-Selke-Trogs des variskischen Gebirges der Permzeit liegt ein Deckenerguß aus permzeitlichem Basalt (Melaphyr). Dieser stößt aufgrund seiner Widerständigkeit allseits mit einer örtlich über 100 m hohen Stufe gegen das weniger widerständige, wenngleich konglomeratische Rotliegende ab und bildet eine ausgedehnte, nur von wenigen Flüssen durchsunkene (Basalt-) Schichttafel. Ob die rumpftreppenähnliche Abdachung des Vogelsberges, wie bisher angenommen, strukturunabhängig ist oder aber ob dort und an der Rhön die Treppung durch Zwischenlagerung von Tuffiten hervorgerufen und damit schichtstufenartig zu deuten ist, bleibt noch zu klären. Dasselbe gilt für die weiten Trappdecken Indiens und die Lavadeckenlandschaft des Columbiaplateaus in den nordamerikanischen Kordilleren.

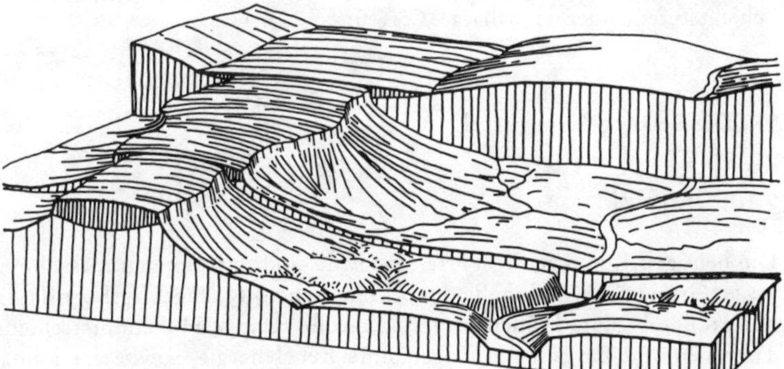

Abb. 34 Vulkandeckenstufe: Blockbild des Hohen Meißners nach der Vorstellung von W. M. Davis (aus Machatschek 1973)
Eng schraffiert: Basalt. Weit schraffiert: vorbasaltisches Deckgebirge Nordhessens. Da der Basalt in der Mitte des Meißners am mächtigsten ist und noch von Braunkohle unterlagert wird, ist anzunehmen, daß die heutige Liegendfläche des Basalts zur Zeit der Ergüsse ein braunkohlensumpfüberfülltes Tal bildete (hinterer Teil des Blockbilds). Der Basalt schützte nun bei der folgenden Tieferlegung der Landoberfläche wegen seiner morphologischen Resistenz sein wenig resistentes Liegendes. Die Werra und ihre Nebenflüsse konnten so nur das wenig widerständige, nicht basaltbedeckte Gebiet tiefer legen. Der Meißner selbst blieb erhalten: Reliefumkehr, vorderer Teil des Blockbilds. In ähnlicher Weise, nur tektonisch stärker modifiziert, können auch Rhön, Vogelsberg u. a. erklärt werden: Gesteinseinfluß auf Reliefbildung.

### 9.3.5 Die Verbreitung der Bruchschollenländer

Der Forschungsstand ist regional ungleich. Daher ist auch die weltweite Verbreitung des dargestellten Krustentyps mit seinen verschiedenen Formtypen noch unsicher. Das Gesagte gilt im wesentlichen für die der kaledonischen und der variskischen Ära angehörenden Gebirgszonen der Alten Welt. Eine enge Verknüpfung von Rumpfschollen mit Schichtstufen- und -kammländern ist im wesentlichen aus deren europäischem Anteil bekannt. Die variskischen Schollen Asiens sind z. T. wegen ihrer intensiven Heraushebung zu Alpenhöhen weit überschreitenden Hochgebirgen umgeformt. In den in sie eingelagerten Binnenbecken (Tarimbecken, Gobi u. a.) scheint z. T. noch subrezente bis rezente Sedimentation zu herrschen. Der variskische Ural und der kaledonisch-variskische Appalachenbereich machen eine Ausnahme, weil ihre Struktur von derjenigen der hierher gehörenden übrigen Gebirge abweicht. Schichtstufen- und Schichtkammländer kommen daneben noch auf denjenigen Teilen der Kratone vor, die entweder zu den Kaledoniden zu rechnen sind (Nordafrika) oder aber doch von stärkerer Schwellen- und Beckenbildung betroffen wurden. Hierher gehören vor allem die nordamerikanischen Upliftzonen sowie die Schichtstufenländer der Sahara, West- und Südafrikas.

## 9.4 Die Kettengebirgsgürtel

### 9.4.1 Überblick

Die heutigen Kettengebirgsgürtel der Erde sind mit wenigen Ausnahmen Hochgebirge. Grundsätzliche Inhalte des (ökologischen) Hochgebirgsbegriffs sind gemeinhin große absolute Höhenaufragung, große relative Höhenunterschiede zwischen Talsohlen und Bergspitzen (sogenannte Reliefenergie) sowie eine klimatische Höhenstufung, die formungs- und formwirksam wird. Pleistozäne und rezente Vergletscherungsformen sind meist vorhanden. In den Hochgebirgen der Tropenklimate sind sie jedoch fast ganz auf die Hochzonen beschränkt, wenn sie nicht überhaupt fehlen. Der Schwellenwert Mittelgebirge/Hochgebirge wird nach der Reliefenergie verschieden angesetzt. Eine übersichtliche Betrachtung kann sich damit begnügen, von Reliefenergiewerten über 1000 m an die Bezeichnung Hochgebirge anzuwenden.

Kettengebirge ist ein geomorphologischer Begriff. Er geht von der Form aus. In fast allen Hochgebirgen der Erde sind die Höhenzonen m. o. w. kettenförmig angeordnet und durch Täler getrennt. Mit dem Begriff des Kettengebirges lassen sich die etwas divergierenden geologischen Strukturen, aus denen Hochgebirge geformt wurden und werden, begrifflich eliminieren und zu einem großen Formentyp zusammenfassen.

Drei Grundtypen geologischen Baus stecken in den heutigen Kettengebirgen. Der erste kann als K e t t e n s c h o l l e n g e b i r g e (LOUIS, 1968[3]) bezeichnet werden. Er ist eine durch junge Hebung ins Alpinotype gesteigerte, stark zerschnittene Variante des Mittelgebirgsrumpflandes und stammt meist aus den paläozoischen und altmesozoischen Faltungen. Die nördlichen Ketten Zentralasiens und ein Teil der meridionalen Stromfurchengebirge Hinterindiens gehören hierher. Das Relief ist nicht strukturgestützt.

Der zweite Typus ist das Faltengebirge mit geringer Raumeinengung. Es besitzt ein weitgehend strukturangepaßtes Relief. Die kaledonisch-variskisch gefalteten Appalachen, der variskische Ural, vor allem aber die alpidisch gefalteten sedimentären Außenzonen der großen Hochgebirgsgürtel der Erde gehören hierher.

Der dritte Typus ist das Deckengebirge mit starker Raumeinengung und m. o. w. deutlichem Skulpturrelief. Der Begriff des Deckengebirges, eine geologische Bezeichnung, stammt aus den Alpen, dem am besten untersuchten Hochgebirge der Erde. Seine Anwendung auf alle alpidischen Bautypen außerhalb des Faltengebirges ist begrifflich nicht völlig korrekt. Einerseits stecken nämlich in den alten Faltungszonen z. B. der Variskiden auch Decken. Andererseits sind keineswegs alle alpidischen Hochgebirge entweder Falten- oder Deckengebirge. Der größere Teil der alpidischen Deckengebirge ist vielmehr strukturell aus Decken und Blockschollen kombiniert. Die Alpen sind also nicht der Prototyp der geologischen Deckengebirgsstruktur, sondern eher eine Ausnahme. Wenn jedoch darüber Klarheit besteht, daß in die alpidische Tektonik präexistente Starre Massen einbezogen wurden, die heute örtlich zur Bildung von Hochbecken innerhalb von Hochgebirgszügen des Kettentyps führen, und daß an den Rändern dieser Massen Keilschollen liegen, neben Decken, dann mag der Deckengebirgsbegriff auch weiterhin verwandt werden.

Alle heutigen Kettengebirge entstanden aus paläozoischen, vorwiegend jedoch aus mesozoischen Sedimentationströgen, durch Raumeinengung. Die meist über 5 km mächtigen marinen und terrestrischen Sedimentserien wurden dabei teilmetamorphosiert, locker bis eng gefaltet und auch überschoben. Die Krustenverdickung durch die Tiefenfaltung führte zur isostatischen Heraushebung. Diese ist die Grundlage der exogenen Zerschneidung. In plattentektonischer Sicht ist der alpidische Gürtel Eurasiens durch Konvergenz kontinentaler Plattenränder entstanden. Die südamerikanische Kordillere wird als Ergebnis einer Konvergenz zwischen ozeanischer und kontinentaler Kruste gedeutet. Die nordamerikanische Kordillere und der westpazifische Hochgebirgsgürtel gehören zum Inselbogentyp, der Konvergenz ozeanischer mit ozeanischer Kruste.

### 9.4.2 Die Kettenschollengebirge

Den Nordrand Zentralasiens bilden kaledonisch und variskisch gefaltete, in der alpidischen Ära randlich durchbewegte und gehobene Kettengebirge erheblicher Reliefenergie mit angefaltetem Meso- und Känozoikum. Im Nordrahmen der zentralasiatischen Becken gehören hierher der turanische Gebirgsrahmen (2500–5500 m), Pamir (7700 m), Tian-shan (7500 m), Tarbagatai (3000 m), Altai und Mongolischer Altai (4500 m), Changai (3900 m), Tannu (2900 m), West- und Ostsajan (3000 m), Jablonowyj-, Stanowoigebirge (2500 m) und Großer Chingan (1300 m). Im S der Beckenzone liegen Kun-lun-shan (7700 m), Altin-Tagh (7000 m), Nan-shan (6400 m), He-lan-shan, Yin-shan und Qin-ling (4100 m). Die meridionalen Stromfurchengebirge zwischen der Irawadisenke im W und dem Tonkingolf im O einschließlich der Malaienhalbinsel sind jungmesozoisch, also etwas jünger gefaltet, gehören aber dem gleichen Gebirgstyp an. Dasselbe gilt für Ostsibirien ohne Kamtschatka.

Der Gebirgstyp ist in starker Vereinfachung gesehen ein Blockschollen- bzw. Horsttyp, der an Brüchen und Flexuren sehr hoch über das Umland herausgehoben wurde und dementsprechend tiefgreifend zerschnitten ist. Der morphologische Unterschied zu den Mittelgebirgsrumpfschollen hängt an der weit stärkeren Hebung. Die einzelnen Flächenstockwerke besitzen viel größere Vertikaldistanzen als diejenigen der europäischen Mittelgebirge. Dies kann eben nur auf die stärkere Hebungsintensität zurückgeführt werden. Schon A. PENCK (1931) erkannte die grundsätzliche Verwandtschaft z.B. des Altai mit den von W. PENCK (z.B. 1925) in Mitteleuropa ausgegliederten Piedmonttreppen, aber auch die grundsätzlichen Unterschiede. Über Fußflächen in geringer Meereshöhe erheben sich im Altai schon in 2000 m Höhe liegende Mittelgebirgsformen. Darüber liegt das nächste, zerschnittene Flächenstockwerk schon 3000 m NN, und wiederum darüber steigen dann im Altai durchaus alpinotype Einzelketten mit Karen. Diese Zonen werden nach derzeitigem Kenntnisstand als Gebiete der stärksten Heraushebung betrachtet (z.B. GRANÖ, 1917, 1945). Im Kun-lun-shan sind von DE TERRA (1932) ähnliche Stockwerksbautypen mit Verebnungszonen in 6000 m, 5000 m, 4000 m und darunter Fußflächen und Terrassen beobachtet worden.

Dabei ist es prinzipiell gleichgültig, ob die Treppung im Unterstockwerkbau als Bruchschollenverstellung und damit das Zentralgebiet als Horst oder aber im Sinne einer durch reine Aufwölbung des Zentralteils bedingten Rumpfflächentreppung zu deuten ist. Die Frage nach der strukturellen Komponente der Kettenschollengebirge lautet in beiden Fällen, weshalb in Zentralasien in altgefalteten Gebieten eine

Faltkarte Größtformentypen des Reliefs der Erde

Die Karte verzeichnet in starker Vereinfachung Größtformentypen. Die Signaturen sind in der Legende erläutert. Das geologische Alter der Größtformentypen ergibt sich aus dem Vergleich mit einer tektonischen Karte. Die Zusammensetzung der Gesteine erläutert eine geologische Weltkarte. Das reale Größtformenrelief muß aus dem Vergleich mit einer Physischen Atlaskarte ermittelt werden. Der Formungsstil erschließt sich erst, wenn auch eine Welt-Klimakarte (z.B. TROLL und PAFFEN) mit in die Betrachtung einbezogen wird. Reliefgenerationen müßten mit Hilfe von Welt-Paläoklimakarten ermittelt werden; dies ist indes vorläufig nicht möglich, weil solche Karten nicht vorliegen. Die Notwendigkeit der Kombination mehrerer Karten zum vertieften Verständnis des Größtformenschatzes der Erde ergibt sich zwangsläufig daraus, daß auch Größtformenrelief nicht allein strukturbedingt ist, sondern dem endogen-exogenen Gleichzeitigkeitsgrundsatz unterliegt (vgl. Kapital Formungsfaktoren). Die Karte ist ein erster Versuch.

derartig starke Heraushebung erfolgte, so daß dort tertiäre Flächensysteme mit starker Vertikaldistanz entstanden. Tertiäre Schichten werden von den Flächen gekappt und geben daher Datierungshinweise für die Skulpurform. Diskutiert wurden, so lange die Gebiete noch zugänglich waren, oberkretazisch-alttertiäre Flächenbildung in der Form der heutigen Fußflächen von Trockengebieten, gesteuert von einem höheren Rückland, erschlossen aus dem Sedimentcharakter (vgl. MACHATSCHEK, 1955[2]). Eine wohl auch heute noch befriedigende Antwort auf diese Frage geben die Beobachtungen, daß den alten Massen jüngere Sedimente durch Faltung angegliedert, aber auch einfach aufgelagert wurden (Angaraschichten Perm-Jura, Hanhaischichten Oberkreide-Tertiär), also mesozoisch und alpidisch.

Daher ist qualitativ der Kettenschollengebirgsbogen des nördlichen Zentralasien nicht wesentlich von den alpidischen Kettengebirgen unterschieden, in denen ja auch starre Massen in einen jungen Falten- und Deckenbau eingegliedert sind. Der Unterschied zum alpidischen System ist nur quantitativ. Die Oberflächenausdehnung der alten paläozoischen Faltungsgebiete überwiegt im nördlichen Zentralasien. Die Heraushebung ist aber gleichwohl eine Folge der (alpidischen) Himalaya-Orogenese. Das heutige Relief ist damit im wesentlichen unter denselben strukturellen Bedingungen entstanden wie alpidisches Rumpfrelief.

### 9.4.3 Die Faltengebirge

Nach der Faltungsintensität lassen sich in den alpidischen Kettengebirgen unter Einbeziehung des älteren appalachischen und uralischen Systems zwei Grundtypen unterscheiden, die morphologisch aus tektonisch-petrographischen Gründen erheblich divergieren. Die reinen Faltengebirge besitzen ein Hochgebirgsstrukturrelief, ein Äquivalent des Mittelgebirgsstrukturreliefs vom Schichtstufen- und Schichtkammtypus. Die Deckengebirge weisen ähnlich wie die Kettenschollen ein Skulpturrelief auf, das Hochgebirgsäquivalent der außeralpidischen Rumpfschollen im Kristallin.

Relativ geringe Raumeinengung um 30–40% bildet Faltengebirge im geologischen Sinn. Die obere Kruste wird dabei nur wenig über der Unterkruste verschoben und kaum abgeschert. In den Alpen wird dies als parautochthoner Faltenbau bezeichnet (autochthon = unter sich selbst wurzelnder Krustenteil/Zentralmassiv; para = neben). Die Oberkruste wird zwar in Falten gelegt, örtlich auch etwas überschoben. Weiträumige Überschiebungen im Sinne von Decken entstehen dabei jedoch nicht. Dabei herrschen einfache Falten, Mulden und Sättel vor. Sie können bei etwas stärkerer Raumeinengung in eine bestimmte Richtung gelegt, d.h. gekippt werden und vergieren dann.

Die meisten Faltengebirge im geologischen Sinn gingen aus paläozoischen, vor allem aber aus mesozoischen Sedimentationsräumen hervor. Daher besetzen sie wie die Appalachen Nordamerikas und der Ural die Ränder Alter Massen. Darüber hinaus begleiten sie aber auch die Zentralzonen von alpidischen Deckengebirgen, und zwar meistens am Vergenzrand, d.h. da, wo die Deckenüberschiebung ausklingt. In den Alpen besitzen z.B. die parautochthonen Französischen Kalkalpen von Nizza bis zum Genfer See Faltengebirgscharakter. Dieser setzt sich in dem sichelförmigen Bogen des Schweizer Juras nach NW, jenseits des Mittellands, vom Genfer See bis zum Aaredurchbruch durch die Lägernkette bei Aarau fort. Die Falten des schubnahen Jurainnenrands sind noch recht kräftig. Die Falten des französisch-burgundischen Außenbogens sind dagegen eher locker gerafft. Die Faltungsintensität wird also nach außen geringer. Falten-, Tafel- und Plateaujura sind nicht zuletzt wegen des Unterschieds der Faltungsintensität formunterschieden.

Im schweizerisch-vorarlbergischen Außenbogen der Alpen (Helvetische Decken der Westalpen, z.T. im Chablais auch Penninikum) vom Genfer über den Thuner See zum Säntis und zum Halbfenster des Vorarlberger Helvetikums mit Kanisfluh, Didamskopf, Ifen und Grünten erfolgte zwar eine weite Gesamtdeckenüberschiebung nach Norden. Das Gebirge ist dort demnach weitgehend allochthon. Gleichwohl wurde der Gesamtdeckenkomplex nur wenig metamorphosiert und in sich nur relativ leicht gewellt. Daher herrschen trotz des Deckenbaus Faltengebirgsformen. Erst die Molasserippen zwischen Bodensee und Lech sind wieder parautochthon.

Im allgemeinen besitzen die Faltengebirge kaum Magmatismus und Vulkanismus. Die Kap-Falten, der Antiatlas mit seinen umrahmenden Schichtstufen und Schichtkämmen, der Schweizer Jura, der Ural, das Helvetikum der Westalpen und die im Alpidischen System nach W, S und O folgenden Gebirge wie z.B. die Zagrosketten, die Ketten Albaniens und des Epirus, des Kaukasus, des Elburs u.a. wurden außerdem kaum metamorphosiert. Nur die Appalachen weisen Metamorphite auf. In dem gegen die große amerikanische Tafel gewandten NW-Vorland herrscht eine ähnlich geringe Faltenraffung wie im Schweizerischen Tafeljura. Erst im gegen den Atlantik stärker gerafften und metamorphosierten Rückland (Blue Ridge-Kristallin) sitzen dann altpaläozoische Plutone, die aber gegen SO zum Appalachenpiedmont und zum Atlantik abtauchen und sedimentär überlagert werden.

Geringe Faltungsintensität, starke Wechsellagerung resistenter und wenig resistenter Schichten, geringe Metamorphose bzw. überhaupt nur diagenetische Gesteinsumwandlung führen zur Ausbildung strukturgestützter Relieftypen, Hochgebirgsäquivalenten der außeralpinen Schichtkammländer. Die Hebungsintensität der sowohl paläozoischen als vor allem meso- und känozoischen Gebirgskörpern zugehörenden Faltengebirge wirkt sich ähnlich aus wie im Unterschied zwischen Mittelgebirgsrumpfschollen und Kettenschollengebirgen. Der Schichtstufen-, meist jedoch Schichtkammrelieftyp ist infolge der hebungsbedingten Zerschneidungsintensität generell ins Hochalpine gesteigert.

Ein gutes Beispiel für diesen mit in der Krustenstruktur begründeten Relieftypus bietet der Bau des von A. Heim (1921/22) beschriebenen Säntis. Seine Ketten liegen durchweg in widerständigen Schrattenkalken. Die Ausraumzonen dazwischen wurden in Kreidemergeln gebildet. Ähnliches gilt für die gesamten Französischen Kalkalpen (Dongus, 1979) oder für die Berge um den Thuner und den Vierwaldstätter See, also das schweizerische Helvetikum.

Zwei Subtypen des strukturgestützten Hochgebirgsreliefs können nach der m.o.w. weit fortgeschrittenen Abtragung des Faltenbaus unterschieden werden. Der

Schweizer Jura mit offenen Falten, Teile der Dinariden und der Zagrosketten sind insgesamt noch wenig tief abgetragen. Deshalb entsprechen dort heute noch die morphologischen Hochzonen tektonischen Faltensätteln, die morphologischen Tiefzonen tektonischen Faltenmulden. Nach dem schweizerisch-französischen Jura werden diese Formen als Jurassischer Relieftyp bezeichnet. Die Tallängszüge sind breite Muldenachsentäler (Synklinaltäler, auch Subsequenzen). Die Quertäler besitzen Klusenform.

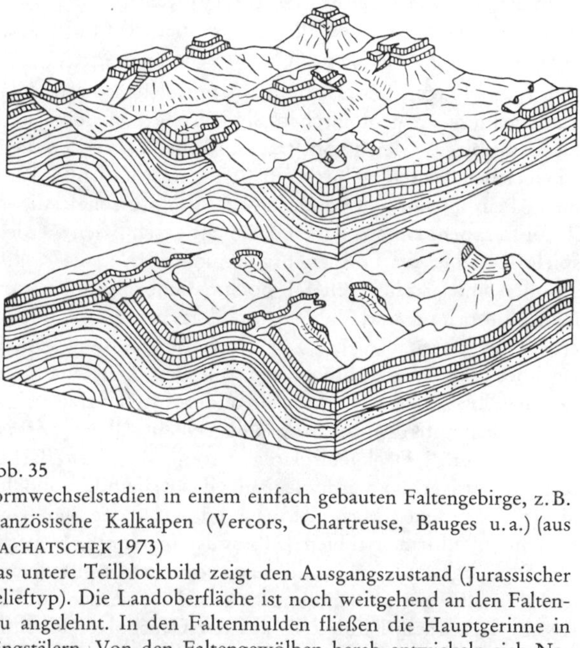

Abb. 35
Formwechselstadien in einem einfach gebauten Faltengebirge, z.B. Französische Kalkalpen (Vercors, Chartreuse, Bauges u.a.) (aus Machatschek 1973)
Das untere Teilblockbild zeigt den Ausgangszustand (Jurassischer Relieftyp). Die Landoberfläche ist noch weitgehend an den Faltenbau angelehnt. In den Faltenmulden fließen die Hauptgerinne in Längstälern. Von den Faltengewölben herab entwickeln sich Nebenflüsse; sie haben die widerständigen Schichten zum Teil schon durchsunken und Schichtstufen ausgebildet. Da die Faltensättel als besonders hoch gehobene Bereiche am stärksten der Erosion und Denudation ausgesetzt sind, kann es in ihnen zu besonders starker Abtragung kommen. Sie werden stärker abgetragen als die Faltenmulden, in denen Reste der widerständigen Schichten erhalten bleiben können. Diesen Zustand (Appalachischer Relieftyp) zeigt das obere Teilblockbild. Über den Mulden liegen morphologische Hochzonen/Schichtstufen, über den Sätteln Ausraumzonen. Prinzipiell kann sich also aus dem unteren Relieftyp der obere entwickeln. In der französischen Literatur wird die Abfolge als inversion du relief = Reliefinversion bezeichnet. Dies entspricht dem deutschen Begriff Reliefumkehr. Die Schichtstufen im Anfangsstadium des Jurassischen Reliefs sind Antiklinalstufen, diejenigen des Appalachischen Reliefs sind Synklinalstufen. Zu beachten ist die an der unteren Blockbildseite eingezeichnete Schichtwellung.

Bei tieferer Abtragung entsteht die zweite Untergruppe des Hochgebirgsstrukturreliefs. Wie im außeralpinen Schichtstufenland kann dort über einer tektonischen Mulde eine Schichtstufentreppe als morphologisches Hoch liegen. Über Schichtsätteln ist dagegen die Abtragung oft so weit fortgeschritten, daß in den jeweiligen Liegendmergeln breite Ausraumzonen, d.h. morphologische Tiefgebiete entstanden. Die Verwandtschaft dieses Hochgebirgsreliefs mit der Syn- bzw. Antiklinalschichtstufenlandschaft außerhalb der Hochgebirge ist evident. Der Formtypus kann als Appalachischer Relieftyp oder, weil er die Französischen Kalkalpen prägt und weil diese als Préalpes bezeichnet werden, auch als Präalpines Relief (relief préalpin; Blache 1925) bezeichnet werden.

Eine letzte Frage ist noch offen. Die mitteleuropäischen Variskiden sind sicher auch Faltengebirge im geologischen Sinn, Teile von ihnen und der Kaledoniden sogar Deckengebirge. Gleichwohl tragen sie heute, werden die Härtlingszonen z.B. des Rheinischen Schiefergebirges in den Hunsrück- und Taunusquarziten ausgenommen, kein Struktur-, sondern ein Skulpturrelief, die schon gekennzeichneten Rumpftreppen. Daraus darf indes nicht geschlossen werden, der strukturelle Faktor spiele eben bei der Formenentwicklung doch keine Rolle. Die genannten Rumpfschollen sind nämlich generell hochmetamorph und besitzen dazu einen bedeutsamen Plutonismus und Vulkanismus. Daraus (z.B. Cloos, 1963[2] u.a.) läßt sich auf erhebliche Tiefenabtragung seit der Gebirgsbildung schließen. Strukturrelief kennzeichnet ja nur den sedimentären Oberbau. Der Unterbau kann gleichwohl wegen seiner völlig anderen Struktur ein anderes Relief tragen. Unter den Schichtkämmen und Schichtstufen Mitteleuropas liegt allenthalben variskisches Rumpfland. Würde die sedimentäre Deckgebirgsfolge bis auf die Grenzfläche Deckgebirge/Grundgebirge abgetragen, so würde sich auch das Reliefbild wandeln. Dies läßt sich nicht nur in der Böhmischen Masse beobachten, wo in den Sudeten sedimenterfüllte Mulden Schichtstufenformen tragen (Elbsandsteingebirge, Heuscheuer u.a.), während die Grundgebirgssättel ein Rumpfrelief besitzen. Es gilt vielmehr überall, wo Sediment und Kristallin gegeneinander abstoßen. Da Sediment an Kristallin örtlich transgressiv angelagert sein kann, z.B. auf der Orscholzer Hochfläche im Saarland, in der Normandie u.a., können dann Flächen aus dem Kristallin in das Sediment ziehen und eine gleichartige Morphogenese vortäuschen, weil das Sediment (noch) keine Stufe bildet. In Wirklichkeit handelt es sich aber bei solchen und ähnlichen Übergängen nur um verschiedene Entwicklungsstadien eines Schichtstufenreliefs. Dies gilt z.B. auch auf der Dransfelder Hochfläche W Göttingen (Mortensen), wo nur im Wasserscheidengebiet die Muschelkalkstufe zurücktritt (Cuesta-Brücke).

### 9.4.4 Die Deckengebirge

Es wurde oben gezeigt (s. Kapitel Tektonik), wie aus einer stehenden oder offenen Falte durch weitere Raumeinengung, also Schub mit Wurzelzonen oder Absenkung in Verschluckungszonen, schiefe, vergierende Falten, daraus dann überliegende Falten und schließlich bei Ausquetschen des Mittelschenkels Deckfalten und bei weiterem Schub (Falten) Decken hervorgehen können. Die gebirgsmechanische Vorstellung der Reihung ist im einzelnen wohl nicht mehr ganz richtig. Ausquetschen aus einer Wurzelzone/Einengungstheorie bzw. Verschlucken und Eintauchen in einer Verschluckungszone/Unterströmungstheorie müßten zu etwas divergierenden Formen führen. Dies braucht hier jedoch nicht berücksichtigt zu werden. Wesentlich ist, daß die Vorstellung des Hervorgehens von Decken aus Falten im wesentlichen schon vor nahezu 100 Jahren am Beispiel der Westalpen gewonnen wurde. In den Ostalpen ist nach der Meinung der Ostalpengeologie eher der Typ der Schubdecken vertreten, neben anderen, lokalen Formen (Pilzdecke etc.). Dabei handelt es sich um relativ oberflächennah durch Raumeinengung abgeschobene und aufeinander aufgedrückte Schubmassen aus Kristallin und Sediment. Die nördlichen Kalkalpen der Ostalpen wurden nach dieser Vorstellung (KOBER, TOLLMANN u.a.) aus der periadriatischen Naht, der Kollisionsfront afrikanischer und eurasischer Kontinentalkruste im Sinne der Plattentektonik, ausgequetscht und wanderten über 200 km weit auf der Trägerdecke der Grauwackenzone über die kristallinen Zentralalpen weg. Diese liegt ihrerseits als ostalpiner Deckenkomplex auf tiefer liegenden penninischen Decken. Penninikum kommt im Engadiner, im Tauern- und im Wechselfenster zu Tage. Dort liegen Kulminationspunkte einer Hebung oder Großwellung i.S. A. PENCKS, die stark abgetragen sind.

Nach den älteren Vorstellungen der Ostalpengeologie (AMPFERER u.a.) waren solche, heute durch den Vergleich der Verwandtschaft südalpiner und nordalpiner Kalkalpensedimentserien einigermaßen erwiesene Riesendeckenschübe nicht vorhanden. Da aber das Abtauchen der helvetischen Decken und der Flyschdecken unter das Kalkalpin des Ostalpennordsaums von jeher geläufig war, nahmen auch die Wiener und Innsbrucker Geologen zwar keinen „Ultranappismus" im Sinne der Westalpentektonik an, glaubten indes auch an Scherdeckenschubweiten von 30 und mehr km, durch Fenster in den Kalkalpen belegbar. Erst TOLLMANN revidierte dies endgültig.

Der Überschub von Deckenkomplexen aus leichtem, saurem Oberlithosphärenmaterial führt zu einer intensiven Verknetung und wegen der Raumeinengung auch zu einer Verdickung der Oberkruste. Nach der Deckentheorie führt diese Verdickung zur Bildung eines aus saurem Gestein bestehenden Tiefenwulsts und damit zu einer Massenverdrängung im Bereich der basischen und ultrabasischen, schwereren Unterlithosphäre. Deckenkomplexe können bis 30 km Teufe reichen. Erst allmählich strömt schweres basisches Magma wieder nach, was zum Ausgleich des durch die Leichtkrustenverdickung entstandenen Schweredefizits und zum isostatischen Aufstieg des Deckenkomplexes führt. Er wird von nun an exogen überformt. Damit entsteht eine dritte Form der Kettengebirge, der in zwei Baustiltypen gegliedert werden kann.

Als Beispiel für Deckengebirge alpidischen (eurasiatischen, äquatorialen) Bautyps können die Alpen dienen. Die Decken gingen dort aus Sedimentationszonen hervor, die wohl durch untermeerische Schwellen in Teiltröge gegliedert waren. Im schelfnächsten Teiltrog wurden die den gleichaltrigen, benachbarten Schelfsedimenten stärkst verwandten Flachseefazien (helvetisch), im schelffernsten die (ostalpinen, südalpinen) Tiefsee-Sedimente abgelagert. Eine Zwischenstellung nehmen die penninischen Fazies ein. Aus jedem Teiltrog wurde bei der Tektogenese ein Deckenkomplex gebildet. Die Alpen und ihr Karpatenannex sowie der Apennin scheinen die am meisten typischen Vertreter dieser Art des Deckengebirges zu sein. Wahrscheinlich gehören größtenteils auch die anderen eurasiatischen Hochgebirgsketten, soweit sie nicht Faltenbau besitzen, über den Hindukusch bis zum Transhimalaya und Himalaya, zum Patagai und Arakan zum Deckengebirgstyp alpinen Plans. Er wird wegen seines Verlaufs auch als äquatorialer Gebirgstyp bezeichnet und besetzt in plattentektonischer Sicht einen Konvergenzrand kontinentaler mit kontinentaler Kruste.

In den Deckenbau gingen ältere Bauteile ein, die als Starre Massen den alpidischen Schub hemmten und sich heute morphologisch auswirken, in der Bildung von Binnenbecken und Faltendivergenzen (Virgationen).

In die Westalpen gingen aus dem variskischen Orogen vom Aar- und Gotthardmassiv über das Montblancmassiv, die Belledonne, den Pelvoux und den Mercantour bis Korsardinien Bauteile in der Form der Zentralmassive ein. An ihnen raffte sich der Deckenschub. Sie tragen einen parautochthonen Sedimentmantel (Eiger u.a.) und erscheinen heute nur deshalb formgleich mit den Decken, weil sie mit diesen zusammen posttektonisch hochgeschaltet wurden.

In den Ostalpen steckt ebenfalls viel variskischer Schollenbestand. Er erklärt die Kettenvirgation des Klagenfurter Beckens. Die Dolomiten liegen weithin auf dem starren paläozoischen Sockel des Bozner Quarzporphyrs. Ihre geringe Verfaltung erklärt sich zum Teil hieraus.

Das Pannonische Tiefland wird auch als Karpatenbecken bezeichnet. Vermutlich variskischer Unterbau wurde im Westen (Pußta) stark abgesenkt und jungtertiär bis holozän sedimentär verhüllt, so daß dort ein Molassesenkentypoid entstand. Der Osten (Apusenimittelgebirge, Siebenbürgen) ist höher gehobener, alpidisch überfalteter Bereich von Rumpfschollencharakter und Hochlandsenkentypus. Siebenbürgen liegt 500–600 m NN. Der große Kettenbogen zwischen den alpidischen Dinariden im SW und dem ebenfalls alpidischen Karpatenbogen im NO wird so verständlich.

Die variskisch versteifte Moesische Tafel wirkte alpidisch als Faltungsrückstau der südosteuropäischen Alpiden. So entstand der Bogen von Südkarpaten und nordbulgarischer Stara Planina (= Balkan). Die Platte ist sedimentär überdeckt und bildet das Tiefland an der unteren Donau zwischen dem Eisernen Tor und dem Donaudelta, z.T. epirogen gewellt (Rumpfscholle der Dobrudscha mit den Muntii Macin SO Braila), größtenteils als Rumänisches Tiefland (Oltenia, Muntenia) jungsedimentär (molassisch) verhüllt.

Innenmassive älterer Versteifung (Vardarmasse = Vardarsenke) trennen in Südosteuropa als Senken die Helleniden von den Randfalten der Rhodopen. Diese selbst sind ein alpidisch gehobener Rumpfschollenteilblock der wohl in der Ägäis niedergebrochenen Thrakisch-Karisch-Lydischen Masse. Ihre abgesenkten Teile bilden in Europa die mittelbulgarische Senke und Trakien. In Kleinasien sind sie als Bruchschollenland für die Kammerung der Westküste maßgebend, sowie für die Trennung des alpidischen Pontus vom ebenfalls alpidischen Taurus. Das Anatolische

Hochland liegt ebenfalls teilweise über Starren Massen. Die typische Ova-Struktur, an der W. Penck die Grundlagen seiner Piedmonttreppentheorie entwickelte, ist zusätzlich wohl auch noch bruchfaltungsbedingt, denn nicht alle hochanatolischen Becken haben präalpidischen Untergrund. Viele sind einfache tektonische Senken (Syneklisen).

Dagegen sind im zentralen Hochland von Iran-Afghanistan zwischen dem alpidischen Elburs-Kopetdag-Sefid Kuh-Hindukusch im N und den Zagros-Kuhrud-Ketten sowie den Gebirgen von Beludschistan im SW und SO wieder versenkte, in der großen Kewir, der Lut und im Hilmendbecken unter Trockenklimaten fußflächengeformte und sedimentverhüllte Starre Massen zu vermuten, die auch dort das Auseinandertreten der Ketten ähnlich wie in den meridionalen Kettengebirgen erklären.

Dasselbe gilt endlich auch für die alpidischen Atlaskettengebirge. Der Rif ist vom Mittleren Atlas durch die Senke von Rabat, eine Starre Masse im tieferen Untergrund, und der Tell-Atlas vom Sahara-Atlas durch eine Starre Masse unter dem Hochland der Schotts getrennt.

Die ausgedehnten Tafeln im Bereich der zentralasiatischen Hochgebirge gehen als Teilformen des dortigen Größtreliefs ebenfalls prinzipiell auf Starre Massen im Untergrund zurück, die alpidisch nicht mehr gefaltet werden konnten. Auch dort sind die Massen teilweise jünger als präkambrisch (s. o.) Ihre Präexistenz ist eine entscheidende Grundlage zum Verständnis des heutigen Reliefs. Sie erklärt das oft weite Auseinandertreten der eurasiatischen Kettengebirgsstreifen und damit die oft mächtige Breitenentwicklung des alpidischen Systems. So schafft allein schon Tektonik auch hier Grundvoraussetzungen für Relief.

In den Deckengebirgen andinen (pazifischen, meridionalen) Bautyps treten die großen seitlichen Bewegungen, d. h. die Überschiebungen und der Deckenbau, zugunsten der Blockschollenstruktur der Gebirgsränder stark zurück. Schon die nordamerikanischen, erst recht aber die südamerikanischen Kordilleren weisen diesen tektonischen Bauplan auf und, so weit bekannt, auch die westpazifischen Inselbögen. Die Gebirge sind durch starken fossilen, subrezenten und rezenten Vulkanismus gekennzeichnet, der dem eurasiatischen Gürtel fehlt. Es sind die Konvergenzränder kontinentaler mit ozeanischer oder ozeanischer mit ozeanischer Kruste im plattentektonischen Sinne, was die starke Beteiligung von Ergußgesteinen und Inrusiven erklärt.

In den nordamerikanischen Kordilleren sind noch Deckenzonen alpinotypen Baus vorhanden. Der Ostteil des Nordens von Alaska über British Columbia, Montana, Idaho und wohl noch Neumexiko besitzt eine der alpinotypen angenäherte, ostvergente und damit gegen die Prärietafel weisende Überschiebungs- bis Deckentektonik. Dasselbe gilt für den Westteil, die Küstenketten des Südens: Kaskadengebirge und Sierra Nevada. Das Tektobild schwankt dort zwischen Pultschollen- und Überschiebungsschollencharakter mit Ostvergenz. Modifiziert wird der Bauplan auch im andinen Typus durch die Einlagerung starrer, bruchtektonisch (Basin Range) verstellter Tafeln, z. T. Alter Massen (Coloradobecken), z. T. riesiger vulkanischer Ergußtafeln. Diese bewirken die Kettenöffnung (Virgation) in Alaska (Yukonbecken) und bilden auch die großen Hochbecken des Frazer-River und des Columbiaplateaus (Rhyolithdecken und Basalte, Plutone) bis zu den m.o.w. starren Massen des Great Basin, des Coloradobeckens und schließlich des erneut jungvulkanischen Hochlands von Mexiko zwischen Sierra Madre Occidental bzw. Oriental.

Auch auf der pazifischen Seite Südamerikas herrscht der andine Bautyp. Dort treten die großen seitlichen Bewegungen, also Überschiebungen und Deckenbau, vollends zurück. Der Bau ist bei großzügiger Sicht als Blockschollennatur der Gebirgsränder zu bezeichnen. Wesentlich ist, daß auch dort große Plutone und Ergußtafeln in den Gebirgskernzonen auftreten. Die Schmelzen gehören der pazifischen Sippe an. Als Tiefengesteine sind Granite, Granodiorite und Gabbros vertreten, als Ergußgesteine Rhyolithe, Quarzporphyre und Basalte. Auch in den Anden sind daher Virgationen (Kolumbien, Venezuela) und ausgedehnte Hochbecken (Bolivien, Chile: Titicaca-Atacama-Becken) entwickelt. Die Begleitketten tragen ebenfalls jungen Vulkanismus.

Im ostasiatischen und im Südseeinselbogen einschließlich der Insulinde und Neuseelands, die großtektonisch dem Westrand der Pazifischen Platte entsprechen, wo größtenteils ozeanische auf ozeanische Kruste stößt, ist die Natur des Deckengebirges wegen der jungvulkanischen Überdeckung, vor allem aber wegen des Aufsitzens der Gebirge auf dem Tiefseeboden in 6000 m Mitteltiefe noch weitgehend unbekannt. Wahrscheinlich dürfte dort ebenfalls der andine Typ vorliegen.

Deckengebirge sind nicht immer jung. Die Kaledoniden Skandinaviens (Norwegisches Hochgebirge) sowie Schottlands, aber auch Teilzonen des Variskiden Mitteleuropas (Erzgebirge: Münchberger Gneismasse) besitzen Deckenbau alpinotypen Gepräges.

Die Zuordnung ist außerdem nicht einheitlich. Der andine Hochgebirgstypus Nordamerikas wird z.B. von CLOOS (1963[2]) zu den Deckengebirgen, derjenige Südamerikas jedoch zu den Faltengebirgen mit plutonischer Zentralzone und damit zu demselben Typ wie die älteren Appalachen und der Ural gerechnet. Die Zuordnung kann hier offen gelassen werden.

Geomorphologisch wesentlich ist nämlich der F o r m t y p. Alle Deckengebirge besitzen, ob sie nun mehr dem alpinen oder mehr dem andinen Typ zugehören, im Großen gesehen ein Skulpturrelief, das weitgehend gesteinsunabhängig ist und ein Äquivalent der Mittelgebirgsrumpfschollentreppen darstellt. Wie bei den Kettenschollengebirgen ist es wegen der jungen Hebung in das Großartige des Hochgebirges gesteigert und pleistozän größtenteils eisüberformt.

Die endogenen Voraussetzungen dieses Relieftyps bestehen in seinem Gesteinsaufbau aus deckenüberschobenem, gefaltetem, bruchschollengehobenem, meist sehr mächtigem Kristallin, und in einer mehr oder weniger phasenhaften, starken Hebung. Aus einer tertiären Uroberfläche vom Rumpfflächentypus wechselfeucht-humid- bis aridklimatischen Typs (Rumpffläche, Fußfläche) entwickelte sich dadurch ein tertiäres Rumpf (Fuß)-flächentreppenrelief mit jungen pleistozänen Taleinschnitten in den jung gehobenen Gebirgsteilen. Die starren Becken blieben als weite, Schnitt- bis Schichtflächencharakter (Coloradoplateau u. -Canyon) besitzende Hohlformen von Anfang an mit formbestimmend. In den Mittelbreiten und weiter polwärts erfolgte pleistozän eine glazigene Überarbeitung. Die Flächen wurden zu Karböden, die Täler zu glazigenen Trögen geformt. In den Tropen, wo die Gletscher aus klimatischen Gründen den Gebirgsfuß nicht erreichten, blieb der (in den Mittelbreiten präglaziale) Kerbtalcharakter erhalten. Gleichwohl besitzen sowohl die tropischen als auch die außertropischen Hochgebirge die eingangs gekennzeichneten wesentlichen Merkmale des Kettengebirgstypus. Dies ist bei wechselnden Klimaverhältnissen nicht auf „Klimadominanz", sondern eindeutig auf „Tektodominanz" zurückzuführen. Daß im Bereich der mittleren und der kleinen Formengruppen Unterschiede auftreten, modifiziert das Grundprinzip. Dieses wird dadurch aber nicht außer Kraft gesetzt.

Ohne Differenzierung geht es indes auch in den Deckengebirgen nicht. Unterschiede in der Zufirstung der Rumpfhochgebirge (= Kettengebirge) können in wenig widerständigem Gestein oberes Denudationsniveau genannt werden. Auch wechselnde, unterschiedliche Hebungsintensität mögen sie bewirkt haben. Die ausgedehnten Flachformen der Höhe im alpinen Rumpftreppenrelief weisen wohl auf verhältnismäßig langsame und phasenhafte Hebung hin. Schon die mäßige Zufirstung der Ost-, die stärkere der Westalpen mag auf jüngerer und schnellerer, zugleich höherer Heraushebung der Westalpen beruhen. Dort bildet ja das mittlere Deckenstockwerk der Penniden weithin die Oberfläche. Das Ostalpin ist bis auf Klippen abgetragen. Im Himalaya, in den turkestanischen Gebirgen und im Karakorum fehlen die alpinomorphen Flachformen der Höhe weitgehend. Intensivste Zufirstung bei gleichzeitig höchster Heraushebung scheint hier wie in manchen Teilen der pazifischen Gebirgssysteme die Regel zu sein. Der Vergletscherungstyp der Alpen, der Firnfeldgletscher, wird dort vom firnfeldlosen, turkestanischen Gletschertyp abgelöst. Auch dies hat nicht allein exogene Ursachen, sondern ist endogen mitbedingt. Die starke, schnelle und junge Heraushebung ließ im Himalaya keine Flachformen entstehen. Das Klima erklärt die Formdivergenzen jedenfalls nicht. Im übrigen weist der Formunterschied zwischen z.B. den Alpen mit ausgedehnten Flachformen der Höhe in den kristallinen Bereichen und z.B. dem Himalaya ohne typische Flachformen deutlich darauf, daß die Flachformen (= Hochgebirgsrumpftreppen) z.B. der kristallinen Zentralalpen ein präglaziales Formelement sein müssen. Dieses wurde zwar im Pleistozän noch eisüberformt. Es wurde indes nicht vom Eis geschaffen. Wären die Flachformen der Alpen nämlich durch die pleistozäne Vereisung geschaffen worden, was z.B. in Davis' nivalem Zyklus angenommen wird, so wäre nicht erklärbar, warum sie in den subtropischen Hochgebirgen fehlen, denn diese waren ja im Pleistozän ebenfalls vergletschert. Dort hätte dann die Vergletscherung ähnliche Spuren hinterlassen müssen.

Rumpftreppen bzw. rumpftreppenähnliche Formen zeigen auch Teile der nördlichen und südlichen Kalkalpen. Ostwärts des Saalachdurchbruchs sind in Dachsteinschicht- und -riffkalken mehrstufige Flachformen erhalten, die nach dem locus typicus, der Raxalpe südlich von Wien, als Raxlandschaft bezeichnet werden. Besonders in den Jahren zwischen 1920 und 1940 wurden diese Flachformtreppen, auf denen örtlich zentralalpine Restschotter (Augensteine) liegen, als Reste tertiärer

Landoberflächen der Alpen aus einer Formbildungsphase vor der Heraushebung gedeutet, die im leicht verkarstenden Dachsteinkalk ostwärts der Saalach erhalten blieben, während sie im wenig verkarstungsfähigen Hauptdolomit zwischen Rhein und Saalach durch Zufirstung zerstört wurden. Eine Gruppe von Geomorphologen vertrat den Standpunkt, es handle sich um Rumpftreppen. Andere wiederum waren der Meinung, eine ursprünglich einheitliche Landoberfläche sei bruchtektonisch verstellt worden. Die Raxlandschaft wäre danach eine Bruchschollentreppe. Der Streit, zu dem sich die Diskussion zeitweise entwickelte, wurde prinzipiell nie entschieden. Nach 1950 wurde die Flachformendiskussion weitgehend fallen gelassen. Einige Arbeiten deuteten eine Hochkarstgenese an. Im nördlichen Kalkalpin kartierende Geologen sind heute der Auffassung, die Treppennatur der Raxlandschaft sei faziell gestützt, da häufig nachweisbar die höchsten Niveaus in stark verkarstungs- und damit erhaltungsfähigen Riffkalken liegen, während die tieferen Flachformen eher an den Schichtbau von Dachsteinschichtkalken angepaßt sind (frdl. Hinweis ZANKL/Marburg). Die Dolomiten besitzen ein eindeutig strukturgestütztes Treppenrelief. Sie können im großen Überblick als Hochgebirgsschichtstufenlandschaft aufgefaßt werden (BEHRMANN, 1954). Der dreifache Stockwerkbau innerhalb des Stufenlands, angefangen von den weinbaulich oder doch zumindest agrarisch genutzten Mittelgebirgsterrassen der Bozner Quarzporphyrplatte (Überetsch, Kastelruth-Seis) über die weiten Almwiesen und Lärchenbestände der Seiser Alm und der in demselben Niveau nach O anschließenden Almen bis zum Stockwerk der Schlerndolomit- und Dachsteinkalkklötze von Schlern, Lang- und Plattkofel, Sella, Marmoleda, Tofane, Drei Zinnen, Paternkofel beruht auf einem Gesteinsgegensatz. Auf der widerständigen Platte der Bozner Quarzporphyre liegen ausgedehnte Verflachungen, die beweisbar schichtgestützt sind, denn sie ändern ihre Höhenlage mit dem Streichen und Fallen der Porphyrtafel, insbesondere von N nach S. Die weiten Almen liegen in Wengener, Cassianer und Buchensteiner Schichten, untermeerisch gebildeten Vulkaniten vom Tuffittyp. Sie sind gleich alt wie die in einzelnen Stöcken aufgewachsenen Schlerndolomite und füllten ehedem am Meeresgrunde die Lücken zwischen den m.o.w. isolierten Kalk-Dolomit-Klötzen aus. Nach der Gesamthebung arbeiteten Denudation und Erosion die wenig widerständigen Tuffite schneller aus als die Dolomitstöcke. So entstand im Kleinen zwar kein Schichtstufenrelief (Ausnahme: Sella). Dieses ist ja an übereinander wechsellagernd widerständige Schichten geknüpft. Jedoch ergab sich ein strukturgestütztes Relief, das an den horizontalen Wechsel der Gesteinswiderständigkeit geknüpft ist und ohne diesen gar nicht erklärt werden kann.

Auch in den Wänden der Kalkalpen sind strukturbedingte Formen innerhalb des Skulpturreliefs da. Die Hochgebirgstreppen des Raxlandschaftstyps der östlichen Kalkalpen von der Saalach bis zum Ostalpenrand und vom Eisack bis zu den Julischen Alpen, speziell die Dolomitenstöcke, besitzen zumindest in ihren oft 1000 m hohen Wänden Schichtstufencharakter. Die Wände werden auch schichtstufenartig geformt, durch Unterschneidung aus wenig widerständigem Liegendem und durch Nachsturz des seines Widerlagers verlustig gegangenen widerständigen Hangenden. Eine Nordwand wie diejenige des Laliderers im Karwendel steht im Sockelbereich in den wenig widerständigen Schichtserien der Untertrias und wird erst von einer bestimmten Höhe an vom widerständigen Wettersteinkalk der Inntaldecke aufgebaut. Ähnliches gilt für die Schlerndolomitstöcke der Westdolomiten, für die Schichtstufentreppe der Sellagruppe mit dem über den Raiblerschichten zurückweichenden Dachsteinkalkdach, dem Schlerndolomitsockel der Fußzone. Die Marmoleda schließlich ist nichts anderes als eine nach S aufsteigende Schichtstufe aus Marmoledakalk. Der Nordhang mit dem Marmoledagletscher ist strukturell gestützt, an die Oberfläche der Marmoledakalke angelehnt. Der Südfuß, Kalke über Mergeln der Untertrias, ist eine wandartige Versteilung vom Typus einer Schichtstufe. Echte Rumpfstufen gibt es in den Kalkalpen praktisch nur auf den Hochflächen, nirgends an den Wänden. Ob nun Reiteralm oder Lattengebirge, Wettersteinabsturz oder Tennengebirgswände, Totes oder Höllengebirge, Untersberg, Steinernes Meer oder Dachstein: allenthalben sind die gekennzeichneten schichtstufenartigen Wände mit wenig resistentem Liegendem, resistenten Hangendschichten da. So ist zumindest für die kalkalpinen Bereiche der Ostalpen anzumerken, daß sich in ihnen aus faziellen (endogenen) und morphogenetischen (endogen-exogenen) Faktorengruppierungen strukturgestützte Formen mit reinen Skulpturformen innig verknüpfen. Die kalkalpinen Deckenstirnen tragen ebenfalls weitgehend Schichtstufencharakter.

## 9.5 Die Aufschüttungsflachländer

Fast alle Aufschüttungsflachländer der Erde sind heute Senkungsfelder. Nur wenige wie z. B. das Amazonastiefland, das Norddeutsche Tiefland oder der voralpine Molassetrog sind rezent durch Hebung oder Verlangsamung des epirogenen Absenkungsprozesses der Sedimentation entzogen und werden zerschnitten.

Die Füllung zeigt, daß die Aufschüttungsfelder, ungefaltete bis randlich gefaltete, z. T. noch rezente „Schelfe" darstellen. Sie sind demnach fast generell Beispiele für die Sedimentation auf stabilen bis labilen geologischen Schelfen, nur eben rezent. Die Senkung begann im allgemeinen im Tertiär, in Einzelfällen allerdings auch schon wesentlich früher. Marine und terrestrische Sedimentation im Wechsel von Trans- und Regression (Vorrücken und Zurückweichen) der Schelfmeere bestimmen das Bild der Sedimente über dem abtauchenden Kristallinsockel. Im Pleistozän, und hierin zeigt sich die Bedeutung der Exogenfaktoren, differenziert sich das Bild der Sedimentation je nach der Breitenlage. Glaziale, fluvioglaziale und randglaziale Sedimentation bestimmen das Bild und die heutigen Oberflächenformen der vom Eis randlich erreichten oder ganz überfahrenen Tiefländer der höheren Breiten. Außerhalb des Einflusses von Eis und Meer gelegene Gebiete wurden weiter fluvialterrestrisch zugefüllt.

Die säkulare epirogenetische Absenkung läßt sich an den Schichtmächtigkeiten ablesen. Pleistozäne Sedimente verschiedener Natur erreichen im Po-Tiefland im Mittel 1500 m, in Extremfällen wie in den großen Senken vor dem Apenninenfuß um Parma, Reggio und in der Romagna auch bis zu 3000 m Mächtigkeit. Da es sich größtenteils um Festlandsablagerungen handelt, muß während des Pleistozäns eine

Landabsenkung erfolgt sein, deren Ausmaß demjenigen der Sedimentmächtigkeit entspricht. Die Zuschüttung erfolgte syntektonisch, d. h. gleichzeitig mit der Absenkung. Aufschüttung und Absenkung hielten sich die Waage. Die Padania hatte also nie den Charakter einer bis zu 3000 m tiefen Meeresbucht, die erst nach ihrer Bildung allmählich zugefüllt wurde. Sie war während ihrer Bildung vielmehr vielfach säkular absinkendes Festland, bei mariner Transgression höchstens ein ganz flaches Schelfmeer.

Unter dem Norddeutschen Tiefland liegt variskischer und z. T. kaledonischer Sokkel in Teufen unter 4000 m. Darüber folgt in normaler sedimentärer Abfolge das Paläozoikum vom Karbon an, dann die Trias mit (z. B.) Buntsandsteinmächtigkeiten von über 1000 m, schließlich der Jura, die Kreide und das Tertiär, z. T. mit durch die saxonische Rahmenfaltung bedingten Diskordanzen, und endlich das Pleistozän. Auch die Pleistozänbasis erreicht örtlich −300 m NN. Durchspießungen des Pleistozäns durch präpleistozänes Gestein, oft über Salzstöcken, (Lüneburg, Helgoland, Segeberg, Rüdersdorf, Sylt, Samland u. a.) sind relativ selten und nur von lokaler Bedeutung.

In beiden und in allen übrigen Fällen von Aufschüttungsflachländern liegt die grundsätzliche, strukturelle Bildungsursache in *epirogenetischer Landsenkung*. Zwar sind die heutigen Landoberflächen Aufschüttungsflächen verschiedener Medien und tragen daher verschiedenes Gepräge. Oberflächen von Akkumulationskörpern sind sie jedoch in jedem Falle. Geologisch hochgerechnet, im Norddeutschen Tiefland und anderswo auch schon verifiziert (Schichtrippen über Salzstöcken u. ä.), sind die Aufschüttungstiefländer potentielle Schichttafel- bis Schichtstufenländer, unter der wiederum endogenen Voraussetzung, sie würden bei diagenetischer Verfestigung der Wechselsedimente gehoben und zerschnitten, in einer möglicherweise fernen geologischen Zukunft.

Im einzelnen lassen sich mehrere Typen von Aufschüttungsflachländern unterscheiden, und zwar nach der Struktur, nicht allein nach dem heutigen Oberflächenbild. Einen wesentlichen Grundtyp bilden die sedimentären *Vorsenken der Kettengebirgsgürtel*. Sie beginnen in Europa mit dem Quadalquivirbecken vor der Betischen Kordillere Iberiens und setzen sich dann beiderseits der Pyrenäen fort, einerseits im schon gehobenen und zu Fußflächentreppen zerschnittenen Ebrobekken, andererseits im Randsaum des Aquitanischen oder Garonnebeckens. Die Alpen-Karpatenvorsenke setzt mit der Ablösung des Juras von den Alpen ein und zieht über die Mährische Pforte in das nördliche Karpatenvorland und weiter in die Sereth-Pruth-Niederung. Der Nordteil der Moesischen Tafel und das Tiefland im Vorland des Balkans gehören wohl ebenfalls hierher. Auf der Südflanke der Alpen ist die Padania als Apenninenvorsenke auffaßbar, die in die rezente Adria überleitet. Das nördliche Kaukasusvorland (Kuban-Terek-Niederung) setzt den alpidischen Vorlandsstrang nach O fort. Die Senke quert den Kaspisee und klingt im südlichen Turkmenistan (Kara Kum) bei Samarkand und Buchara aus. Sie liegt dort auf präkambrischem bis variskischem Sockel (s. u.). Das grusinisch-aserbeidschanische Tiefland ist wohl als Gebirgsinnensenke aufzufassen, vielleicht auch das Hochland der Schotts (s. jedoch oben S. 167). Am Südrand des alpidischen Systems in Eurasien liegen als Vorsenken desselben Typs Mesopotamien, das Indus-, das Ganges- und das Brahmaputratiefland vor den Zagrosketten, den Gebirgen Beludschistans und vor dem Himalaya-Patgai-Arakan. Ob der Randsaum der nordamerikanischen Kordillere von Point Barrow bis zur Rio-Grande-Niederung vor der Sierra Madre Oriental hierher gehört, ist zweifelhaft. Das südamerikanische Kordillerenvorland ist dagegen von den Llanos des Orinoco bis zur Parana-Senke einigermaßen sicher Vorlandsenke. Vorsenken können große Sedimentmächtigkeiten besitzen. Unter dem Alpenvorland, und hier wie in der Padania und im Norddeutschen Tiefland bei der Erdölexploration nachgewiesen, reicht die Molassebasis, diskordant auf dem nach S abtauchenden Jura liegend, in Teufen von rund −3000 m.

Als zweiter Aufschüttungsflachlandstypus kann derjenige der Gebirgsinnensenken aufgefaßt werden. Alte, heute zerschnittene Senken dieses Typs bilden Schichtstufen- und -tafelländer (Coloradobecken). Junge Senken werden dagegen noch gefüllt. Wegen der Sedimentation ist dabei der Einblick in den tieferen Untergrund meist verhüllt. So ist nicht immer leicht zu entscheiden, ob sie einfache Bruchfeldnatur besitzen oder auf älteren Tiefenbauelementen beruhen.

Der dritte Typus kann als kontinentales epirogenes Aufschüttungsflachland bezeichnet werden. Diese Gebiete liegen außerhalb der Hochgebirge auf präkambrischem bis paläozoisch versteiftem, absinkendem Untergrund. Typenbeispiel ist das Norddeutsche Tiefland. Auf variskischem Sockel mit kaledonischem Kern sinkt es seit dem Karbon m. o. w. kontinuierlich ab. Es wurde jungpaläozoisch und mesozoisch marin und terrestrisch verfüllt, erlebte in der alpidischen Ära im Schwächegebiet der Mittelmeer-Mjösen-Zone während der Saxonischen Rahmenfaltung Salztektonik. Dadurch entstand zeitweilig Relief, was zu Diskordanzen im Schichtverband führte. Im Pleistozän wurde das Tiefland vom nordischen Inlandeis überfahren. Dieses hinterließ Formen der Glazialen Serie. Eurasische Senkungsfelder desselben Typs sind die Zentren der Moesischen Tafel, die Kaspisenke, das Turantiefland um den Aralsee auf variskischem Sockel und die ähnlich gebaute Westsibirische Tafel, vom Turantiefland durch die Rumpfschwelle der östlichen Kirgisensteppe getrennt und oberflächlich nur über die Turgaisenke verknüpft. In Ostsibirien besitzt auf mesozoisch versteiftem Sockel die Kolymasenke ein ähnliches Gepräge. Verwandt sind auch die Senken der Mandschurei und Ostchinas sowie das Rote Becken von Szechwan. Ob die Einsenkungen im mesozoischen Sockel Indochinas hierher zu zählen oder als Gebirgsbinnensenken aufzufassen sind, ist eine Definitionsfrage. Abgesunkene Teilschollen kennzeichnen auch die Insulinde, insbesondere Sumatra und Neuguinea. In Nordamerika gehören das Mississippibecken auf variskischem, in Südamerika das Amazonasbecken und das Paranabecken auf präkambrischem Untergrund hierher. Ob die großen Sand- und Dünenfelder der nordafrikanischen Ergs und das jung gefüllte Kongobecken als rezente Aufschüttungsflachländer ariden, semiariden bis humiden Typs aufzufassen sind, ist ebenfalls eine Frage der Definitionsweite. Dasselbe gilt für das Große Artesische Becken Australiens.

Der vierte Typ von Aufschüttungsflachländern ist an die Füllung junger Grabenbruchzonen großer Randsprunghöhen geknüpft. Die Mittelmeer-Mjösen-

Zone als große mitteleuropäische Naht weist besonders im Oberrheintiefland und in der Rhônesenke bzw. der aus dieser hervorgehenden Languedoc Aufschüttungscharakter auf. Dasselbe gilt für das System der Ostafrikanischen Gräben.

Schollensenkung und dadurch bedingte Sedimentation subrezenter bis rezenter Prägung sind die Endogenursachen für die Bildung der großen Aufschüttungsflachländer. Daß die feine Ziselierung der Oberflächenformen klimatisch bedingt sein kann, zeigt das von WILHELMY (1958) beschriebene Senkungsfeld des sogenannten Großen Pantanals im Mato Grosso (Brasilien). Es ist ein Aufschüttungsgebiet, das unter den tropisch-wechselfeuchten Klimaeinflüssen wegen der im übrigen auch beim Po im Submediterranklima nachweisbaren Dammuferbildung der Flüsse ein Oberflächenformenbild eigener Prägung (Umlauf- und Dammuferseen usw.) zeigt. Gleichwohl ist auch dort die eigentliche Aufschüttungsursache endogener Natur, nämlich Krustensenkung.

## 9.6 Die Ozeanbecken und ihre Formen

### 9.6.1 Die Tiefseeböden

Die Tiefseeböden gliedern sich in vier große Teileinheiten, *Tiefsee-Ebenen* und *Tiefseehügelländer* in den *Tiefseebecken* mit –6000 bis –7000 m unter NN, *Tiefseegesenke* mit –10000 m unter NN und *Mittelozeanische Rücken* mit Wassertiefen von –2000 bis –3000 m.

*Tiefsee-Ebenen* (abyssal plains) sind offenbar weitgehend ebene Aufschüttungsflächen großen Ausmaßes am Rand der *Tiefsee-Becken*. SEIBOLD (1974, S. 21) deutet sie als Ergebnisse von Aufschüttung durch Suspensionsströme des Kontinentalhangs, die dort Material mitnehmen und dann in den Tiefsee-Ebenen korngrößensortiert ablagern. Dies wird daraus geschlossen, daß die Sedimente vom Kontinentalhang nach außen an Mächtigkeit verlieren und feinkörniger werden. Eine weitere Beobachtung stützt diese Deutung. Im Pazifik, wo die Küsten von Tiefseegesenken begleitet werden, fehlen Tiefsee-Ebenen weitgehend. Dagegen sind sie im Atlantik mit dem atlantischen Kontinentalrandtypus weit verbreitet. Offenbar werden die Suspensionsströme in den Tiefseegesenken zusamt ihrer Materialfracht abgefangen. Nur da, wo vor der Vancouverküste ein Gesenke fehlt oder verfüllt wurde, ist auch im Pazifik eine Ebene vorhanden.

Tiefsee-Ebenen liegen vor dem Neufundland-, Hatteras-, Amazonas-, Brasil-, Biskaya-, Kanaren- und Angola-Kontinentalhang im Atlantik. Im Indik sind die Ausläufer des Ganges- und Indusdeltas Tiefsee-Ebenen. Auch vor dem Somali-Kontinentalhang liegt eine solche Aufschüttungsfläche.

*Tiefsee-Hügelländer* liegen in den Tiefseebecken außerhalb der großen Aufschüttungsflächen. Sie bestehen aus ozeanischem Krustenmaterial. Die Tiefseehügel bleiben unter 1000 m relativer Höhe.

Besondere Probleme bilden die spitzen *Tiefseeberge* (sea mounts) und die oben abgeplatteten Guyots sowie die über das heutige NN aufragenden Vulkaninseln. Sie sind, soweit bekannt, im Kern aus Vulkaniten aufgebaut, besitzen aber öfters Mantelmaterial aus Kalksedimenten und im Roten Meer, Indik und in der Südsee Korallenriffe. Die Tiefseeberge, Guyots und Inseln (Azoren, Kap Verden, Südseeinseln) bilden meist archipelische Gruppen. Die Hänge der untermeerischen Vulkane und der Vulkaninseln erreichen Neigungswinkel alpinen Charakters und Ausmaßes. Die Südseeinseln z. B. steigen aus –4000 bis –6000 m Meerestiefe auf, sind also über 4000 bis 6000 m hoch. Der Mont Blanc der Alpen besitzt über Chamonix 4000 m, der Nanga Parbat über dem Industal 6000 m relativer Höhe. Das sind vergleichbare Werte. Die Vorstellung des faktischen Reliefs gelingt am besten, werden andine Vulkankegel ertränkt gedacht.

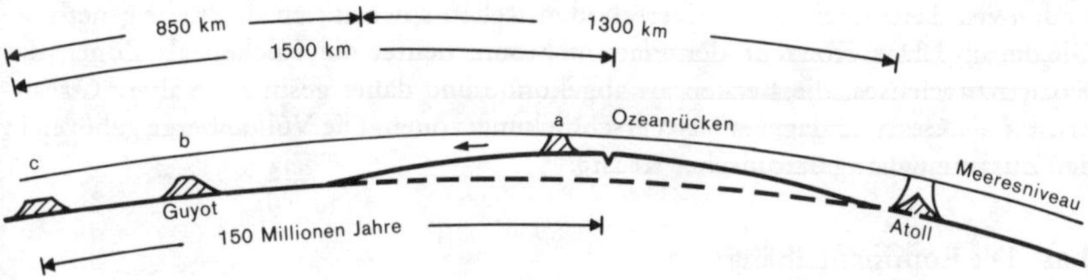


Abb. 36 Schema der möglichen Entstehung eines Gyots (nach Hess, umgezeichnet)
Bei a entsteht der Gyot als Vulkaninsel auf einem Ozeanrücken und wird im Brandungsbereich abradiert. Bei b und c ist der abradierte und damit abgeplattete Gyot vom Ozeanrücken durch Sea Floor Spreading nach außen gewandert und dabei weit unter NN abgesunken. Atolle können als Korallenriffbauten an Gyots ansetzen, wobei der Riffaufbau mit dem Absinken Schritt halten konnte.

In den Guyots steckt ein morphogenetisches Problem. Ihre Dachplattformen dehnen sich über 1500–3000 qkm aus und liegen bis zu 1000 m unter heutigem NN. Vielleicht geht die Abplattung auf marine Erosion während einer erdgeschichtlichen Periode zurück, in der der Meeresspiegel weit unter heutigem NN lag. Vielleicht aber wurden die Guyots nicht sehr weit unter heutigem NN abradiert, wanderten später nach außen und sanken dabei mit den in Senkung begriffenen Tiefseeböden ab. Dieser Vorstellung ist wohl der Vorzug zu geben, nachdem auf Guyots kretazische Flachwasserfaunen nachgewiesen wurden. Wenn nämlich sea floor spreading existiert und die Guyots auf den Mittelozeanischen Rücken entstanden, so ist in der Tat leicht vorzustellen, daß sie auf diesen wenig tiefen Rücken bis an oder auch über den Meeresspiegel aufragten und allmählich abradiert wurden. Durch die Ausweitung der Ozeanbecken wanderten sie dann mit der ozeanischen Kruste allmählich von den Rücken zu den Tiefseebecken. Da diese sich relativ zu den Rücken und natürlich auch absolut einsenken, senkten sich die alten Abrasionsplattformen mit ab. Mit zunehmender Entfernung vom Rücken müssen dann die Guyotplattformen zunehmend tiefer angetroffen werden und gleichzeitig älter werden. Guyots, die heute 1000 km von einer Rückenachse entfernt liegen, wären dann fossil, 100 Mio Jahre älter als diejenigen, die derzeit entstehen und abradiert werden. Die Zahl der Seeberge in den Ozeanen wird auf 10 000 geschätzt. Die Schwierigkeit und Zufälligkeit der Erkundung macht verständlich, daß ein solcher Wert höchstens eine Größenordnung angeben kann.

Das Relief der Ozeanischen Rücken gleicht ebenfalls absolut und relativ Alpen- bis Himalaya-Relief. Es ist im wesentlichen ebenfalls vulkanischer Natur. Daß Strömungen auch dort Erosion zu leisten vermögen, ist inzwischen bekannt.

Tiefsee-Gesenke mit Tiefen um 10500 m/11000 m, 100 km Breite und 1000–3000 km Länge, eingesenkt in Meeresböden von –6000 m unter NN, haben eine größere Relief-Energie als etwa das Rhonetal zwischen dem Berner Oberland und den Walliser Alpen. Sie entsprechen in ihren relativen Größenverhältnissen etwa den Tälern von Indus und Tsangpo in Zentralasien, sind allerdings wesentlich länger.

In den vier Teileinheiten des Meeresboden-Reliefs spiegelt sich eine klare genetische Gliederung. Das Konzept der Plattentektonik deutet die Rücken als Zonen des Krustenzuwachses, die Becken als abgekühlte und daher gesunkene ältere Ozeankruste, die Gesenke dagegen als Verschluckungszonen. Die Vulkanberge gehören in den Zusammenhang ozeanischer Kruste.

## 9.6.2 Die Kontinentalhänge

Etwa bei der 130-m-Tiefenlinie beginnt in den Kontinentalhängen die Abdachung von Kontinent und Schelf zur Tiefsee. Entsprechend der Neuen Globalen Tektonik werden die beiden Abdachungs-Profiltypen als Divergenz- bzw. Konvergenzränder gedeutet.

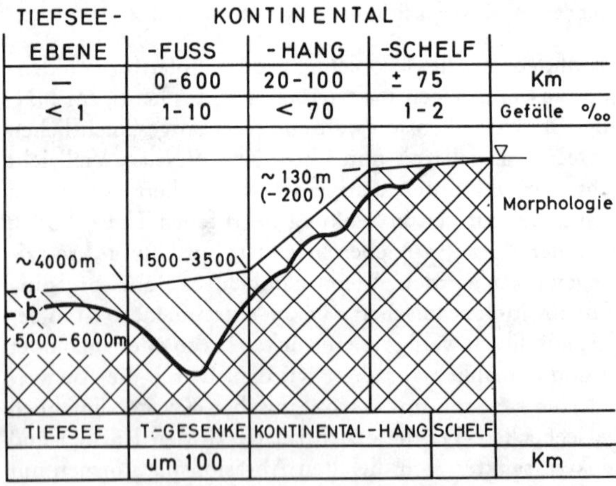


Abb. 37 Untermeerische Abtragungsformen von Kontinentalrändern (aus Seibold 1974, Springer-Verlag, Berlin)
Linie a = Atlantischer Typ mit Kontinental-Fußregion. Linie b = Pazifischer Typ mit vorliegendem Tiefsee-Gesenke.

Der Atlantische Kontinentalhangtypus ist zwischen 20 und 100 km breit und besitzt eine mittlere Abdachung von 7%, d.s. etwa 4 Winkelgrade. Dies entspricht einer mittleren trockenklimatischen Fußflächenabdachung oder etwa den Hangwinkeln von Wallmoränenhängen der Lüneburger Heide. Der Hangfuß liegt zwischen 1500 und 3500 m Tiefe, ist bis zu 600 km breit und flach (unter 1%). Er geht allmählich in die anschließenden Tiefseebecken über.

Vor dem Pazifischen Kontinentalhangtyp liegen an der Stelle von flachen Hangfüßen mit Neigungen unter 1% steile, rund 100 km breite Tiefseegesenke mit bis zu 15 Winkelgraden Neigung und über 6000–10 000 m Tiefe. Aus ihnen heraus erfolgt dann ein Anstieg zu den Tiefseeböden.

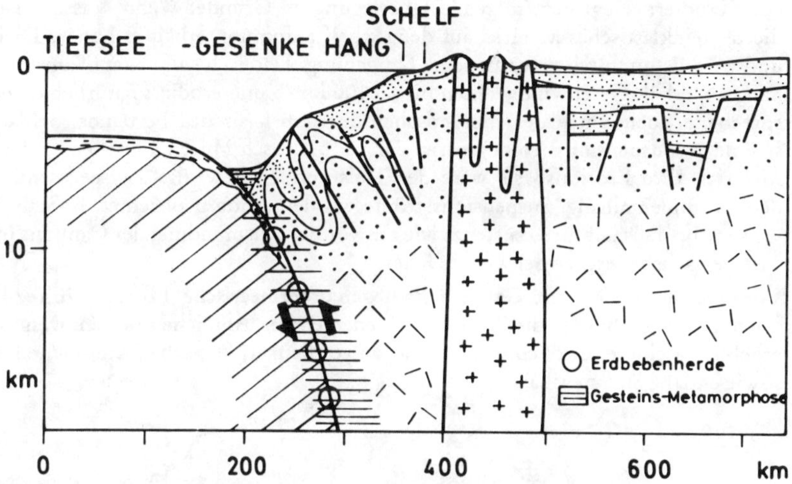


Abb. 38 Pazifischer Kontinentalrand (aus SEIBOLD 1974, Springer-Verlag, Berlin)

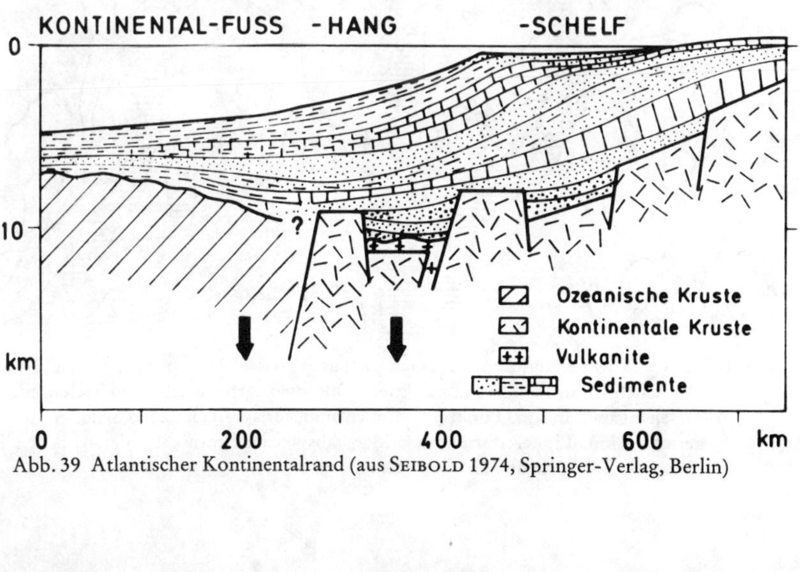


Abb. 39 Atlantischer Kontinentalrand (aus SEIBOLD 1974, Springer-Verlag, Berlin)

Die Kontinentalhänge sind linienförmig gegliedert. Die großen Ströme setzen sich auf ihnen in Erosionsfurchen fort: Hudson, Kongo, Indus, Ganges u. a. Problematisch ist die Entstehung der Submarinen Canyons. Der Begriff des Canyons, in den Alpen als Kleinform der Klamm, einer Talform mit sehr steilen Wänden bis zu 45 Winkelgraden Neigung, enthält genetisch die Vorstellung vorherrschender Tiefenerosion und zurücktretender Hangdenudation. Canyons liegen auf dem Kontinentalhang sowie auf dem Kontinentalhang und dem Schelf, und zwar häufig bis meist ohne rückwärtige Fortsetzung in einem größeren Flußgerinne. Ihre Verbreitung ist ebenso wie diejenige der Tiefseeberge nur lückenhaft bekannt. Die Meeresgeologie neigt heute i. a. zu der Ansicht, Schlammströme hätten untermeerisch erodiert. Dem liegt folgende Überlegung zu Grunde: Wenn Wasser suspendiertes feinklastisches Material auf dem Schelf aufnimmt, erhält es höhere Dichten und wird dadurch schwerer als seine Umgebung. Dadurch sinkt es am Kontinentalhang ab, erhält Geschwindigkeiten bis zu 100 km/h und erodiert natürlich dementsprechend auch unter der theoretischen Erosionsbasis des Festlands. Schlammströme (= Suspensionsströme) wären danach praktisch Muren, nur eben aus feinem Material. Ihre Erosionsbasis wäre der Tiefseeboden bzw. das Tiefseegesenke vor dem Kontinentalhang. Suspensionsströme wurden schon beobachtet. Kabelbrüche weisen ebenfalls auf ihre Existenz, wie die vor der Ausmündung der Canyons in die Tiefsee nachgewiesenen Schwemmfächer.

Vor dem Indus- und dem Gangesdelta liegen untermeerische Tiefseefächer kontinentaler Ausdehnung, die in Tiefsee-Ebenen enden. Ähnliche Formen, wenn auch erheblich kleinerer Größenordnung, liegen vor dem afrikanischen Kontinentalhang, sowie entlang Südamerikas.

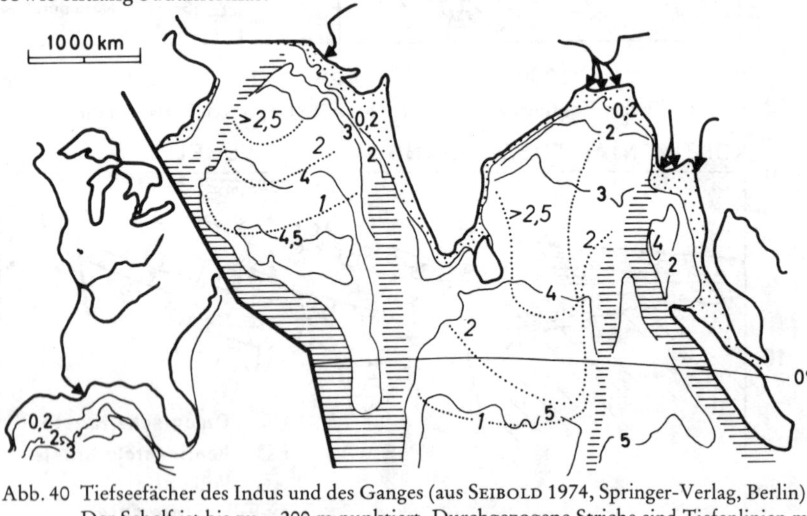


Abb. 40 Tiefseefächer des Indus und des Ganges (aus SEIBOLD 1974, Springer-Verlag, Berlin) Der Schelf ist bis zu −200 m punktiert. Durchgezogene Striche sind Tiefenlinien mit Tiefenangaben in km. Punktierte Linien mit Kursivzahlen geben Sedimentmächtigkeiten in km. Linker Kartenrand: Maßstabsgleiche Umrißkarte der östlichen USA zwischen Golfküste und Großen Seen.

### 9.6.3 Die rezenten Schelfe

Als Schelf wird die flache, m. o. w. breite submarine Fortsetzung der Kontinentalküstenzone bezeichnet. Sie zählt deskriptiv noch zum Kontinent, weil Schelfboden und Kontinent keine bedeutsamen Winkeldiskordanzen besitzen. Auf dem Schelf können breite Schelfmeere liegen: Nordsee, Ostsee, Barentssee, Karasee, Laptewsee, Ostsibirische See, Ochotskisches Meer und Beringsee, Ost- und Südchinesisches Meer, Sundasee, Timor- und Arafurasee, Patagonische See einschließlich der Falklandinseln.

Schelfrelief scheint derzeit wenig problematisch zu sein. Wenn der globale Wasserhaushalt der Erde sich zwischen Jungtertiär und Gegenwart nicht veränderte, so mußte die Entwicklung der riesigen Inlandeismassen der Nordkontinente während der Kaltzeiten so viel Wasser in der Form von Eis binden, daß der Meeresspiegel zwangsläufig absank, das Meer regredierte. In den Warmzeiten mußten dann Transgressionen erfolgen. Re- wie Transgressionen sind sedimentologisch und morphologisch nachweisbar. Der Nordseeboden wird bis zur Höhe der Doggerbank von Wallmoränen und Urstromrinnen gequert, war also pleistozän mehrmals landfest. Zwischen glazialen Serien liegen Transgressionssedimente.

Für die vorletzte Kaltzeit (Riß/Warthe) wird eine Regression bis –135 m, für die letzte (Würm/Weichsel) bis –100 bzw. doch –90 m angenommen. Demnach wäre Schelfrelief transgressiv überformtes festländisches Relief des Pleistozäns, seine heutige Form von der Vorform mitgesteuert. Offenbar sind z. B. die Lagunen der Südsee-Atolle abradierte, von postpleistozän wieder aufgebauten Riffen umsäumte ehemalige Korallenriffe über vulkanischen Tiefseebergen und Guyots.

Tiefe Lagen des Schelfrands von –400 m NN finden sich um Grönland und um die Antarktis. Dies dürfte wohl damit zu erklären sein, daß dort noch kein isostatischer Ausgleich stattgefunden hat (s. u.).

## 9.7 Küstengrundformen

### 9.7.1 Vorüberlegung

Die See hat aufgrund der Sonnen- und Mondbahnelemente Gezeiten. Hochwasser und Niedrigwasser können im Mittel 0,2 m bis 17,0 m differieren. Die Differenz heißt Tidenhub. Sie hängt von komplexen Größen ab: Küstenform, Mondkonstellation (Springtiden: Vollmond bzw. Neumond + 2 Tage; Nipptiden: Halbmond + 2 Tage), Windstärke und -richtung. Amphydromische Punkte auf freier See besitzen keinen Hub.

Tiden verursachen an Seichtwasserküsten etwa alle 6¼ Stunden (der Mondtag ist etwa 50 Minuten länger als der Sonnentag) m. o. w. ausgedehnte Pseudotrans- und -regressionen, besonders deutlich an Wattküsten. An steilen Tiefwasserküsten, wo die Flutkante der Wassertiefe wegen nicht vor- oder zurückweichen kann, hebt und senkt sich der Wasserspiegel mit Flut und Ebbe.

Deshalb und weil weder die Lage des Meeresniveaus noch diejenige der Kruste säkular gesehen als konstant angesehen werden darf, wird Küste nicht als feste Grenzlinie, sondern als Grenzsaum zwischen Land und See angesehen.

Ein Großteil der heutigen Küsten erlebt derzeit eine Transgression, weil der Meeresspiegel während der Kaltzeiten des Pleistozäns tiefer lag. Die warmzeitliche Transgression, der Wiederanstieg nach der letzten Kaltzeit, ist derzeit noch nicht abgeschlossen und das Festland ist m. o. w. stabil. Transgression ist komplex gesteuert, eine Bilanz aus Kontinentalbewegung, sea floor spreading, Erhöhung der mittleren Wassertemperatur und Abschmelzen von Eiskalotten. Wo also trotz weltweiter Transgression eine Küste derzeit auftaucht oder schneller als der Mittelwert von 2 mm/Jahr absinkt, sind andere Faktoren stärker steuernd beteiligt als einfacher Wassermengenzuwachs.

Transgression wird auch als negative, Regression als positive Strandverschiebung bezeichnet. Was sich verschiebt, ist allerdings nicht der Strand, sondern die Flutkante, und dies auch nur an Flachküsten, wo Strände vorhanden sind.

Wegen der transgressiven Natur der Küsten ist Küstenform weitgehend ertrunkene, allerdings transgressiv m. o. w. deutlich umgearbeitete terrestrische Vorform. Transgredierende See formt weltweit gleichartig. Eine klimatische Differenzierung von Küstentypen ist entweder durch Vegetation (etwa Mangroveküste) oder zoogen gesteuert (Korallenriffküste u. a.).

### 9.7.2 Brandung

Die See und Binnenwasserflächen haben Wellen, deren Amplitude (Höhe und Länge) weitgehend von den Wassertiefen, vor allem aber von den über Seen und Meeresspiegeln wirksamen Windgeschwindigkeiten abhängt. Große Windgeschwindigkeiten blasen auf freier See die Wellenkämme ab. Es entstehen Schaumkronen, bei Orkanen Gischtfahnen. Dieser windbedingte Effekt ist keine Brandung. Die Brecher allerdings, die bei schwerem Seegang an Schiffen hochsteigen und über Deck fegen, können mit der Brandung verglichen werden.

Werden Gischteffekt und Meeresströmungen in einem gedanklichen Modell eliminiert, so gilt für freie Wellenbewegung zunächst das Prinzip der Wasserteilchen-Kreisbahnenbewegung = Orbitalbewegung. Ein Wasserteilchen, das in einem Wellental liegt, steigt mit der Welle auf, rückt dabei etwas vor, wird im folgenden Wellental wieder abgesenkt und an den Ausgangsort zurückversetzt. Freie, in ihrer Orbitalbahn nicht gehemmte Wellen heißen Oszillationswellen. Im Wasser schwimmende Gegenstände werden durch sie nicht horizontal, sondern jeweils nur vertikal bewegt. Zur Horizontalversetzung bedarf es zusätzlicher Strömung.

Aus Orbitalbewegung entsteht Brandung durch an beliebigen Punkten des Orbits ansetzende Bremseffekte. Klippenbrandung setzt eine Steilwand voraus, die das absteigende Segment bremst bzw. kappt. Die kinetische Energie der Welle wird dann dadurch umgewandelt, daß das Wasser zunächst an der Steilwand hochschießt oder nach der Seite ausweicht, auch in Klüfte und Spalten der Wand gedrückt wird. Der Schwerkraft folgend stürzt und fließt es, mit Luftblasen vermischt und daher als Gischt, im Wellental wieder zurück, um bei der folgenden Welle erneut hochgetrieben zu werden. Bei Sturmwellen müssen durch Brandung an Steilküsten bis zu 30 t/qm Aufprallenergie vernichtet werden. Da Brecher an Schiffen prinzipiell der Klippenbrandung verglichen werden können, darf deren Zerstörungsenergie nicht verwundern.

Strandbrandung wird durch einen etwas anderen Effekt erzeugt. Beim Auflaufen einer Welle auf einen flach ansteigenden Strand wird, so bald die Wassertiefe geringer ist als der Radius der Orbitalbewegung, der Rücklauf des unteren Orbitalsegments gebremst. Die Geschwindigkeit des oberen Segments nimmt dadurch relativ zu. Es eilt dem unteren Segment voraus. Deshalb wird der Wasserkörper nunmehr auch horizontal verlagert. Aus der glatten Wellenbewegung entwickelt sich eine nach vorne gischtig überkippende Welle, ein Brecher, der dann mit Flacherwerden des Strandes an diesem als Roller hochläuft und dabei Material mitnehmen und auf den Strand fördern kann, was jeder Watt-Spülsaum beweist. Strandbrecher und Roller werden als Translationswellen (Versetzungswellen, translare = übersetzen) zusammengefaßt. Im Wellental fließt dann das aufgelaufene Wasser wieder auf der schiefen Ebene des Strandes zurück, bis es mit der nächsten Translationswelle erneut aufläuft. Der Schwerkraftausgleich führt dann ähnlich wie bei der Klippenbrandung zu einem Strömungsausgleich. Im oberen Teil des Wasserkörpers ist eine Aufwärtsbewegung zum Strand vorhanden, im unteren Teil ein seewärts ablaufender Sog. Translationsbewegte Gegenstände werden nach Abschluß der Bewegung zum Strand wieder zurückgezogen, so lange, bis sie sich so hoch an der Flutkante festsetzen, daß sie von den Folgerollern nicht mehr erreicht werden, etwa bei ablaufendem Wasser. Spülsäume entstehen daher als kurzfristige Hochwassermarken. Da meist küstenparallele Strömungen existieren und außerdem die Wellen entsprechend der Windrichtung winklig zum Strand auflaufen, erfolgt die Translationsbewegung nicht senkrecht, sondern meist schräg zum Strand. Gegenstände werden daher bei mehrmaligem Auflaufen in Richtung des Wellenwinkels und der Strömung weitergedriftet. Die Kombination dieser Elemente erzeugt den Strandversatz (Strandversetzung).

### 9.7.3 Kliffküstengrundtypen

Durch die hohe kinetische Energie des Wellenaufpralls werden steile Küsten erheblich beansprucht. In die Reaktion gehen natürlich auch der Faktor der Gesteinswiderständigkeit und Lösungsfähigkeit ein. Die stärkste Aufprallenergie wird von der Klippenbrandung im Niveau des Meeresspiegels entwickelt. Die Energievernichtung durch Hochschießen der Brecher an den Steilwänden beansprucht die Steilwand wenig bis gar nicht. Im Bereich des stärksten Aufpralls jedoch (Flutkante) bildet sich allmählich eine Hohlkehle. Sie unterschneidet die Steilwand so lange, bis der darüber ansteigende Überhang abbricht. Aus dem Detritus bilden sich Brandungsgerölle, die in der Klippenbrandung mitbewegt und abgerollt werden und dabei auf den Untergrund schleifend, in der Hohlkehle unterschneidend wirksam werden. Allmählich entsteht durch Zurückweichen der Felswand über der Brandungskehle das typische Bild einer Kliffküste. Vor der Brandungskehle, in Richtung auf das Meer, liegt m.o.w. breit die Brandungsplattform oder Schorre, bedeckt von Brandungsgeröllen. Aus ihr steigen einzelne isolierte Klippen, ebenfalls mit Hohlkehlen. Den Klüften nachtastende Kliffarbeit kann zur Bildung von Brandungshöhlen und Brandungstoren führen, Kliffküstenkleinformen von kurzer geologischer Existenzdauer. Über der Hohlkehle steigt, in den unteren Teilen durch die Brecher benetzt, die Steilwand des Kliffs an.

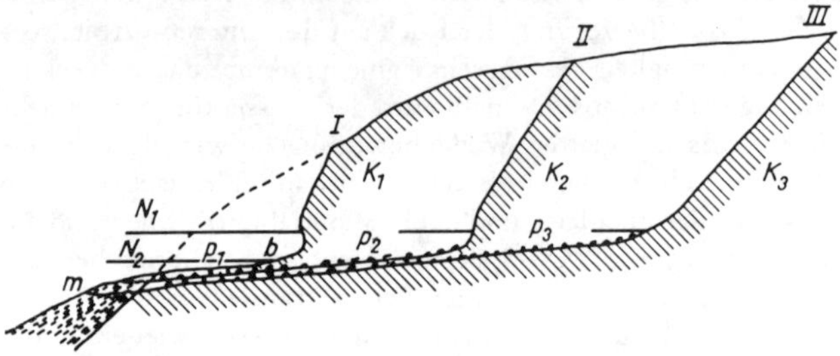


Abb. 41 Schema der Entwicklung einer Kliffküste (aus Machatschek 1973)
Als Ausgangsform ist die Auflagerungsfläche der Meereshalde (m), fortgesetzt durch die gestrichelte Linie zu I und weiter zu II und III zu denken. Die erste Phase der Kliffbildung arbeitete Kliff I mit der submarinen Plattform p1 und der Brandungskerbe b zwischen Niedrigwasser- (N2) und Hochwasserniveau (N1) aus. Der ausgearbeitete Detritus bildete einen Teil der auf der Brandungsplattform liegenden Brandungsgerölle und den Sockel der Halde. Vom ersten Kliffstadium K1 wanderte das Kliff über die Stadien K2 und K3 zurück. K1–K3 sind Momentausschnitte aus einem kontinuierlichen Vorgang. Dieser kam bei K3 deshalb zur Ruhe, weil infolge der Schräge der Brandungsplattform P1–P2–P3 der Kliff-Fußpunkt bei K3 nur mehr von den höchsten Wasserständen erreicht wird. Daher verflacht sich die Kliffböschung. K1 und K2 sind aktiv geformte Kliffe, K3 ist ein ruhendes Kliff. Das Kliff K3 kann nur mehr weiter verändert werden, wenn durch Meeresspiegelanstieg oder Küstensenkung das Hochwasserniveau wieder steigt. Erst dann beginnt der Vorgang von neuem.

Kliffe können in allen standfesten Materialien entstehen, und keineswegs nur an Tiefwasserküsten. Morsumkliff und Weißes Kliff/Sylt liegen auf der Wattseite der Insel. Je nach dem kliffbildenden Gestein entstehen standfeste, steile bis senkrechte Wände und Unterschneidungskehlen von mehreren Metern Tiefe (kilikische Küste bei Silifke) oder aber stets durch Rutschungen zurückverlegte Kliffe (Rotes Kliff: Wenningstedt/Sylt).

Stabile Relationen von Meeresspiegel und Land vorausgesetzt, kann die Kliffbildung nur so weit landeinwärts fortschreiten, bis der Fuß des Kliffs auch von den höchsten Sturmfluten nicht mehr erreicht wird. Dann muß sich der Vorgang totlaufen. Transgredierendes Meer/absinkendes Land kann den Vorgang weiter treiben. Regredierendes Meer/aufsteigendes Land wird ihn früher beenden.

Voraussetzung für die Kliffbildung ist, daß das Festland einige m über den Hochwasserspiegel aufragt. An der Küste des Po-Deltas, einer ursprünglichen Aufschüttungsküste, findet gegenwärtig an den alten Strandwällen und Lidi Kliffbildung statt. Schon der Wasserbauingenieur ZENDRINI ließ daher im 18. Jh. die murazzi anlegen, Vorläufer der heutigen Tetrapodensetzungen auf Sylt und anderen Friesischen Inseln.

### 9.7.4 Aufschüttungsküstengrundtypen

Aufschüttung entsteht bei Transgression auf flachen Vorformen durch Translation und Strandversatz. Im Translationsbereich wird praktisch nur mittel- bis feinklastisches Sediment sowie organisches Restmaterial verdriftet.

Bei der Aufwärtsbewegung wird der Strandwall aufgeschüttet. Er ist prinzipiell der äußerste Spülsaum der Roller und dementsprechend zusammengesetzt. Verblasung kann Dünen aufhäufen, so daß Strandwälle mit aufgesetzten Dünen über 50 m NN erreichen können. Sie sind dann aber polygenetisch. Der Rücksog, der aufgespültes Material seewärts driftet, bildet mit den auflaufenden Wellen in einem bestimmten Abstand von der Flutkante, untermeerisch, eine Interferenzzone, in der Material zu verschiedenen Typen von Sandriffen aufgeschüttet wird. Von den Sandriffen an fällt der Seegrund m. o. w. kontinuierlich gegen das Tiefwasser.

Ausgleichsküsten entstehen durch Kombination von Translationsbewegung und Strandversatz zwischen zwei, möglicherweise geklifften, Küstenvorsprüngen. Eine buchtige, transgressiv überflutete Vorform kann dann zu einer geschlossenen Küstenlinie umgeformt werden, hinter deren Strandwällen noch einige Zeit Reste der Buchten als Küstenseen bestehen bleiben. Ein Beispiel bietet die Küste Mecklenburgs und Pommerns.

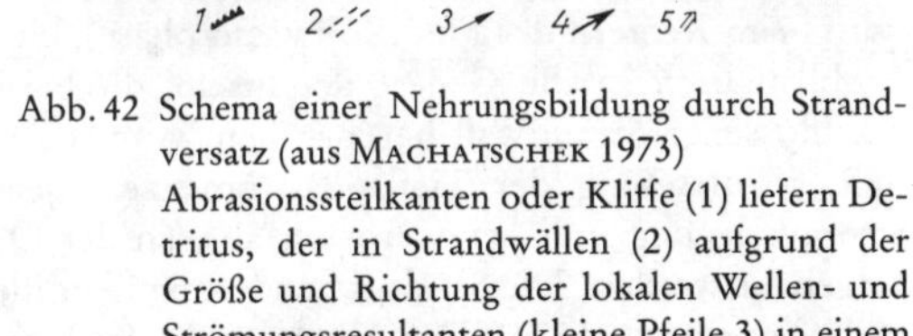


Abb. 42 Schema einer Nehrungsbildung durch Strandversatz (aus MACHATSCHEK 1973)
Abrasionssteilkanten oder Kliffe (1) liefern Detritus, der in Strandwällen (2) aufgrund der Größe und Richtung der lokalen Wellen- und Strömungsresultanten (kleine Pfeile 3) in einem longshore drift = Strandversatz = küstenparallelem Materialtransport aufgehäuft wird (longshore drift = lange Pfeile 4). Die Haken werden an der Spitze nicht nur akkumuliert, sondern auch abradiert (5). Ob diese einfache Modellvorstellung richtig ist, scheint noch nicht ganz geklärt zu sein.

Küstenhöfe oder Küstenebenen sind in Kliffküsten eingelagerte Flachküsten [Beispiele: Rügen, Algarveküste/Südportugal, Iberische (Marismas, als Kulturlandschaft Huertas) und Apenninhalbinsel (Maremme bzw. Pianure costiere]. Die padanische Küste zwischen dem Po-Delta und Gabicce ist eine Küstenebene mit derzeit transgressiv geklifften Strandwällen. Die hinter den Strandwällen liegende Küstenebene ist von Natur versumpft oder lagunär, heute teilmelioriert.

Haff- Nehrungsküsten (Haff/Laguna, Nehrung/Lido; west- und ostpreußische Küste von Hela bis Memel; venetische Küste von Grado bis Chioggia, nordamerikanische Ostküste mit Kap Hatteras zwischen New York und Savannah, Ostküste Floridas u.a.) entstehen nach verbreiteter Meinung durch Bildung freier, d.h. nicht mit dem Küstenhinterland verbundener Strandwälle bzw. Haken. Hakenbildung (z.B. Hela, bei Greifswald Darß, Zingst und Bock, Heiligenhafen: Stein- und Graswarder) ist in kleinem Ausmaß denkbar. Ob Lidi mit Gats (Ital. porti; Flutstromlücken) in Längen bis über 100 km nach dem Prinzip der Hakenbildung entstehen und ob Nehrungen durch Anwachs über 100 km weit küstenparallel aufgebaut werden können, ist umstritten, zumal den Nehrungsinnenseiten die für Hakenbildung typischen binnenseitigen Ausfransungen fehlen und Anwachsstreifen nicht festzustellen sind. Zur Deutung muß erst eine Bilanzierung zwischen glazialeustatischem Meeresspiegelanstieg, isostatischen Krustenbewegungen und sea floor spreading vorliegen (s.u. Küstenterrassen).

Wattküsten und ihr tropisches Gegenstück, Mangroveküsten, sind eine Sonderform der Flachküsten und in den Außertropen i.w. auf die Deutsche Bucht und den englischen Fen-District beschränkt. Sandinseln (in der Deutschen Bucht sind Sylt, Amrum und Föhr Geestkerninseln; die übrigen Nordfriesischen Inseln sind eingedeichte Marschinseln wie Nordstrand und Pellworm; nicht eingedeichte Marschinseln sind Halligen) vom Typus der West- und Ostfriesischen Inseln, dahinter bei Hohlebbe weitgehend trocken fallende Sand- und Schlickwattflächen, durchzogen von Flut- bzw. Ebbstromrinnen (Baljen, Tiefs, Priele), und hinter den Deichen weithin gestrecktes, flaches, grünes Marschland bilden zusammen einen Küstentypus eigener Prägung. Watt und Marsch liegen als dünne Decke holozäner Transgressionssedimente auf pleistozänem Untergrund. Aus Watt läßt sich durch Anwachsförderung (Lahnungsbau) oder direkte Eindeichung Marsch gewinnen. Sedimentiert wird beim Kentern der Flut (Stillwasserphase), biogen unterstützt (Queller, Andel). Problematisch ist die Genese der Inseln, die bei den Helder aus einem bis dahin geschlossenen Strandwall hervorgehen, von Texel bis Wangerooge durch Seegaten in der Fortsetung der Tieflandsströme zerrissen und z.T. am Westkopf durch Stromverlegung und Seitenerosion ab-, an der Ostflanke durch Strandversetzung aufgebaut werden. Die Sandriffwanderung über die Gaten ist im Luftbild eindeutig (vgl. Sindowski, 1973). Der Ansatzpunkt der Inseln, die offenbar einem Geestrükken (Moräne?) aufsitzen, ist noch unklar. Zerbrochene Nehrung, transgressiv frei gewordener und zerrissener Strandwall, einfacher Aufbau aus Sandplaten (mit aufgeblasener Dünenhöhe bis 20 m) in der Interferenzzone zwischen auf- und ablandigem Flutstrom werden diskutiert (Beispiel: Memmert). Auch hier fehlt eine oben angedeutete Faktorenbilanz, denn lokal läßt sich das Problem offenbar nicht ganz schlüssig entscheiden.

### 9.7.5 Küstenterrassen, Isostasie und Eustasie

Küstenterrassen sind an Steilküsten der ganzen Welt auftretende, übereinander gestaffelte Abrasionsplattformen verschiedener Höhenlage. Sie sind altersverschieden, was durch marine Fossilien verschiedenen Alters belegt werden kann.

Weltweit verbreitet und seit längerem in eine Niveaugliederung gebracht sind Großstufen:

| Name | Mittlere Höhenlage über heutigem NN |
|---|---|
| Kalabrisch | 200–170 m |
| Sizilisch I+II | 100– 75 m |
| Milazzisch | 60 m |
| Tyrrhenisch I+II | 50– 30 m |
| Monastirisch I+II | 20– 7 m |
| evtl. Tapes/Nizza | 3 m |

Auf den Baltischen Schild beschränkt bzw. bislang nur dort nachgewiesen sind postglaziale Strandterrassen in verschiedenen Höhenlagen. Während die Hoch/Tief-Abfolge Kalabrien-Monastir eine eindeutige Altersabfolge darstellt, müssen in Skandinavien Hoch/Tief-Unterschiede nicht Alt/Jung entsprechen.

Isostasie ist die Bezeichnung für einen hydrostatischen (idealen) Gleichgewichtszustand der Kruste. Hess (1962; in Cox, 1973) zeigte das Grundprinzip der Isostasie in der Sicht der Neuen Globalen Tektonik. Ohne Wasser besäße die Erdkruste zwei ausgeprägte topographische Niveaus, die Tiefseeböden −5000 m und die Kontinentaloberflächen +1000 m heutiges NN. Die Kontinente stiegen als Hochplateaus 6000 m über die Tiefseeböden an. Im Schnitt liegt die Mohofläche 6 km unter den Ozeanen und 35 km unter den Kontinenten. Schweremessungen zeigen, daß infolge des hohen Anteils leichter granitischer Kruste dennoch ozeanische Krustensäule im groben Mittel die gleiche Masse besitzt wie kontinentale. Beide lasten also gleichwertig auf dem Mantel. In beliebiger Tiefe unter der Mohofläche wäre der Druck beider Säulen im wesentlichen identisch. Kontinente und Ozeanböden befinden sich demnach im groben Mittel in hydrostatischem/isostatischem Gleichgewicht.

Dieses Gleichgewicht ist indes labil. Auflast auf den Kontinenten, z.B. große Eismassen, vergrößern deren Masse und damit theoretisch die Dichte der Kontinentalsäulen. Damit tauchen diese tiefer in den Mantel ein. Wird die Eisauflast in Warmzeiten beseitigt, kann die Kontinentmasse erneut aufsteigen. Starke Abtragung auf dem Land, Sedimentation auf den Ozeanböden kann das isostatische Gleichgewicht ebenfalls stören. Isostatische Störungen durch Gebirgsbildung wurden schon diskutiert.

Eustasie bezeichnet vom Meer ausgehende Schwankungen der Höhenlage des Meeresspiegels bei theoretisch unbewegten Kontinental- und Ozeanschollen, d.h. also unverändertem Volumen der Ozeanbecken und unveränderter Gesamtmassenbilanz des Wassers gleich welchen Aggregatzustands auf der Erde. Eustatische Meeresspiegelschwankungen, Senkung bzw. Hebung, können theoretisch durch Temperatur- und damit Volumenveränderung bewirkt sein. Regression würde dann Abkühlung, Transgression dagegen Erwärmung bedeuten können. Glazialeustasie ist durch Änderungen des Aggregatzustands des Wassers in den pleistozänen Kaltzeiten/Warmzeiten bedingt. Wird bei ausgeglichenem Wasserhaushalt festländisches Eis gebildet, so wird der Meeresspiegel absinken (kaltzeitliche Regression). In den Warmzeiten muß dann wieder abschmelzbedingt eine Transgression erfolgen. Beides läßt sich nachweisen, sedimentologisch und durch Pegelmessungen. Derzeit steigt der Meeresspiegel weltweit um 2 mm/Jahr an. Dies wird bislang vielfach auf Glazialeustasie wegen des Abschmelzens vor allem der antarktischen Inlandeismasse zurückgeführt, was aber nicht gesichert ist.

Der Wert von 2 mm/Jahr wird örtlich wesentlich überschritten, z.B. derzeit in Venedig (über 5 mm) und Ravenna (örtlich über 10 mm). Die zusätzlichen Ursachen, Absenkung in der Padania sowie Grundwasserentnahme und Untergrundsakkung, lassen sich dort relativ leicht fassen.

Seit der römischen Kaiserzeit sind weltweit infolge einer Zunahme der Transgressionsgeschwindigkeit Meeresspiegelanstiegsbeträge von 2–2,5 m wahrscheinlich gemacht worden. Wo kein Anstieg zu verzeichnen ist, wird entweder die Transgression negiert oder aber, komplizierter, eine die Transgression genau kompensierende Landhebung angenommen.

Daß der Wert 2 mm/Jahr Transgressionsgeschwindigkeit nicht eine einfache Funktion des Rückgangs der Eisschilde sein kann und in direkter Proportion zum Abschmelzen steht, sondern vielmehr die Endsumme komplexerer Zusammenhänge sein könnte, wurde bislang wenig berücksichtigt. Ozeanbodenvergrößerung muß theoretisch, sofern nicht durch Krustenkonvergenz ausgeglichen, zu einer Volumenvermehrung der Ozeanbecken, also zur Senkung des Wasserspiegels führen. Dasselbe gilt für die Absenkung der Tiefseebecken. Aufstieg der Ozeanrücken führt umgekehrt zur Volumenverminderung, also zum Meeresspiegelanstieg. So lange allerdings keine zumindest in den Größenordnungen stimmige Bilanz vorgelegt wird, ist angesichts der rapiden Spreading- und Senkungsgeschwindigkeiten jede genetische Aussage zu Glazialeustasie und Isostasie unsicher, ohne daß am faktisch meßbaren Pegelwert des derzeitigen Anstieges gezweifelt werden müßte.

Die Terrassen des Baltischen Schilds in verschiedenen Höhenlagen über dem heutigen Ostseespiegel sind isostatisch in die Höhe geschaltete spät- bis postglaziale Terrassen des Baltischen Eissees und späterer mariner bis lakustrer Ostseestadien. Das geht aus ihrer Fossilführung und anderen Hinweisen (Warvenchronologie) hervor. Der Baltische Schild wurde durch die Riesenauflast des pleistozänen Eises offenbar in die Tiefe gedrückt und schwimmt nun, durch Isolinien nachweisbar, kuppelförmig wieder auf. Damit werden natürlich auch die alten Strandlinien gehoben.

Für die Deutung der Küstenterrassen wird sea floor spreading interessant. Die weltweit verbreiteten Niveaus von der Kalabrischen bis zur Monastirischen Stufe werden aufgrund von Faunenvergleichen bestimmten Warmzeiten zugeordnet. Die umstrittene Tapesterrasse könnte in die postglaziale Wärmezeit gehören. Die Monastirterrasse ist Riß/Würm-Interglazial, die Milazzoterrasse demnach Günz/Mindel. Damit müssen Sizilien und Kalabrien prägünzzeitlich sein. Da genügend prägünzzeitliche Vereisungen zur Verfügung stehen, würde dies weiters nicht schwierig sein, lägen sie nicht so hoch.

Wenn nämlich alles rezente Eis der Erde schmölze, stiege der Meeresspiegel größenordnungsmäßig nur um höchstens 60 m. Schon für Milazzo müßte darum angenommen werden, daß alles Eis der Erde geschmolzen gewesen sei. Diese Annahme wäre jedoch vor die Schwierigkeit gestellt, daß die Polkalotten schon vom Endpliozän an bestanden haben dürften und aufgrund der wenigstens größenordnungsmäßig errechenbaren Interglazialtemperaturen seither wohl nie ganz abgeschmolzen waren. Sizil und Kalabrien liegen auf alle Fälle weltweit viel zu hoch, um geflutet zu werden, selbst wenn alles Eis der Erde schmölze. Hier müssen andere Hypothesen weiterhelfen.

Eine weltweit gleichförmige vertikale Kontinentalblockbewegung mit gleichmäßiger Terrassenhebung ist einigermaßen unwahrscheinlich, weil beobacht- und erschließbare isostatische Bewegungen des Pleistozäns und Holozäns divergieren (z. B. Alpen/Potiefland). Deshalb wird derzeit (z. B. WOLDSTEDT, 1961, S. 297 f.) i.a. angenommen, seit dem Pleistozän habe sich das Volumen der Ozeane m.o.w. kontinuierlich vergrößert. Trotz gleichmäßigen Abschmelzens sei daher in den jüngeren Interglazialen das Ausgangsniveau vor der jeweiligen glazialen Regression bei der Folgetransgression nicht mehr erreicht worden.

Diese Annahme entstammt schon einer Zeit vor Entdeckung der Ozeanbodenerweiterung und gewann seither viel für sich. Auch bei ungleicher Volumenvergrößerung von Pazifik, Atlantik und Indik müßte sich in der Endbilanz ein gleichmäßiges Weltmeerniveau ergeben. Deshalb lassen sich aufgrund dieser Hypothese die großen Stufenhöhenlagen und ihre weltweite Einheitlichkeit plausibel erklären. Lokale Divergenzen der Terrassenhöhenlage müssen dann eben lokaltektonisch, mit örtlicher Hebung oder Senkung des Festlands, erklärt werden. Dies ist besonders leicht möglich, wenn mehrere übereinanderlagernde Terrassen in derselben Weise aus dem weltweiten Rahmen fallen.

Um die Hypothese zu beweisen, müßte indes dennoch eine genaue Bilanzierung der Auswirkungen des sea floor spreading erfolgen. In der Berechnung müßte die Wirkung aller divergierenden Bewegungen (Ausweitung, Tiefseebodensenkung, Rükkenhebung, Massenzuwachs u. a.) auf das Ozeanvolumen seit dem Ende des Pliozäns zumindest auf der Basis der heutigen Meßwerte rückgerechnet werden. Auch eine solche Bilanz wäre unsicher, weil sie wenigstens eine (theoretische) Variable (wohl die heutige Geschwindigkeit des spreading) als zeitkonstant setzen müßte. Immerhin ließe sich eine Größenordnung ermitteln. Dann wäre es auch möglich, zu offenen Fragen der Flachküstenbildung (Nehrungsküsten, Wattküsten mit vorlagernden Lidi/Sandinseln) erneut Stellung zu nehmen. So lange eine solche Bilanz nicht vorliegt, bleibt die Annahme einer sukzessiven Volumenvergrößerung der Ozeanbecken seit dem Beginn des Pleistozäns hypothetisch.

### 9.7.6 Deltas und Ästuare

Deltas und Ästuare sind antagonistische Formen von Flußmündungen. Ästuare sind Trichtermündungen, die an Küsten mit starkem Tidenhub liegen und in denen die Flutwelle oft als Translationswelle (Amazonas: Pororoca, bis 5 m hoch) einströmt. Der Tidenwechsel erzeugt bei Ebbe einen ebenso kräftigen Rücksog, der die Flutrinne ausräumt. Dadurch greift die Trichterrinne oft Zehnermeter unter das Meeresniveau. Durch seitliche Erosion entsteht eine typische Trichterform.

Deltas sind an gezeitenarmen Meeren vorgebaute Schwemmkegel. Die Materialanlieferung überwiegt über den Abtransport und dadurch bauen sich Deltas finger- bis kegelförmig in das Meer vor. Der Schelfrand wird zusedimentiert, mit der typischen, hangparallelen Deltaschichtung. Dadurch verlängert sich der Flußverlauf, und entsprechend vermindert sich das Unterlaufsgefäll. Nachlassende Transportgeschwindigkeit auf der Basis einer Gefällsabnahme ist ein Faktor für Sedimentation. Auf der Oberkante der Deltaschichtung baut sich demzufolge ein Deltaschwemmkegel vor. Die Diskordanz Schwemmkegel/Deltaschichtung läßt sich im Aufschluß aus der abweichenden Schichtung gut erkennen.

Ästuare besitzen in der Neuen Welt der Lorenzstrom, an dessen Küste in der Fundybay der größte Tidenhub der Welt mit über 17 m besteht, der Amazonas und der Parana/La Plata. In Eurasien weisen die auf die tidenstarke Nordsee ausmündenden Ems, Weser und Elbe (Flutstromobergrenze: Lauenburg) sowie die westsibirischen Flüsse Ästuare auf. Die in die tidenschwache Ostsee mündenden Oder und Weichsel besitzen bei annähernd gleichem Einzugsgebiet und vergleichbarer Sedimentführung wie die westelbischen Gerinne Mündungsbarren vor den Trichtern, bzw. Deltabildungen. Die Riesendeltas der Welt gehören zu Mississippi, Niger, Nil, Sambesi, Lena, Amur, Huang-he, Jangtsekiang, Mekong, Irawadi, Ganges/Brahmaputra, Indus. Der Rhein besitzt ein eingedeichtes Marschendelta, eine Übergangsform zwischen Delta und Ästuar. Das Po-Delta, noch in plinianischer Zeit in fünf Arme aufgespalten, wurde seit der Vereinigung der Mündungen zum Arm des Po delle Tolle (1604, Kanalbau nach S, sog. Taglio di Po oder Porto Viro) gebildet.

Literatur:

Ampferer (1906); Entwicklungsgeschichte der Erde (1971); Behrmann (1954); Blache (1925); Blume (1971); Brosche (1968); Büdel (1977); Carlé (1950; 1955); Cloos (1963²); Cox (1973); De Terra (1932); Dongus (1974; 1979); Elwert (1964); Geyer & Gwinner (1964); Gierloff–Emden (1980); Gradmann (1931); Granö (1917; 1945); Heim (1921/22); Illies (1967); Illies & Mueller (1970); Jessen (1943); Kober (1955²); Krenkel (1922); Louis (1968³; 1979⁴); Machatschek (1955²); Mortensen (1953); Obst & Kayser (1949); A. Penck (1931); W. Penck (1925); Schmitthenner (1936; 1954; 1956); Schönenberg (1975); Seibold (1950; 1974); Stingl (1979); Tollmann (1963); Valentin (1954²); G. Wagner (1927; 1950; 1960³); Wilhelmy (1958); Woldstedt (1958f.).

# C Schlußbemerkung

Eingangs dieser Darstellung und im weiteren Text wurden ex- und implizit einige Sätze aufgestellt, an die grundsätzlich zurückerinnert werden soll, damit der sachlogische Standort dieses Büchleins und sein Zusammenhang mit den Folgebänden nochmals deutlich werde.

Relief entsteht aus dem Zusammenwirken vieler Formungsfaktoren, die z. T. (quasipassive) endogene, z. T. (quasiaktive) exogene Faktoren umfassen. Dieses Buch versucht zu zeigen, daß in Relief endogene Faktoren eingehen; es handelt von Krustenstruktur und davon, daß Relief von Krustenstruktur mitgeprägt werde. An keiner Stelle wurde gesagt, Struktur allein sei für Relief verantwortlich. Vielmehr wurde lediglich geschrieben, ohne Verständnis von Struktur sei Relief nicht au fond zu begreifen. Daher kann gelten: selbst dann, wenn es so etwas wie eine „Strukturelle Geomorphologie" gäbe, so wäre doch dieses Buch keine solche.

Geomorphologie wurde eingangs als synthetische Reliefwissenschaft definiert, die Relief als endogen-exogen geprägt auffasse. Da eine Allgemeine Geomorphologie demnach die Reliefwirksamkeit sowohl der exogenen wie der endogenen Faktoren insgesamt aufzeigen muß, ist dieses Buch auch keine „Allgemeine Geomorphologie", sondern höchstens ein Teil einer solchen. Das, was in ihm gesagt wurde, bedarf nunmehr der Erweiterung durch eine Darstellung des gesamten Exogenkomplexes in seiner klimabedingten Differenzierung. Diese Darstellung soll einer Reihe weiterer Bände überlassen bleiben. Erst dann, wenn diese erschienen sind, wird insgesamt von ihnen als von einer Allgemeinen Geomorphologie gesprochen werden können, oder als von einem Versuch hierzu.

Mißverstanden kann dieser vorliegende Text eigentlich nur werden, wenn die grundsätzliche methodische und didaktische Schwierigkeit übersehen wird, vor der die Darstellung stand. Diese Schwierigkeit beruht letztlich auf der Regel von der endogen-exogenen Gleichzeitigkeit, die ja nicht nur hier und jetzt, sondern auch für die geologische Vergangenheit gilt. Wegen dieser Gleichzeitigkeit ist es sehr schwierig, wenn nicht unmöglich, rein das Tektonische oder Petrographische einer Landform in den Griff zu bekommen. Kratone sind ja nicht nur deshalb Kratone, weil sie in der Erdurzeit gefaltet wurden, sondern auch deshalb, weil sie seither abgetragen werden. Junge Kettengebirge sind nicht nur deshalb Hochgebirge, weil sie alpidisch gefaltet oder wenigstens herausgehoben wurden, sondern eben auch deswegen, weil sie seit der alpidischen Ära noch nicht bis auf ihre Wurzeln abgetragen wurden und daher noch Relief besitzen.

Die endogen-exogene Gleichzeitigkeit zufriedenstellend auseinanderzulegen, also den Endogenkomplex ganz rein darzustellen, ist didaktisch wohl unmöglich. Daher muß es akzeptiert werden, daß auch in diese Darstellung der Exogenkomplex stillschweigend mit eingegangen ist. Darum ist Vorsicht geboten und raum-zeitliches Denken vonnöten, um nicht zwei Mißverständnissen anheimzufallen, entweder dem einen, die dargestellten Schollentypen seien rein endogen geprägt, oder dem gegenteiligen, die Größtformen seien eben auch nichts anderes als letztlich klimabedingte

Landformen. Sie sind beides, wobei dem Verfasser das Strukturelle, eben die Schild-, Blockschollen-, Schichttafel- oder Kettengebirgsnatur als das eigentlich Prägende und daher Hervorzuhebende erschien. Dementsprechend wurde der Text angelegt.

Zuletzt: Die Inhalte, die in diesem Büchlein zusammengestellt sind, werden vielleicht derzeit an manchen deutschen Hochschulen nicht gelehrt, oder nicht so ausführlich, wie sie hier dargestellt wurden. Dies darf nicht zu der Annahme verführen, sie seien durchaus neu oder für das Verständnis von Relief unnötig. Das Gegenteil ist der Fall. Wenn heute weniger Gewicht als früher auf die strukturelle Komponente der Landformung gelegt wird, so nicht, weil sie als unbedeutend erkannt worden wäre, sondern weit eher deshalb, weil das scheinbar Neue der klimabedingten Landformendifferenzierung eine häufig größere Faszination auf den Wissenschaftler ausübt als das Altbekannte der Struktur, dem nachzugehen sowieso in immer stärkerem Maße eine Sache der Geologie ist.

Was bleibt, ist dennoch allemal der im Vorwort zitierte, von HÖVERMANN formulierte Gedanke MORTENSENS: Die Rohform des Reliefs der Erde ist tektonisch bestimmt, die Großform strukturell klassifiziert und der Stil klimatisch gebunden.

# Literaturverzeichnis


AMPFERER, O.: Über das Bewegungsbild von Faltengebirgen. Wien 1906

ANDERSSON, J. G.: Solifluction, a Component of Subaerial Denudation. Journal of Geology **14** (1906)

Autorengruppe: Die Entwicklungsgeschichte der Erde. 2 Bde. Hanau 1971

BAULIG, H.: Vocabulaire Franco-Anglo-Allemand de Géomorphologie. 2. Aufl. Straßburg 1970

BECKER, H.: Vergleichende Betrachtung der Entstehung von Erdpyramiden in verschiedenen Klimagebieten der Erde. Kölner Geographische Arbeiten **17** (1966)

BEHRMANN, W.: Der Sepik und sein Stromgebiet. Mitteilungen aus den Deutschen Schutzgebieten, Ergänzungsheft **12** (1917)

BEHRMANN, W.: Das westliche Kaiser-Wilhelms-Land in Neu-Guinea. Zeitschrift der Gesellschaft für Erdkunde zu Berlin, Ergänzungsheft (1924)

BEHRMANN, W.: Die Dolomiten als Schichtstufenlandschaft. Zeitschrift der Gesellschaft für Erdkunde zu Berlin (1954)

BERINGER, K. Chr.: Geologisches Wörterbuch. Stuttgart 1937 (u. folg.)

BIROT, P.: Morphologie structurale. 2 Bde. Paris 1958

BLACHE, J.: Relief préalpin et relief jurassien. Annales de Geographie **34** (1925)

BLACKWELDER, E.: Desert Plains. Journal of Geology **39** (1931)

BLUME, H.: Probleme der Schichtstufenlandschaft. Erträge der Forschung **5** (1971)

BOETTCHER, H.: Zwischen Naturbeschreibung und Ideologie. Geographische Hochschulmanuskripte **8** (1979)

BORNHARDT, W.: Zur Oberflächengestaltung und Geologie Deutsch-Ostafrikas. Berlin 1900

BRAND, B.: Die tallosen Berge an der Bucht von Rio de Janeiro. Mitteilungen der Geographischen Gesellschaft Hamburg **30** (1917)

BRAUN, U.: Der Felsberg im Odenwald. Heidelberger Geographische Arbeiten **26** (1969)

BREMER, H.: Flüsse, Flächen- und Stufenbildung in den feuchten Tropen. Würzburger Geographische Arbeiten **35** (1971)

BREMER, H.: Der Formungsmechanismus im tropischen Regenwald Amazoniens. Zeitschrift für Geomorphologie, N. F.; Supplementband **17** (1973)

BRINKMANN, R. et al.: Lehrbuch der Allgemeinen Geologie. 3 Bde. Stuttgart 1967–1974 (u.ö.)

BRINKMANN, R.: Abriß der Geologie. 2 Bde. Stuttgart 1975

BROSCHE, K.–U.: Struktur- und Skulpturformen im nördlichen und nordwestlichen Harzvorland. Göttinger Geographische Abhandlungen **45** (1968)

BRYAN, K.: Erosion and Sedimentation in the Papago Country, Arizona. Washington 1922

BÜDEL, J.: Die Flächenbildung in den feuchten Tropen und die Rolle fossiler solcher Flächen in anderen Klimazonen. Verhandlungen des Deutschen Geographentags **31** (1958)

BÜDEL, J.: Morphogenese des Festlandes in Abhängigkeit von den Klimazonen. Die Naturwissenschaften **48** (1961)

BÜDEL, J.: Klima-genetische Geomorphologie. Geographische Rundschau **15** (1963)

BÜDEL, J.: Das natürliche System der Geomorphologie. Würzburger Geographische Arbeiten **34** (1971)

BÜDEL, J.: Klima-Geomorphologie. Berlin und Stuttgart 1977

Cailleux, A.: Morphoskopische Analyse der Geschiebe und Sandkörner und ihre Bedeutung für die Paläoklimatologie. Geologische Rundschau **40** (1952)

Cailleux, A. und J. Tricart: Initiation à l'étude des sables et galets. 3 Bde. 2. Aufl. Paris 1963–1965

Carlé, W.; Erläuterungen zur Geotektonischen Übersichtskarte der Südwestdeutschen Großscholle. Stuttgart 1950

Carlé, W.: Bau und Entwicklung der Südwestdeutschen Großscholle. Hannover 1955

Chorley, R. J.: Models in Geomorphology. London 1967

Chorley, R. J.: A Re-Evaluation of the Geomorphic System of W. M. Davis. London 1970

Cloos, H.: Wind und Wüste im Deutschen Namalande. Neues Jahrbuch für Mineralogie, Geologie und Paläontologie, Beilageband **32** (1911)

Cloos, H.: Geologie des Erongo im Hererolande. Beiträge zur Geologischen Erforschung der Deutschen Schutzgebiete 3. Berlin 1911

Cloos, H.: Der Erongo. Beiträge zur Geologischen Erforschung der Deutschen Schutzgebiete **17.** Berlin 1919

Cloos, H. und H. Chudoba: Der Brandberg. Neues Jahrbuch für Mineralogie, Geologie und Paläontologie, Beilageband B **66** (1931)

Cloos, H.: Kampf um die Fläche. Geologische Rundschau **31** (1940)

Cloos, H.: Bau und Tätigkeit von Tuffschloten. Geologische Rundschau **32** (1941)

Cloos, H.: Einführung in die Geologie. 2. Aufl. Berlin 1963 (unveränd. Nachdruck 1936)

Cox, A. (Hrsg.): Plate Tectonics and Geomagnetic Reversals. San Francisco 1973

Credner, W.: Das Kräfteverhältnis morphogenetischer Faktoren und ihr Ausdruck im Formenbild Südostasiens. Bulletin of the Geological Society of China **11** (1931)

Davis, W. M.: The Geographical Cycle. Geographical Journal (1899)

Davis, W. M.: The Geographical Cycle in an Arid Climate. Journal of Geology **13** (1905)

Davis, W. M. und A. Rühl: Die erklärende Beschreibung der Landformen. Leipzig 1912

De Terra, H.: Geologische Forschungen im westlichen Kunlun und Karakorum – Himalaja. Berlin 1932

Dörrenhaus, F.: Der Ritten und seine Erdpyramiden. Kölner Geographische Arbeiten **17** (1966)

Dongus, H.: Über Beobachtungen an Schichtstufen in Trockengebieten. Tübinger Geographische Studien **34** (1970)

Dongus, H.: Schichtflächen in Süddeutschland. Heidelberger Geogr. Arbeiten 40 (1974)

Dongus, H.: Erläuterungen zu einer Geomorphologischen Übersichtskarte der Französischen Kalkalpen. Innsbrucker Geographische Studien **5** (1979)

Dutton, C. E.: Tertiary History of the Grand Canyon. Whashington 1882

Eckert, M., A. Philippson und W. Thorbecke (Hrsg.): Morphologie der Klimazonen. Düsseldorfer Geographische Vorträge und Erörterungen, 1926 (1927)

Elwert, D.: Die Geologie des Blattes Ebingen 1 : 25 000 (Schwäbische Alb). Arbeiten aus dem Geologisch-Paläontologischen Institut der T.H. Stuttgart, N. F. **37** (1963)

Engelhardt, W. v.: Die Bildung von Sedimenten und Sedimentgesteinen. Stuttgart 1973

Fuchs, K.: Plattentektonik – eine Hypothese zur Entstehung der Ozeane und Verteilung der Kontinente. Fridericiana **12** (1973)

Füchtbauer, H. und G. Müller: Sedimente und Sedimentgesteine. Stuttgart 1977[3]

Geikie, J.: The Great Ice-Age and its Relation to the Antiquity of Men. London 1874

Geologische Rundschau **30** (1939) (= Beiträge verschiedener Autoren gegen die Kontinentaldrifthypothese A. Wegeners: Atlantisheft I u. II)

GEYER, O.F. und M.P. GWINNER: Einführung in die Geologie von Baden-Württemberg. Stuttgart 1964 (u.ö.; Oberrheingraben: S. 124; Fildergraben: S. 139; Zollergraben: S. 151)

GIERLOFF-EMDEN, H.G.: Geographie des Meeres. 2 Bde. Berlin–New York 1980

GILBERT, G.K.: The Colorado Plateau Province as a Field for Geological Study. American Journal of Science (1876)

GILBERT, G.K.: Report on the Geology of the Henry Mountains. Washington 1877

GILBERT, G.K.: Contribution to the History of Lake Bonneville. Washington 1882

GILBERT, G.K.: Lake Bonneville. Washington 1890

GILBERT, G.K. und E.C. MURPHY: The Transportation of Debris by Running Water. Washington 1914

GRADMANN, R.: Süddeutschland. 2 Bde. Stuttgart 1931

GRANÖ, J.: Les formes de l'Altai russe et leur génèse. Helsinki 1917

GRANÖ, J.: Das Formengebäude des nordöstlichen Altai. Turku 1945

GRIGORJEW, A.A.: Zur Geomorphologie der Bolschemelskaja Tundra. Zeitschrift der Gesellschaft für Erdkunde zu Berlin (1925)

GRIPP, K.: Über Frost und Strukturboden in Spitzbergen. Zeitschrift der Gesellschaft für Erdkunde zu Berlin (1926)

HARD, G.: Die Geographie. Eine wissenschaftstheoretische Einführung. Berlin und New York 1973

HECKER, O.: Zur Entstehung der Inselberglandschaft im Hinterlande von Lindi in Deutsch-Ost-Afrika. Zeitschrift der Deutschen Geologischen Gesellschaft, Monatsberichte (1905)

HEIM, A.: Geologie der Schweiz. 2 Bde. Leipzig 1921–1922

HÖVERMANN, J.: 40 Jahre moderne Geomorphologie. Göttinger Geographische Abhandlungen **34** (1965) S. 11–19

HOFF, F.A. v.: Geschichte der durch Überlieferung nachgewiesenen natürlichen Veränderungen der Erdoberfläche. 3 Bde. Gotha 1822–1841

HORMANN, K.: Über die morphographische Gliederung der Erdoberfläche. Mitteilungen der Geographischen Gesellschaft München **50** (1965)

ILLIES, H.: Gestalt und Fundament des Oberrheingrabens im Modell – ein Beitrag zur Taphrogenese. Oberrheinische Geologische Abhandlungen **16** (1967)

ILLIES, H. und S. MUELLER: Graben Problems. Stuttgart 1970

ILLIES, H.: The Rhinegraben Rift System – Plate Tectonics and Transform Faulting. Geophysical Surveys **1** (1972)

JESSEN, O.: Reisen und Forschungen in Angola. Berlin 1936

JESSEN, O.: Tertiärklima und Mittelgebirgsmorphologie. Zeitschrift der Gesellschaft für Erdkunde zu Berlin (1938)

JESSEN, O.: Die Randschwellen der Kontinente. Petermanns Geographische Mitteilungen, Ergänzungsheft 241. Gotha 1943

JOHNSON, D.W.: Rock Planes in Arid Regions. Geographical Review **22** (1932)

KEYES, C.R.: Rock-Floor of the Intermontal Plains of the Arid Region. Bulletin of the Geological Society **19** (1908)

KOBER, L.: Bau und Entstehung der Alpen. 2. Aufl. Wien 1955

KOEPPEN, W.: Klassifikation der Klimate nach Temperatur, Niederschlag und Jahreslauf. Petermanns Geographische Mitteilungen (1918)

KRENKEL, E.: Über den Bau der Inselberge Ostafrikas. Naturwissenschaftliche Wochenschrift, N.F. **19** (1920)

KRENKEL, E.: Die Bruchzonen Ostafrikas. Berlin 1922

KUHN, F.: Versuch über den Mechanismus der Gletscher. HÖPFNERS Magazin für Naturkunde Helvetiens (1787)

LEHMANN, H.: Glanz und Elend der morphologischen Terminologie. Würzburger Geographische Arbeiten **12** (1964)

LEITER, M. M.: Untersuchungen über die Denudation des Colorado Gebietes im südwestlichen Nordamerika. Geographische Abhandlungen II/4. Stuttgart 1929

LESER, H.: Landschaftsökologie. Stuttgart 1976

LESER, H.: Feld- und Labormethoden der Geomorphologie. Berlin und New York 1977

LÖESCHKE, J.: Das Konzept der Plattentektonik. Geographische Rundschau **28** (1976)

LOUIS, H.: Über Weiterentwicklungen in den Grundvorstellungen der Geomorphologie. Zeitschrift für Geomorphologie, N. F. **5** (1961)

LOUIS, H.: Allgemeine Geomorphologie. 3. Aufl. Berlin 1968

LOUIS, H. (zus. m. K. FISCHER); Allgemeine Geomorphologie. 4. Aufl. Berlin 1979

LYELL, C.: Principles of Geology. 3 Bde. London 1830–1833

MAACK, R.: Über Vereisungsperioden und Vereisungsspuren in Brasilien. Geologische Rundschau **45** (1956)

MAACK, R.: Kontinentaldrift und Geologie des südatlantischen Ozeans. Berlin 1969

MACHATSCHEK, F.: Das Relief der Erde. Berlin 1938/1940, 2. Aufl. Berlin 1955

MACHATSCHEK, F.: Geomorphologie. Bearbeitet von H. GRAUL und C. RATHJENS. 10. Aufl. Stuttgart 1973

MAULL, O.: Handbuch der Geomorphologie. 2. Aufl. Wien 1958

MAULL, O.: Zur Geschichte und zum Stand der Geomorphologie. In: Handbuch der Geomorphologie. 2. Aufl. Wien 1958. S. 3–22

MCGEE, W. J.: Sheetflood Erosion. Bulletin of the Geological Society of America **8** (1897)

MEINARDUS, W.: Beobachtungen über Detritussortierung und Strukturböden auf Spitzbergen. Zeitschrift der Gesellschaft für Erdkunde zu Berlin (1910)

MENSCHING, H.: Bergfußflächen und das System der Flächenbildung in den ariden Subtropen und Tropen. Geologische Rundschau **58** (1968)

METZ, K.: Lehrbuch der Tektonischen Geologie. 2. Aufl. Stuttgart 1967

MILLOT, G.: Geology of Clays. New York 1970

MORTENSEN, H.: Sechzig Jahre moderne geographische Morphologie. Jahrbuch der Akademie der Wissenschaften in Göttingen, 1943/44

MORTENSEN, H.: Neues zum Problem der Schichtstufenlandschaft. Verhandlungen des Deutschen Geographentags (1953)

MURAWSKI, H.: Geologisches Wörterbuch. 7. Aufl. Stuttgart 1977

NAUMANN, K. F.: Lehrbuch der Geognosie. 3 Bde. Leipzig 1850–1854

NEUMAYR, M.: Erdgeschichte. Leipzig 1886/87

OBST, E.: Die Massai-Steppe und das Inselbergproblem. Mitteilungen der Geographischen Gesellschaft Hamburg (1913)

OBST, E. und K. KAYSER: Die Große Randstufe auf der Ostseite Südafrikas. Hannover 1949

OLLIER, C. D.: Volcanoes. Cambridge/Mass. und London 1969

OLLIER, C.: Weathering. Edinburgh 1969

PARTSCH, J.: Die Vergletscherung des Riesengebirges zur Eiszeit. Forschungen zur deutschen Landes- und Volkskunde **8** (1894)

PASSARGE, S.: Rumpfflächen und Inselberge. Zeitschrift der Deutschen Geologischen Gesellschaft, **56** (1904)

PASSARGE, S.: Die Vorzeitformen der deutschen Mittelgebirgslandschaft. Petermanns Geographische Mitteilungen (1919)
PASSARGE, S.: Das Problem der Skulptur-Inselberglandschaften. Petermanns Geographische Mitteilungen (1924)
PASSARGE, S.: Geomorphologie der Klimazonen. Petermanns Geographische Mitteilungen (1926)
PASSARGE, S.: Physiologische Morphologie. Mitteilungen der Geographischen Gesellschaft Hamburg **26** (1912)
PENCK, A.: Die Geschiebeformation Norddeutschlands. Zeitschrift der Deutschen Geologischen Gesellschaft, **31** (1879)
PENCK, A.: Morphologie der Erdoberfläche. 2 Bde. Stuttgart 1894
PENCK, A.: Versuch einer Klimaklassifikation auf physiogeographischer Grundlage. Sitzungsberichte der Akademie der Wissenschaften zu Berlin, Physikalisch-Mathematische Klasse **17** (1910)
PENCK, A. und E. BRÜCKNER: Die Alpen im Eiszeitalter. 3 Bde. Leipzig 1901–1909
PENCK, A.: Zentralasien. Zeitschrift der Gesellschaft für Erdkunde zu Berlin (1931)
PENCK, W.: Die morphologische Analyse. Stuttgart 1924
PENCK, W.: Die Piedmontflächen des südlichen Schwarzwalds. Zeitschrift der Gesellschaft für Erdkunde zu Berlin (1925)
PESCHEL, O.: Neue Probleme der vergleichenden Erdkunde als Versuch einer Morphologie der Erdoberfläche. Leipzig 1870
PETTIJOHN, F. J.: Sedimentary Rocks. 2. Aufl. New York 1957
PETTIJOHN, F. J., P. E. POTTER und R. SIEVER: Sand und Sandstone. New York 1973
PICHLER, H.: Italienische Vulkangebiete I und II. Sammlung Geologischer Führer **51** und **52** (1970)
POSER, H.: Talstudien aus Westspitzbergen und Ostgrönland. Zeitschrift für Gletscherkunde **24** (1936)
POSER, H. und J. HÖVERMANN: Beiträge zur morphometrischen und morphologischen Schotteranalyse. Braunschweig 1952
RAMSAY, A. C.: On the Denudation of South Wales. London 1846
RATHJENS, C.: Die Formung der Erdoberfläche unter dem Einfluß des Menschen. Stuttgart 1979 (= Teubner Studienbücher der Geographie)
RICHTER, G.: Bodenerosion. Forschungen zur deutschen Landeskunde **152** (1965)
RICHTHOFEN, F. v.: Führer für Forschungsreisende. Hannover 1886
RITTER, C.: Allgemeine Erdkunde (hrsg. v. H. A. DANIEL); Berlin 1862
RITTMANN, A.: Vulkane und ihre Tätigkeit. 2. Aufl. Stuttgart 1960
RITTMANN, A.: Erklärungsversuch zum Mechanismus der Ignimbritausbrüche. Geologische Rundschau **52** (1963)
RÜCKLIN, H.: Die Entstehung des Großreliefs der Erde. Geographische Zeitschrift **51** (1963)
SAPPER, A.: Über Abtragungsvorgänge in den regenfeuchten Tropen und ihre morphologischen Wirkungen. Geographische Zeitschrift (1914)
SAPPER, K.: Geologischer Bau und Landschaftsbild. Braunschweig 1917
SAPPER, K.: Geomorphologie der feuchten Tropen. Geographische Schriften **7** (1935)
SCHMITTHENNER, H.: Die großen Typen der Orographie, des Baues und der Bodengestaltung. Geographische Zeitschrift **42** (1936)
SCHMITTHENNER, H.: Die Regeln der morphologischen Gestaltung im Schichtstufenland. Petermanns Geographische Mitteilungen **98** (1954)

SCHMITTHENNER, H.: Probleme der Schichtstufenlandschaft. Marburger Geographische Schriften **3** (1956)

SCHMITTHENNER, H.: Die Entstehung der Geomorphologie als geographische Disziplin. Petermanns Geographische Mitteilungen **100** (1956)

SCHÖNENBERG, R. (Hrsg.): Die Entstehung der Kontinente und Ozeane in heutiger Sicht. Darmstadt 1975

SCHREINER, H.: Die Juranagelfluh im Hegau. Jahreshefte des Geologischen Landesamtes in Baden-Württemberg **7** (1965)

SEIBOLD, E.: Das Schwäbische Lineament zwischen Fildergraben und Ries. Neues Jahrbuch für Geologie und Paläontologie, Abhandlungen 92 (1950)

SEIBOLD, E.: Der Meeresboden. Berlin-Heidelberg-New York 1974

SEMMEL, A.: Geomorphologie als geowissenschaftliche Disziplin – praktische Erfahrungen, theoretische Möglichkeiten. Stuttgarter Geographische Studien **93** (1979)

STÄBLEIN, G.: Grobsediment-Analyse. Würzburger Geographische Arbeiten **27** (1970)

STAMP, L. D.: A Glossary of Geographical Terms. London 1961

STILLE, H.: Grundfragen der vergleichenden Tektonik. Berlin 1924

STILLE, H.: Geotektonische Gliederung der Erdgeschichte. Berlin 1944

STILLE, H.: Das Leitmotiv der geotektonischen Erdentwicklung. Berlin 1949

STINGL, H.: Strukturformen und Fußflächen im westlichen Argentinien. Erlanger Geographische Abhandlungen, Sonderband **10** (1979)

STRAHLER, A. N. und A. H. STRAHLER: Modern Physical Geography. New York 1978

TATOR, B. A.: Pediment Characteristics and Terminology. Annals of the Association of American Geographers, **42** (1952)

TAZIEFF, H.: Mechanisms of Ignimbrite Eruption. Geological Journal (1970)

TOLLMANN, A.: Ostalpen-Synthese. Wien 1963

TORELL, O.: Über das norddeutsche Diluvium. Zeitschrift der Deutschen Geologischen Gesellschaft **27** (1875)

TORELL, O.: Die Gletschererscheinungen bei Rüdersdorf. Berlin 1880

UHLIG, H.: Organisationsplan und System der Geographie. Geoforum **1** (1970)

VALENTIN, H.: Die Küsten der Erde. Petermanns Geographische Mitteilungen. Ergänzungsheft **26** (2. Aufl. 1954)

VALETON, I.: Beziehungen zwischen petrographischer Beschaffenheit. Gestalt und Rundungsgrad einiger Flußgerölle. Petermanns Geographische Mitteilungen **99** (1955)

WAGNER, G.: Morphologische Grundfragen im süddeutschen Schichtstufenland. Zeitschrift der Deutschen Geologischen Gesellschaft **79** (1927)

WAGNER, G.: Zum Großbau der Oberrheinlande. Decheniana **104** (1950)

WAGNER, G.: Einführung in die Erd- und Landschaftsgeschichte. 3. Aufl. Öhringen 1960

WAIBEL, L.: Gebirgsbau und Oberflächengestalt der Karrasberge in Südwestafrika. Mitteilungen aus den Deutschen Schutzgebieten **33** (1925)

WALTHER, J.: Die Denudation in der Wüste. Abhandlungen der Mathematisch-Physikalischen Klasse der Sächsischen Akademie der Wissenschaften **16** (1891)

WALTHER, J.: Das Gesetz der Wüstenbildung in Gegenwart und Vorzeit. Berlin 1900

WATZNAUER, A.: Wörterbuch Geowissenschaften Englisch-Deutsch. Zürich 1973

WEGENER, A.: Die Entstehung der Kontinente und Ozeane. Die Wissenschaft **66** (5. Aufl. 1962)

WESTERMANNS Lexikon der Geographie. 5 Bde. Braunschweig 1968 f.

WILHELMY, H.: Klimamorphologie der Massengesteine. Braunschweig 1958

WILHELMY, H.: Umlaufseen und Dammuferseen tropischer Tieflandsflüsse. Zeitschrift für Geomorphologie, N. F. **2** (1958)

WILHELMY, H.: Geomorphologie in Stichworten. 3 Bde. Kiel 1971 ff.

WILHELMY, H.: Klimamorphologie in Stichworten. Kiel 1974

WILSON, J. L.: Carbonate Facies in Geologic History. Berlin 1975

WINKLER, H. G. F.: Die Genese der metamorphen Gesteine. 2. Aufl. Berlin 1967

WOLDSTEDT, P.: Das Eiszeitalter. 3 Bde. Stuttgart $1958^{2+3}$ folg.

WURM, A.: Morphologische Analyse und Experiment. Zeitschrift für Geomorphologie **9** (1936)

ZEUNER, F.: Die Schotteranalyse. Geologische Rundschau **24** (1933).

# Sachregister